煤炭高等教育“十四五”规划教材

电气专业实验指导书

主　编　高　瑜　李红岩
副主编　孙思雅　宋璐雯

中国矿业大学出版社
·徐州·

内容提要

本书分电机与拖动实验、继电保护原理与应用实验、110 kV 变电站仿真实验、高电压与电气设备绝缘实验四章，每章均包含多个相关实验，并分别对每个实验的实验目的、实验原理、实验方法、实验步骤、实验报告要求等内容进行了详细介绍。本书内容能较好地适应本科院校电气专业实验教学的现状和发展需求，具有实用性、系统性和前瞻性，内容丰富、资料翔实、知识全面、结构合理，对知识的讲述亦是深入浅出、循序渐进、通俗易懂。

本书可以作为高等学校电气专业的实验教材，也可以作为企业电工的培训教材，特别适合从事相关工作的技术人员、技术工人自学参考。

图书在版编目(CIP)数据

电气专业实验指导书/高瑜，李红岩主编．—徐州：中国矿业大学出版社，2022.11

ISBN 978-7-5646-5625-6

Ⅰ．①电…　Ⅱ．①高…　②李…　Ⅲ．①电子技术－高等学校－教学参考资料②电气工程－高等学校－教学参考资料　Ⅳ．①TN②TM

中国版本图书馆 CIP 数据核字(2022)第 211356 号

书　　名　电气专业实验指导书
主　　编　高　瑜　李红岩
责任编辑　何　戈
出版发行　中国矿业大学出版社有限责任公司
(江苏省徐州市解放南路　邮编 221008)
营销热线　(0516)83885370　83884103
出版服务　(0516)83995789　83884920
网　　址　http://www.cumtp.com　**E-mail**:cumtpvip@cumtp.com
印　　刷　徐州中矿大印发科技有限公司
开　　本　787 mm×1092 mm　1/16　**印张** 14.25　**字数** 365 千字
版次印次　2022 年 11 月第 1 版　2022 年 11 月第 1 次印刷
定　　价　35.00 元
(图书出现印装质量问题，本社负责调换)

前　言

本书是西安科技大学电气工程及其自动化专业的实验配套教材。西安科技大学的电气工程及其自动化专业为国家级一流本科专业。

本书由浅入深地介绍了电机与拖动实验、继电保护原理与应用实验、110 kV变电站仿真实验及高电压与电气设备绝缘实验等内容。

本书内容力求适应本科院校电气专业实验教学的现状和发展需求，具有实用性、系统性和前瞻性，内容丰富、资料翔实、知识全面、结构合理，知识讲述深入浅出、循序渐进、通俗易懂。编者具有多年实验教学经验，本书特别适于本科院校相关专业的学生及从事相关工作的技术人员、技术工人自学参考。

本书由西安科技大学电气与控制工程学院高瑜、李红岩任主编，孙思雅、宋璐雯任副主编。全书共四章，具体分工如下：第一章第一、二、三节由李红岩编写；第二章第一节由孙思雅编写；第三章第一、二、三、四节由宋璐雯编写；第一章第四节、第二章第二节、第三节第五节和第四章由高瑜编写；最后由高瑜统稿。本书编写过程中研究生孔晓龙、王寅清、王展、郭飞、薛梦元、金垚阳、李嘉豪、李泽晨、宋世雄、李杰、朱一轩、杨浩楠等同学做了大量的校对工作。

本书编写过程中，参考了许多文献资料，在此，我们谨向这些文献资料的作者及支持本书编写工作的单位和人员表示衷心的感谢。由于水平有限，书中不妥之处在所难免，恳请读者批评指正。

编　者

2022年4月

目 录

第一章　电机与拖动实验

第一节　直流电机实验

一、认识实验

（一）实验目的

（1）学习电机实验的基本要求与安全操作注意事项。

（2）认识在直流电机实验中所用的电机、仪表、变阻器等组件及使用方法。

（3）熟悉他励电动机（并励电动机按他励方式运行）的接线、启动、改变电机转向与转速的方法。

（二）实验项目

（1）了解电源控制屏中的电枢电源、励磁电源、校正过的直流电机、变阻器、多量程直流电压表、电流表及直流电动机的使用方法。

（2）用伏安法测直流电动机和直流发电机电枢绕组的冷态电阻。

（3）直流他励电动机的启动、调速及改变转向。

（三）实验步骤

（1）实验设备如表 1-1 所列。

表 1-1　直流电机认识实验所需主要实验设备

序号	型号	名称	数量
1	DD03	导轨、测速发电机及转速表	1 台
2	DJ23	校正直流测功机	1 台
3	DJ15	直流并励电动机	1 台
4	D31	直流数字电压表、毫安表、安培表	2 件
5	D42	三相可调电阻器	1 件
6	D44	可调电阻器、电容器	1 件
7	D51	波形测试及开关板	1 件
8	D41	三相可调电阻器	1 件

（2）控制屏上挂件排列顺序为 D31、D42、D41、D51、D31、D44。

（3）由实验指导人员介绍电机及电气技术实验装置各面板布置及使用方法，讲解电机实验的基本要求、安全操作方法和注意事项。

(4) 用伏安法测电枢的直流电阻。

① 按图 1-1 接线，电阻 R 用 D44 上 1 800 Ω 和 180 Ω 串联共 1 980 Ω 阻值并调至最大。A 表选用 D31 直流、毫安、安培表，量程选用 5 A 挡。开关 S 选用 D51 挂件。

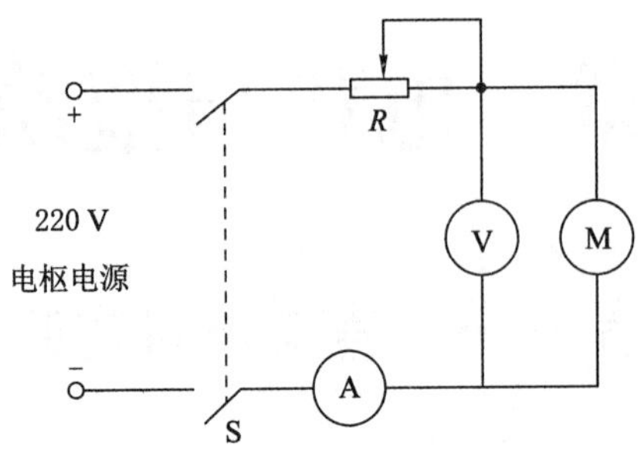

图 1-1　测电枢绕组直流电阻接线图

② 经检查无误后接通电枢电源，并调至 220 V。调节 R 使电枢电流达到 0.2 A(如果电流太大，可能由于剩磁的作用而使电机旋转，测量无法进行；如果电流太小，可能由于接触电阻而产生较大的误差)，迅速测取电机电枢两端电压 U 和电流 I。将电机分别旋转三分之一和三分之二周，同样测取 U、I 三组数据列于表 1-2 中。

③ 增大 R 使电流分别达到 0.15 A 和 0.1 A，用同样方法测取六组数据列于表 1-2 中。取三次测量的平均值作为实际冷态电阻值，即：

$$R_a = (R_{a1} + R_{a2} + R_{a3})$$

表 1-2　直流电机认识实验　　　　室温______℃

<table>
<tr><th>序号</th><th>U/V</th><th>I/A</th><th colspan="2">R/Ω</th><th>R_a/Ω</th><th>R_{aref}/Ω</th></tr>
<tr><td rowspan="3">1</td><td></td><td rowspan="3"></td><td>$R_{a11}=$</td><td rowspan="3">$R_{a1}=$</td><td rowspan="9"></td><td rowspan="9"></td></tr>
<tr><td></td><td>$R_{a12}=$</td></tr>
<tr><td></td><td>$R_{a13}=$</td></tr>
<tr><td rowspan="3">2</td><td></td><td rowspan="3"></td><td>$R_{a21}=$</td><td rowspan="3">$R_{a2}=$</td></tr>
<tr><td></td><td>$R_{a22}=$</td></tr>
<tr><td></td><td>$R_{a23}=$</td></tr>
<tr><td rowspan="3">3</td><td></td><td rowspan="3"></td><td>$R_{a31}=$</td><td rowspan="3">$R_{a3}=$</td></tr>
<tr><td></td><td>$R_{a32}=$</td></tr>
<tr><td></td><td>$R_{a33}=$</td></tr>
</table>

表中：

$$R_{a1} = \frac{1}{3}(R_{a11} + R_{a12} + R_{a13})$$

$$R_{a2} = \frac{1}{3}(R_{a21} + R_{a22} + R_{a23})$$

$$R_{a3} = \frac{1}{3}(R_{a31} + R_{a32} + R_{a33})$$

④ 计算基准工作温度时的电枢电阻。由实验直接测得电枢绕组电阻值，此值为实际冷态电阻值，冷态温度为室温。按下式换算到基准工作温度时的电枢绕组电阻值：

$$R_{\text{aref}} = R_{\text{a}}(235 + \theta_{\text{ref}})/(235 + \theta_{\text{a}})$$

式中　R_{aref}——换算到基准工作温度时的电枢绕组电阻值，Ω。

R_{a}——电枢绕组的实际冷态电阻，Ω。

θ_{ref}——基准工作温度，对于 E 级绝缘为 75 ℃。

θ_{a}——实际冷态时电枢绕组的温度，℃。

（5）选择直流仪表、转速表和变阻器。

直流仪表、转速表量程是根据电机的额定值和实验中可能达到的最大值来选择的，变阻器根据实验要求选用，并按电流的大小选择串联、并联或串并联的接法。

① 电压量程的选择：如测量电动机两端为 220 V 的直流电压，选用直流电压表为1 000 V 量程挡。

② 电流量程的选择：因为直流并励电动机的额定电流为 1.2 A，测量电枢电流的电流表 A_3，可选用直流电流表的 5 A 量程挡；额定励磁电流小于 0.16 A，电流表 A_1 选用 200 mA 量程挡。

③ 电机额定转速为 1 600 r/min，转速表选用 1 800 r/min 量程挡。

④ 变阻器的选择：变阻器选用的原则是根据实验中所需的阻值和流过变阻器最大的电流来确定，电枢回路 R_1 可选用 D44 挂件上 1.5 A 的 90 Ω 与 90 Ω 串联电阻，磁场回路 R_{f1} 可选用 D44 挂件上 0.41 A 的 900 Ω 与 900 Ω 串联电阻。

（6）做直流他励电动机的启动准备。

按图 1-2 接线。图中直流他励电动机 M 用 DJ15，其额定功率 $P_{\text{N}}=185$ W，额定电压 $U_{\text{N}}=220$ V，额定电流 $I_{\text{N}}=1.2$ A，额定转速 $n_{\text{N}}=1\ 600$ r/min，额定励磁电流 $I_{\text{fN}}<0.16$ A。校正直流测功机 MG 用于测功，TG 为测速发电机。直流电流表选用 D31。R_{f1} 用 D44 的 1 800 Ω 阻值（作为直流他励电动机励磁回路串接的电阻）。R_{f2} 选用 D42 的 1 800 Ω 阻值的变阻器（作为 MG 励磁回路串接的电阻）。R_1 选用 D44 的 180 Ω 阻值（作为直流他励电动机的启动电阻），R_2 选用 D41 的 90 Ω 电阻 6 只串联，再与 D42 的 900 Ω 与 900 Ω 并联电阻相串联（作为 MG 的负载电阻）。接好线后，检查 MG 及 TG 之间是否用联轴器直接连接好。

（7）他励直流电动机启动步骤如下：

① 首先，检查接线是否正确，电表的极性、量程选择是否正确，电动机励磁回路接线是否牢靠。然后，将电动机电枢串联启动电阻 R_1、测功机 MG 的负载电阻 R_2 及 MG 的磁场回路电阻 R_{f2} 调到阻值最大位置，M 的磁场调节电阻 R_{f1} 调到最小位置，断开开关 S，并断开控制屏下方右边的电枢电源开关。做好启动准备。

② 开启控制屏上的电源开关，按下其上方的启动按钮，接通其下方左边的励磁电源开关，观察 M 及 MG 的励磁电流值，调节 R_{f2} 使 I_{f2} 等于校正值（100 mA）并保持不变，再接通控制屏右下方的电枢电源开关，使 M 启动。

③ M 启动后观察转速表指针偏转方向，应为正向偏转，若不正确，可拨动转速表上正向、反向开关来纠正。调节控制屏上电枢电源的“电压调节”旋钮，使电动机端电压为 220 V。减小启动电阻 R_1 阻值，直至短接。

④ 合上校正直流测功机 MG 的负载开关 S，调节 R_2 阻值，使 MG 的负载电流 I_{L} 改变，

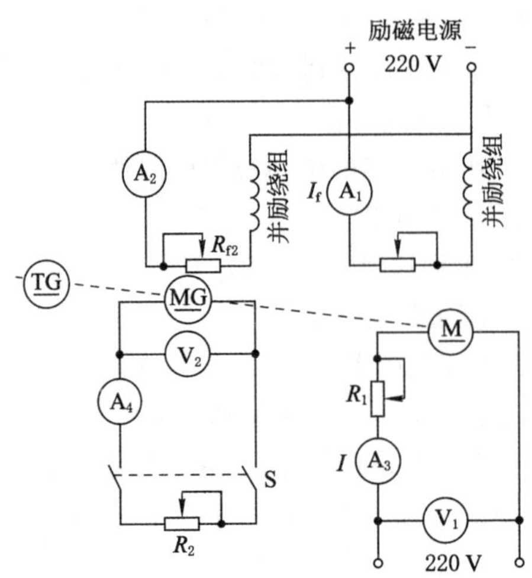

图 1-2　直流他励电动机接线图

即直流电动机 M 的输出转矩 T_2 改变(按不同的值 I_L，查对应于 $I_{f2}=100$ mA 时的校正曲线 $T_2=f(I_L)$，可得到 M 不同的输出转矩 T_2 值)。

⑤ 调节他励电动机的转速。分别改变串入电动机 M 电枢回路的调节电阻 R_1 和励磁回路的调节电阻 R_{f1}，观察转速变化情况。

⑥ 改变电动机的转向。将电枢串联启动变阻器 R_1 的阻值调回到最大值，先切断控制屏上的电枢电源开关，然后切断控制屏上的励磁电源开关，使他励电动机停机。在断电情况下，将电枢(或励磁绕组)的两端接线对调后，再按他励电动机的启动步骤启动电动机，并观察电动机的转向及转速表指针偏转的方向。

(四) 实验报告要求

实验报告应包括以下内容并回答相关问题：

(1) 画出直流他励电动机电枢串电阻启动的接线图。说明电动机启动时，启动电阻 R_1 和磁场调节电阻 R_{f1} 应调到什么位置。为什么？

(2) 在电动机轻载及额定负载时，增大电枢回路的调节电阻，电动机的转速如何变化？增大励磁回路的调节电阻，转速又如何变化？

(3) 用什么方法可以改变直流电动机的转向？

(4) 为什么要求直流他励电动机磁场回路的接线要牢靠，启动时电枢回路必须串联启动变阻器？

二、直流发电机

(一) 实验目的

(1) 掌握用实验方法测定直流发电机的各种运行特性，并根据所有运行特性评定该被试发电机的有关性能。

(2) 通过实验观察并励发电机的自励过程和自励条件。

(二) 实验项目

(1) 他励发电机实验

① 测空载特性：保持 $n=n_N$ 使 $I_L=0$，测取 $U_0=f(I_f)$。

② 测外特性：保持 $n=n_N$ 使 $I_f=I_{fN}$，测取 $U=f(I_L)$。

③ 测调节特性：保持 $n=n_N$ 使 $U=U_N$，测取 $I_f=f(I_L)$。

(2) 并励发电机实验

① 观察自励过程。

② 测外特性：保持 $n=n_N$ 使 $R_{f2}=$常数，测取 $U=f(I_L)$。

(3) 复励发电机实验

测积复励发电机的外特性：保持 $n=n_N$ 使 $R_{f2}=$常数，测取 $U=f(I_L)$。

（三）实验原理

直流发电机是将机械能转换为直流电能的能量转换器，因而发电机通常需要有原动机来带动。在实验室一般用直流或交流电动机作为原动机。直流发电机励磁方式分为他励、并励、复励等。

(1) 直流发电机的空载特性是指发电机在额定转速下稳定运行，输出端开路($I=0$)时，发电机空载电压 U_0 与励磁电流 I_f 之间的关系 $U_0=f(I_f)$。空载情况下，发电机端电压 U_0 与气隙磁通成正比，即：

$$U_0 = E_0 = C_e\Phi_n$$

励磁磁动势与励磁电流成正比，即：

$$F_0 = 2I_fN$$

式中　N——发电机每极的励磁绕组匝数。

所以，$U_0=f(I_f)$与磁化曲线 $\Phi=f(F_0)$相同，仅坐标刻度不同。

应当注意：

① 在增加或减少励磁电流的过程中，只能单方向调节励磁电流，不允许反向调节，否则会出现局部磁滞回线。

② 直流发电机的外特性是指发电机在额定转速下稳定运行，保持励磁电流不变，输出端电压与负载电流之间的关系是 $U=f(I)$。不同励磁方式的发电机其外特性各不相同。

(2) 他励发电机的外特性曲线如图 1-3 中的曲线①所示，是一条略微下降的曲线，其特性比较“硬”。由电压方程 $U=E_a-I_aR_a=C_e\Phi_n-I_aR_a$ 可知，造成他励直流发电机电压下降的原因有二：

① 电枢回路的电阻压降 I_aR_a。

② 电枢反应的去磁效应使电枢电动势减小，为了说明端电压随电流变化而变化的程度，引用电压变化率 $\Delta U\%$表示。按国家标准，直流发电机的电压变化率是指当 $n=n_N$，$I_f=I_{fN}$时，从额定负载($U=U_N$，$I=I_N$)过渡到空载($I=0$)时，电压升高的数值与额定电压相比的百分值，即：

$$\Delta U\% = \frac{U_0 - U_N}{U_N} \times 100\%$$

他励直流发电机的电压变化率 $\Delta U\%$一般为 5%～10%，因此它可近似当作一个恒压电源。

(3) 并励直流发电机的外特性曲线如图 1-3 曲线②所示。与他励发电机相比，并励发电机电压调整率较大，特性较“软”，通常电压调整率 $\Delta U\%=20\%\sim30\%$。这是因为除了电枢电阻压降和电枢反应去磁效应使端电压下降外，还由于端电压下降而使励磁电流减小，引

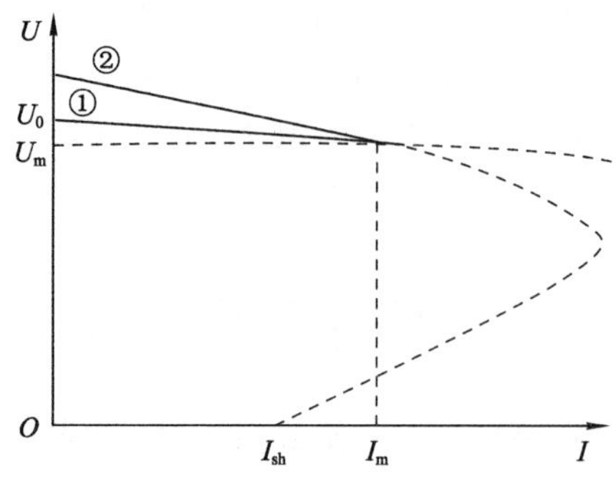

图 1-3 他、并励直流发电机的外特性

起感应电动势减小，使端电压进一步下降。

(4) 复励发电机是在保持并励发电机不需励磁电源的优点，且能减小电压调整率的要求下产生的。在它的主极上装着两套绕组，一套是与电枢绕组相并的并励绕组，另一套是与电枢绕组相串的串励绕组。根据串励绕组补偿程度不同，可以分为平复励、过复励和欠复励三种。它们的外特性曲线如图 1-4 所示。

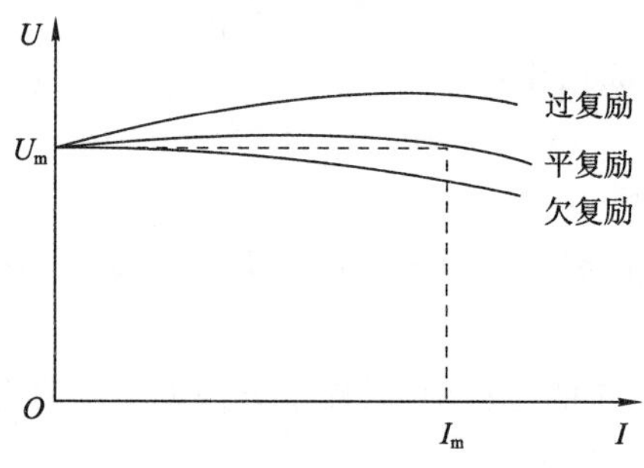

图 1-4 复励发电机的外特性

(5) 直流发电机的调节特性反映了 n 为定值的情况下，在负载电流变化时保持发电机的端电压 U 为常值的励磁电流的调节规律。通常是指 $n=n_N$，$U=U_N$ 时 $I_f=f(I)$ 的关系曲线。

(6) 并励直流发电机自励建立稳定电压的条件：

① 发电机的磁路中应有剩磁。电枢旋转时才能在电枢两端获得剩磁电压，并向励磁绕组提供最初的励磁电流，使用过的电机一般都有剩磁。若电机失去剩磁，则不能建立电压，这就需给电机充磁，可用直流电源瞬时接通磁场绕组的方法来给电机充磁。

② 励磁绕组并联于电枢两端的极性应与电枢旋转方向正确配合，使励磁电流产生的磁场方向与剩磁方向一致，否则无法自励建立电压。判断励磁绕组连接是否正确的方法是：在接通磁场绕组的瞬时，如果电枢电压增加，表示励磁磁场方向与剩磁磁场方向一致，连接是正确的；否则，就需要将磁场绕组的两个端子调换，或改变电机的旋转方向。

③ 励磁回路的总电阻应小于与发电机运行转速相对应的临界电阻。在满足上述两个条件的情况下，减少励磁回路附加电阻，便可使电枢电压逐步升高，直到所需数值。如果调节励磁电路附加电阻时，电枢电压数值很小且无变化，则应检查励磁回路是否断路。

（四）实验方法

(1) 本实验所需主要实验设备如表 1-3 所列。

表 1-3　直流发电机实验所需主要实验设备

序号	型号	名称	数量
1	DD03	导轨、测速发电机及转速表	1 台
2	DJ23	校正直流测功机	1 台
3	DJ13	直流并励电动机	1 台
4	D31	直流数字电压表、毫安表、安培表	2 件
5	D42	三相可调电阻器	1 件
6	D44	可调电阻器、电容器	1 件
7	D51	波形测试及开关板	1 件

(2) 屏上挂件排列顺序为 D31、D44、D31、D42、D51。

(3) 直流他励发电机。按图 1-5 接线。图中直流发电机 G 选用 DJ13，其额定值 $P_N=100$ W，$u_N=200$ V，$I_N=0.5$ A，$n_N=1\ 600$ r/min。校正直流测功机 MG 作为 G 的原动机（按他励电动机接线）。MG、G 及 TG 由联轴器直接连接。开关 S 选用 D51 组件。R_{f1} 选用 D44 的 1 800 Ω 变阻器，R_{f2} 选用 D42 的 900 Ω 变阻器，并采用分压器接法。R_1 选用 D44 的 180 Ω 变阻器。R_2 为发电机的负载电阻选用 D42，采用串并连接法（900 Ω 与 900 Ω 电阻串联加上 900 Ω 与 900 Ω 并联），阻值为 2 250 Ω。当负载电流大于 0.4 A 时用并联部分，而将串联部分阻值调到最小并用导线短接。直流电流表、电压表选用 D31 并选择合适的量程。

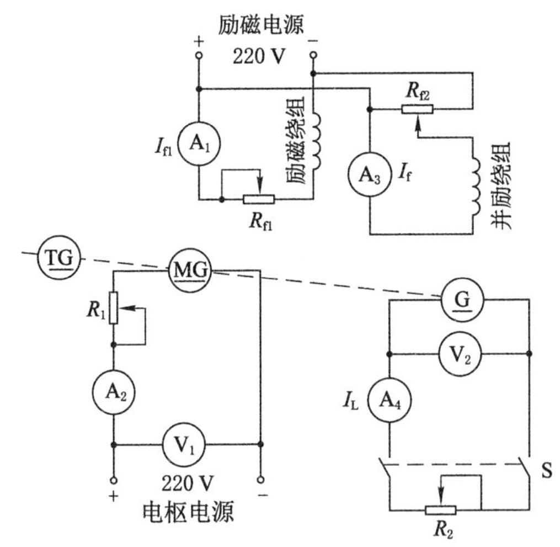

图 1-5　直流他励发电机接线图

① 测空载特性。

a. 把发电机 G 的负载开关 S 打开，接通控制屏上的励磁电源开关，将 R_{f2} 调至使 G 励磁电压最小的位置。

b. 使 MG 电枢串联启动电阻 R_1 阻值最大、R_{f1}阻值最小。仍先接通控制屏下方左边的励磁电源开关，在观察到 MG 的励磁电流为最大的条件下，再接通控制屏下方右边的电枢电源开关，启动直流电动机 MG，其旋转方向应符合正向旋转的要求。

c. 电动机 MG 启动正常运转后，将 MG 电枢串联电阻 R_1 调至最小值，将 MG 的电枢电源电压调为 220 V，调节电动机磁场调节电阻 R_{f1}，使发电机转速达额定值，并在以后整个实验过程中始终保持此额定转速不变。

d. 调节发电机励磁分压电阻 R_{f2}使发电机空载电压 $U_0=1.2U_N$ 为止。

e. 在保持 $n=n_N=1\ 600$ r/min 条件下，从 $U_0=1.2U_N$ 开始，单方向调节分压器电阻 R_{f2}使发电机励磁电流逐次减小，每次测取发电机的空载电压 U_0 和励磁电流 I_f，直至 $I_f=0$（此时测得的电压即为发电机的剩磁电压）。

f. 测取数据时 $U_0=U_N$ 和 $I_f=0$ 两点必测，且在 $U_0=U_N$ 附近测点应较密。

共测取 7～8 组数据，记录于表 1-4 中。

表 1-4　直流他励发电机空载特性实验数据记录表

$n=n_N=1\ 600$ r/min　　　　$I_L=0$

U_0/V									
I_f/mA									

② 测外特性。

a. 把发电机负载电阻 R_2 调到最大值，合上负载开关 S。

b. 同时调节电动机的磁场调节电阻 R_{f1}、发电机的分压电阻 R_{f2}和负载电阻 R_2，使发电机的 $I_L=I_N$，$U=U_N$，$n=n_N$，该点为发电机的额定运行点，其励磁电流称为额定励磁电流 I_{fN}，记录该组数据。

c. 在保持 $n=n_N$ 和 $I_f=I_{fN}$不变的条件下，逐次增加负载电阻 R_2，即减小发电机负载电流 I_L，每次测取发电机的电压 U 和电流 I_L，直到空载（断开开关 S，此时 $I_L=0$），共取 6～7 组数据，记录于表 1-5 中。

表 1-5　直流他励发电机外特性实验数据记录表

$n=n_N=$________ r/min　　$I_f=I_{fN}=$________ mA

U/V							
I_L/A							

③ 测调整特性。

a. 调节发电机的分压电阻 R_{f2}，保持 $n=n_N$，使发电机空载达额定电压。

b. 在保持发电机 $n=n_N$ 条件下，合上负载开关 S，调节负载电阻 R_2。

逐次增加发电机输出电流 I_L，同时相应调节发电机励磁电流 I_f，使发电机端电压保持额定值 $U=U_N$。

c. 从发电机的空载至额定负载范围内每次测取发电机的输出电流 I_L 和励磁电流 I_f，共取 5～6 组数据，记录于表 1-6 中。

表 1-6　直流他励发电机调整特性实验数据记录表

$n=n_N=$＿＿＿＿＿＿ r/min　　　　$U=U_N=$＿＿＿＿＿＿ V

I_L/A							
I_f/mA							

（4）直流并励发电机。

① 观察自励过程。

a. 按注意事项(即直流他励电动机停机时,必须先切断电枢电源,然后断开励磁电源。同时必须将电枢串联的启动电阻 R_1 调回到最大值,将励磁回路串联的电阻 R_{f1} 调回到最小值,给下次启动做好准备)使电动机 MG 停机,在断电的条件下将发电机 G 的励磁方式从他励改为并励,接线如图 1-5 所示。R_{f2} 选用 D42 的 900 Ω 电阻两只相串联并调至最大阻值,打开开关 S。

b. 按注意事项(即直流他励电动机启动时,须将励磁回路串联的电阻 R_{f1} 调到最小,先接通励磁电源,使励磁电流最大,同时必须将电枢串联的启动电阻 R_1 调至最大，然后方可接通电枢电源,使电动机正常启动。启动后,将启动电阻 R_1 调至零，使电动机正常工作)启动电动机,调节电动机的转速,使发电机的转速 $n=n_N$,用直流电压表测量发电机是否有剩磁电压,若无剩磁电压,可将并励绕组改接成他励方式进行充磁。

c. 合上开关 S 并逐渐减小 R_{f2},观察发电机电枢两端的电压。若电压逐渐上升,则说明满足自励条件;如果不能自励建压,则将励磁回路的两个端头对调连接即可。

d. 对应着一定的励磁电阻,逐步降低发电机转速,使发电机电压随之下降,直至电压不能建立,此时的转速即为临界转速。

② 测外特性。

a. 按图 1-6 接线。调节负载电阻 R_2 到最大,合上负载开关 S。

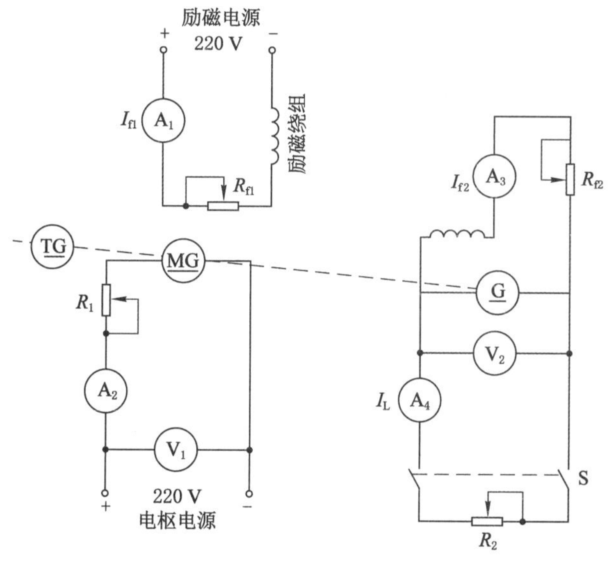

图 1-6　直流并励发电机接线图

b. 调节电动机的磁场调节电阻 R_{f1}、发电机的磁场调节电阻 R_{f2} 和负载电阻 R_2，使发电机的转速、输出电压和电流三者均达额定值，即 $n=n_N$，$U=U_N$，$I_L=I_N$。

c. 保持此时 R_{f2} 的值和 $n=n_N$ 不变，逐次减小负载，直至 $I_L=0$，从额定负载到空载运行范围内每次测取发电机的电压 U 和电流 I_L，共取 6～7 组数据，记录于表 1-7 中。

表 1-7　并励发电机外特性实验数据记录表

U/V							
I_L/A							

(5) 复励发电机。

① 积复励和差复励的判别。

a. 接线如图 1-7 所示，R_{f2} 选用 D42 的 1 800 Ω 阻值。C_1、C_2 为串励绕组。

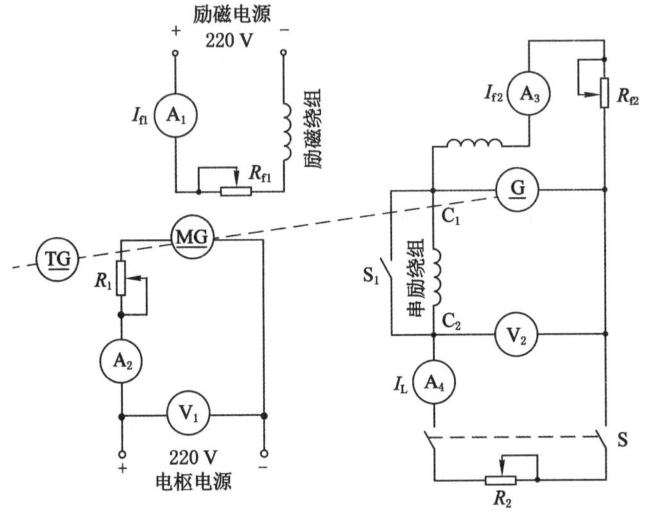

图 1-7　直流复励发电机接线图

b. 合上开关 S_1 将串励绕组短接，使发电机处于并励状态运行，按上述并励发电机外特性实验方法，调节发电机输出电流 $I_L=0.5I_N$。

c. 打开短路开关 S_1，在保持发电机 n、R_{f2} 和 R_2 不变的条件下，观察发电机端电压的变化，若此时电压升高即为积复励，若电压降低则为差复励。

d. 如要把差复励发电机改为积复励发电机，对调串励绕组接线即可。

② 积复励发电机的外特性。

a. 实验方法与测取并励发电机的外特性相同。先将发电机调到额定运行点，即 $n=n_N$，$U=U_N$，$I_L=I_N$。

b. 保持此时的 R_{f2} 和 $n=n_N$ 不变，逐次减小发电机负载电流，直至 $I_L=0$。

c. 从额定负载到空载范围内，每次测取发电机的电压 U 和电流 I_L，共取 6～7 组数据，记录于表 1-8 中。

表 1-8　复励发电机外特性实验数据记录表

$n=n_N=$ ________ r/min　　　　　　$R_{f2}=$常数

U/V							
I_L/A							

（五）实验报告要求

（1）根据空载实验数据，作出空载特性曲线，由空载特性曲线计算出被试电机的饱和系数和剩磁电压的百分数。

（2）在同一坐标纸上绘出他励、并励和复励发电机的三条外特性曲线。分别算出三种励磁方式的电压变化率（$\Delta U\%=[(U_0-U_N)/U_N]\times 100\%$）并分析差异原因。

（3）绘出他励发电机调整特性曲线，分析在发电机转速不变的条件下负载增加时要保持端电压不变且必须增加励磁电流的原因。

三、直流并励电动机

（一）实验目的

（1）掌握用实验测取直流并励电动机工作特性和机械特性的方法。

（2）掌握直流并励电动机的调速方法。

（二）实验项目

（1）工作特性和机械特性：保持 $U=U_N$ 和 $I_f=I_{fN}$ 不变，测取 n、T_2、$\eta=f(I_a)$、$n=f(T_2)$。

（2）调速特性：

① 改变电枢电压调速。保持 $U=U_N$、$I_f=I_{fN}=$常数、$T_2=$常数，测取 $n=f(U_a)$。

② 改变励磁电流调速。保持 $U=U_N$、$T_2=$常数、$R_1=0$，测取 $n=f(I_f)$。

③ 观察能耗制动过程。

（三）实验原理

直流电动机具有良好的调速性能，被广泛应用在冶金、矿山及电力机车等要求调速性能较高的场合，按励磁方式的不同，直流电动机可分为他励、串励、并励、复励等几种励磁方式。

1. 直流并励电动机的工作特性

直流并励电动机的工作特性是指：当 $U=U_N$、$I_f=I_{fN}$ 时，$n=f(I_a)$、$T=f(I_a)$ 及 $\eta=f(I_a)$ 关系曲线。

由并励电动机电枢回路电压方程：

$$U=E_a+I_a(R_a+R_\Omega)=C_e\Phi n+I_a(R_a+R_\Omega)$$

得：

$$n=\frac{U-I_a(R_a+R_\Omega)}{C_e\Phi}$$

可知 $n=f(I_a)$ 曲线为一直线。

由 $I=C_T\Phi I_a$ 可知 $T=f(I_a)$ 曲线亦为一直线。由直流电动机的效率 $\eta=\frac{P_1}{P_2}$ 可知 $\eta=f(I_a)$ 曲线不是一简单的直线。

2. 直流并励电动机的机械特性

直流电动机的转速随着电磁转矩变化的关系称为直流电动机的机械特性，即 $n=f(T)$，将 $I_a=\dfrac{T}{C_m\Phi}$代入 $n=\dfrac{U-I_a(R_a+R_\Omega)}{C_e\Phi}$得：

$$
\begin{aligned}
n &= \frac{U}{C_e\Phi} - I_a(R_a + R_\Omega)/C_e\Phi \\
&= \frac{U}{C_e\Phi} - \frac{(R_a + R_\Omega)}{C_e C_m \Phi^2}T \\
&= n_0 - KT(K\text{ 为常数})
\end{aligned}
$$

可见，直流并励电动机的转速 n 与电磁转矩 T 是线性关系，其机械特性是一条直线。直流并励电动机机械特性分固有（自然）机械特性和人工机械特性两种。

当 $U=U_N$、$I_f=I_{fN}$且电枢回路内不串外加电阻时，所测得的 $n=f(T)$关系曲线称为直流电动机的固有机械特性（或称自然机械特性）。当上述任一条件改变时所测得的 $n=f(T)$关系曲线称为直流电动机的人工机械特性。

3. 并励直流电动机的调速特性

由 $n=\dfrac{U-I_a(R_a+R_\Omega)}{C_e\Phi}$可知，为了达到调速目的，可采用下列三种方法：

① 改变施加在电动机电枢回路的端电压 U；

② 改变励磁电流来改变磁通 Φ；

③ 改变串接在电枢回路中的电阻 R_Ω。

（四）实验步骤

（1）本实验所需实验设备如表 1-9 所列。

表 1-9　直流并励电动机实验所需实验设备

序号	型号	名称	数量
1	DD03	导轨、测速发电机及转速表	1 台
2	DJ23	校正直流测功机	1 台
3	DJ15	直流并励电动机	1 台
4	D31	直流数字电压、毫安、安培表	2 件
5	D42	三相可调电阻器	1 件
6	D44	可调电阻器、电容器	1 件
7	D51	波形测试及开关板	1 件

（2）屏上挂件排列顺序为 D31、D42、D51、D31、D44。

（3）并励电动机的工作特性和机械特性。

① 按图 1-8 接线。校正直流测功机 MG 按他励发电机连接，在此作为直流电动机 M 的负载，用于测量电动机的转矩和输出功率。R_{f1} 选用 D44 的 1 800 Ω 阻值。R_{f2} 选用 D42 的 900 Ω 串联 900 Ω 共 1 800 Ω 阻值。R_1 用 D44 的 180 Ω 阻值。R_2 选用 D42 的 900 Ω 和 900 Ω 串联，再加上 900 Ω 和 900 Ω 并联，共 2 250 Ω 阻值。

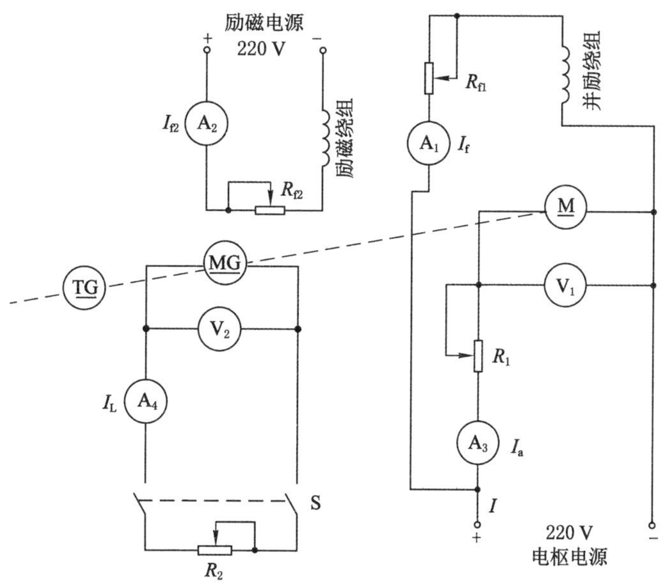

图 1-8　直流并励电动机接线图

② 电阻 R_1 调至最大值，接通控制屏下边右方的电枢电源开关使其启动，其旋转方向应符合转速表正向旋转的要求。

③ M 启动正常后，将其电枢串联电阻 R_1 调至零，调节电枢电源的电压为 220 V，调节校正直流测功机的励磁电流 I_{f2} 为校正值(50 mA 或 100 mA)，再调节其负载电阻 R_2 和电动机的磁场调节电阻 R_{f1}，使电动机达到额定值：$U=U_N$、$I=I_N$、$n=n_N$。此时 M 的励磁电流 I_f 即为额定励磁电流 I_{fN}。

④ 保持 $U=U_N$，$I_f=I_{fN}$，I_{f2} 为校正值不变的条件下，逐次减小电动机负载。

测取电动机电枢输入电流 I_a，转速 n 和校正电机的负载电流 I_L(由校正曲线查出电动机输出对应转矩 T_2。注意：若选用了 D55-1 智能转矩、转速、输出功率表，P_2、T_2 也可直接测出，并可和计算值加以比较)。共取数据 9～10 组，记录于表 1-10 中。

表 1-10　直流并励电动机工作特性和机械特性实验数据记录表

$U=U_N=$________ V　　$I_f=I_{fN}=$________ mA　　$I_{f2}=$________ mA

实验数据	I_a/A										
	n/(r/min)										
	I_L/A										
	T_2/(N·m)										
计算数据	P_2/W										
	P_1/W										
	η/%										
	Δn/%										

（4）调速特性

① 改变电枢端电压的调速

a. 直流电动机 M 运行后，将电阻 R_1 调至零，I_{f2} 调至校正值，再调节负载电阻 R_2、电枢电压及磁场电阻 R_{f1}，使 M 的 $U=U_N$，$I=0.5I_N$，$I_f=I_{fN}$，记下此时 MG 的 I_L 值。

b. 保持此时的 I_L 值（即 T_2 值）和 $I_f=I_{fN}$ 不变，逐次增加 R_1 的阻值，降低电枢两端的电压 U_a，使 R_1 从零调至最大值，每次测取电动机的端电压 U_a、转速 n 和电枢电流 I_a。

c. 共取数据 8～9 组，记录于表 1-11 中。

表 1-11　直流并励电动机改变电枢端电压调速实验数据记录表

$I_f=I_{fN}=$________ mA　　　　$T_2=$________ N·m

U_a/V								
n/(r/min)								
I_a/A								

② 改变励磁电流的调速

a. 直流电动机运行后，将 M 的电枢串联电阻 R_1 和磁场调节电阻 R_{f1} 调至零，将 MG 的磁场调节电流 I_{f2} 调至校正值，再调节 M 的电枢电源调压旋钮和 MG 的负载，使电动机 M 的 $U=U_N$，$I=0.5I_N$，记下此时的 I_L 值。

b. 保持此时 MG 的 I_L 值（T_2 值）、M 的 $U=U_N$ 不变，逐次增加磁场电阻阻值，直至 $n=1.3n_N$，每次测取电动机的 n、I_f 和 I_a。共取 7～8 组记录于表 1-12 中。

表 1-12　直流并励电动机改变励磁电流调速实验数据记录表

$U=U_N=$________ V　　　　$T_2=$________ N·m

n/(r/min)								
I_f/mA								
I_a/A								

③ 能耗制动

a. 本实验所需实验设备如表 1-13 所列。

表 1-13　直流并励电动机能耗制动所需实验设备

序号	型号	名称	数量
1	DD03	导轨、测速发电机及转速表	1 台
2	DJ23	校正直流测功机	1 台
3	DJ15	直流并励电动机	1 台
4	D31	直流数字电压表、毫安表、安培表	2 件
5	D42	三相可调电阻器	1 件
6	D44	可调电阻器、电容器	1 件
7	D51	波形测试及开关板	1 件
8	D41	三相可调电阻器	1 件

b. 屏上挂件排列顺序为 D31、D42、D51、D41、D31、D44。

c. 按图 1-9 接线，先把 S_1 合向 2 端，合上控制屏下方右边的电枢电源开关，把 M 的 R_{f1} 调至零，使电动机的励磁电流最大。

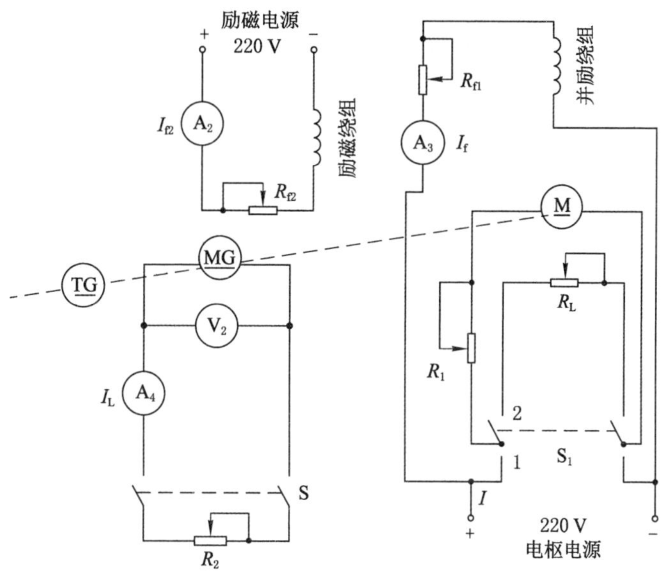

图 1-9　并励电动机能耗制动接线图

d. 把 M 的电枢串联启动电阻 R_1 调至最大，把 S_1 合至电枢电源，使电动机启动，能耗制动电阻 R_L 选用 D41 上 180 Ω 阻值。

e. 运转正常后，从 S_1 任一端拔出一根导线插头，使电枢开路。由于电枢开路，电机处于自由停机状态，记录停机时间。

f. 重复启动电动机，待运转正常后，把 S_1 合向 R_L 端，记录停机时间。

g. 选择 R_L 不同的阻值，观察对停机时间的影响。

（五）实验报告要求

(1) 由表 1-10 计算出 P_2 和 η，并给出 n、T_2、$\eta=f(I_a)$ 以及 $n=f(T_2)$ 的特性曲线。

电动机输出功率：

$$P_2 = 0.105nT_2$$

式中，输出转矩 T_2 的单位为 N·m[其值由 I_a 及 I_L 的值从校正曲线 $T_2=f(I_L)$ 查得]，转速 n 的单位为 r/min。

电动机输入功率：

$$P_1 = UI$$

输入电流：

$$I = I_a + I_{fN}$$

电动机效率：

$$\eta = \frac{P_2}{P_1} \times 100\%$$

由工作特性求出转速变化率：

$$\Delta n\% = \frac{n_0 - n_N}{n_N} \times 100\%$$

(2) 绘出并励电动机调速特性曲线 $n=f(U_a)$ 和 $n=f(I_f)$。分析在恒转矩负载时两种调速方法的电枢电流变化规律以及两种调速方法的优缺点。

(3) 能耗制动时间与制动电阻 R_L 的阻值有什么关系？为什么？该制动方法有什么缺点？

四、直流串励电动机

(一) 实验目的

(1) 用实验方法测取串励电动机工作特性和机械特性。

(2) 了解串励电动机启动、调速及改变转向的方法。

(二) 实验项目

(1) 工作特性和机械特性：在保持 $U=U_N$ 的条件下，测取 n、T_2、$T_1=f(I)$ 以及 $n=f(T_2)$。

(2) 人为机械特性：保持 $U=U_N$ 和电枢回路串入电阻 R_1 为常数的条件下，测取 $n=f(T_2)$。

(3) 调速特性：

① 电枢回路串电阻调速。保持 $U=U_N$ 和 T_2 为常数的条件下，测取 $n=f(U_a)$。

② 磁场绕组并联电阻调速。保持 $U=U_N$、T_2 为常数及 $R_1=0$ 的条件下，测取 $n=f(I)$。

(三) 实验原理

串励直流电动机的机械特性比较"软"，带负载启动时，转速比较低，因而被广泛应用在矿用电机车、铁道电气机车和城市电车上作为牵引电机。

直流串励电动机的工作特性、机械特性的含义与并励电动机的相同，用实验法测取工作特性、机械特性时，接线如图 1-10 所示。但因励磁绕组是与电枢绕组串联，当空载或轻载时，电枢电流太小，相应磁场也很弱，磁通量 Φ 很小，易发生飞车现象，因此，串励电动机不可在空载或轻载下运行，启动时要加一定的负载，然后方可启动。

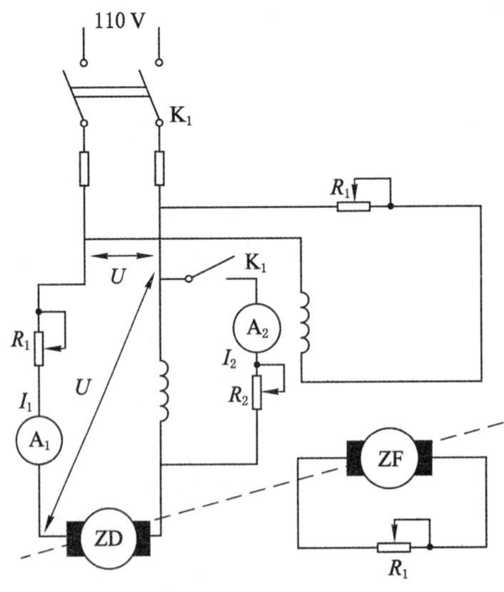

图 1-10　直流串励电动机实验接线图

串励电动机的调速原理与并励电动机的相同，也是通过调节电枢回路串联电阻和调节磁通 Φ 来达到调速目的，该实验是通过调节 R_1 和 R_2 来实现的。

（四）实验步骤

（1）直流串励电动机实验所需设备如表 1-14 所列。

表 1-14　直流串励电动机实验所需设备

序号	型号	名称	数量
1	DD03	导轨、测速发电机及转速表	1 台
2	DJ23	校正直流测功机	1 台
3	DJ14	直流串励电动机	1 台
4	D31	直流数字电压表、毫安表、安培表	2 件
5	D42	三相可调电阻器	1 件
6	D51	波形测试及开关板	1 件
7	D41	三相可调电阻器	1 件

（2）屏上挂件排列顺序为 D31、D42、D51、D31、D41。实验线路如图 1-11 所示，图中直流串励电动机选用 DJ14，校正直流测功机 MG 作为电动机负载，用于测量 M 的转矩，两者之间用联轴器直接连接。R_{f1} 也选用 D41 的 180 Ω 和 90 Ω 串联共 270 Ω 阻值，R_{f2} 选用 D42 上 1 800 Ω 阻值，R_1 用 D41 的 180 Ω 阻值，R_2 选用 D42 上 900 Ω 和 900 Ω 串联，再加上 900 Ω 和 900 Ω 并联，共 2 250 Ω 阻值，直流电压表、电流表选用 D31。

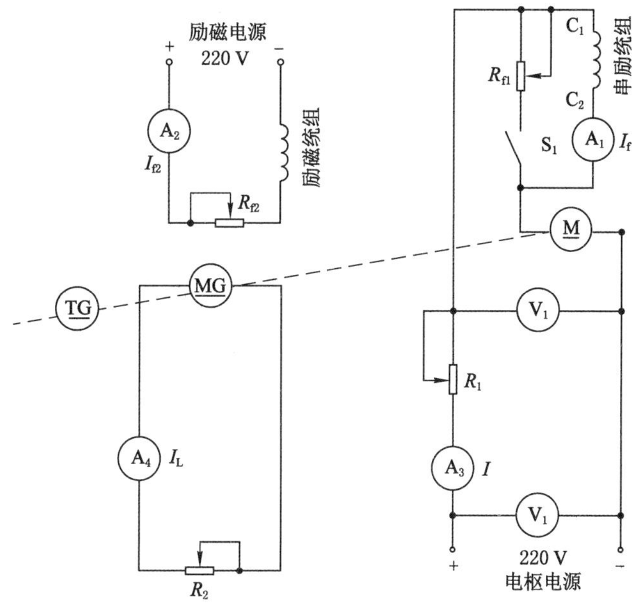

图 1-11　串励电动机接线图

（3）工作特性和机械特性。

① 由于串励电动机不允许空载启动，因此校正直流测功机 MG 时先加他励电流 I_{f2} 为

校正值，并接上一定的负载电阻 R_2，使电动机在启动过程中带上负载。

② 调节直流串励电动机 M 的电枢串联启动电阻 R_1 及磁场分路电阻 R_{f1} 到最大值，打开磁场分路开关 S_1，合上控制屏上的电枢电源开关，启动 M，并观察转向是否正确。

③ M 运转后，调节 R_1 至零，同时调节 MG 的负载电阻值 R_2，旋动控制屏上的电枢电压调压旋钮，使 M 的电枢电压 $U_1=U_N$、电流 $I=1.2I_N$。

④ 在保持 $U_1=U_N$、I_{f2} 为校正值的条件下，逐次减小负载(即增大 R_2)直至 $n<1.4n_N$ 为止，每次测取 I、n、I_L，共取数据 6～7 组，记录于表 1-15 中。

⑤ 若要在实验中使串励电动机 M 停机，须将电枢串联启动电阻 R_1 调回到最大值，断开控制屏上电枢电源开关，使 M 失电而停止。

表 1-15 直流串励电动机工作特性和机械特性实验数据记录表

$U_1=U_N=$________ V　　　　$I_{f2}=$________ mA

实验数据	I/A						
	n/(r/min)						
	I_L/A						
计算数据	T_2/(N·m)						
	P_2/W						
	η/%						

(4) 测取电枢串电阻后的人为机械特性。

① 保持 MG 的他励电流 I_{f2} 为校正值，调节负载电阻 R_2。断开直流串励电动机 M 的磁场分路开关 S_1，调节电枢串联启动电阻 R_1 到最大值，启动 M(若在上一个环节的实验中未使 M 停机，可跳过这步接着做)。

② 调节串入 M 电枢的电阻 R_1、电枢电源的调压旋钮和校正电机 MG 的负载电阻 R_2，使 M 的电枢电源电压等于额定电压(即 $U=U_N$)、电枢电流 $I=I_N$、转速 $n=0.8n_N$。

③ 保持此时的 R_1 不变和 $U=U_N$，逐次减小电动机的负载，直至 $n<1.4n_N$ 为止。每次测取 U_1、I、n、I_L，共取数据 6～7 组，记录于表 1-16 中。

表 1-16 直流串励电动机人为机械特性实验数据记录表

$U_1=U_N=$________ V　　　　$R_1=$常数　　$I_{f2}=$________ mA

实验数据	U_2/V						
	I/A						
	I_L/A						
	n/(r/min)						
计算数据	T_2/(N·m)						
	P_2/W						
	η/%						

（5）绘出串励电动机恒转矩两种调速的特性曲线。

① 电枢回路串电阻调速

a. 电动机电枢串电阻并带负载启动后，将 R_1 调至零，I_{f2} 调至校正值。

b. 调节电枢电压和校正电机的负载电阻，使 $U=U_N$，$I\approx I_N$，记录此时串励电动机的 n、I 和电机 MG 的 I_L。

c. 在保持 $U=U_N$ 以及 T_2（即 I_L）不变的条件下，逐次增加 R_1 的阻值，每次测量 n、I、U_2。

d. 共取数据 6～8 组，记录于表 1-17 中。

表 1-17　直流串励电动机电枢回路串电阻调速实验数据记录表

$U_1=U_N=$__________ V　　$I_{f2}=$__________ mA　　$I_L=$__________ A

n/(r/min)								
I/A								
U_2/V								

② 磁场绕组并联电阻调速

a. 接通电源前，打开开关 S_1，将 R_1 和 R_{f1} 调至最大值。

b. 电动机电枢串电阻并带负载启动后，调节 R_1 至零，合上开关 S_1。

c. 调节电枢电压和负载，使 $U=U_N$，$T_2=0.8T_N$，记录此时电动机的 n、I、I_{f1} 和校正直流测功机电枢电流 I_L。

d. 在保持 $U=U_N$ 及 I_L（即 T_2）不变的条件下，逐次减 R_{f1} 的阻值，注意 R_{f1} 不能短接，直至 $n<1.4n_N$ 为止。每次测取 n、I、I_{f1}，共取数据 5～6 组，记录于表 1-18 中。

表 1-18　直流串励电动机磁场绕组并联电阻调速实验数据记录表

$U_1=U_N=$__________ V　　$I_{f2}=$__________ mA　　$I_L=$__________ A

n/(r/min)						
I/A						
I_{f1}/A						

（五）实验报告要求

（1）绘出直流串励电动机的工作特性曲线 $n=f(I_a)$、$T_2=f(I_a)$、$\eta=f(I_a)$。

（2）在同一张坐标纸上绘出串励直流电动机的自然和人为机械特性。

（3）绘出串励直流电动机恒转矩两种调速的特性曲线。试分析在 $U=U_N$ 和 T_2 不变件下调速时电枢电流变化规律。比较两种调速方法的优缺点。

第二节　变压器实验

一、单相变压器

（一）实验目的

（1）通过空载和短路实验测定变压器的变比和参数。

（2）通过负载实验测取变压器的运行特性。

（二）实验项目

（1）空载实验。测取空载特性 $U_0=f(I_0)$，$P_0=f(U_0)$，$\cos\varphi_0=f(U_0)$。

（2）短路实验。

（3）负载实验。

① 纯电阻负载。保持 $U_1=U_N$、$\cos\varphi_2=1$ 的条件下，测取 $U_2=f(I_2)$。

② 阻感性负载。保持 $U_1=U_N$、$\cos\varphi_2=0.8$ 的条件下，测取 $U_2=f(I_2)$。

（三）实验原理

（1）单相变压器的空载实验是在变压器的一方加上额定频率的正弦交流电压，而另一方开路，测取加压方的电流、电压和损耗。通过空载实验所测数据，可以绘制出空载电流 I_0、空载损耗 P_0（即铁损）、空载功率因数 $\cos\varphi_0$ 与空载电压 U_0 的关系曲线。

当加压方所加电压为额定值时，测取此时的电压、电流及损耗，可计算出变压器的励磁参数（由于空载电流 I_0 和铁损 $P_{Fe}=P_0$ 的大小与铁芯的饱和程度有关，为使实验测得数据符合变压器运行情况，故计算励磁参数所需数据应在额定电压下测取）。因为变压器在无载情况下，副边电流 I_2 为零，原边电流 I 即无载电流 I_0 值很小，同时，在一般的电力变压器中，$r_0 \gg r_1$，$x_m \gg z_m$，所以，可以近似认为，通过空载数据 U_0、I_0 和 P_0 计算所得即为励磁回路参数，如图 1-12 所示。

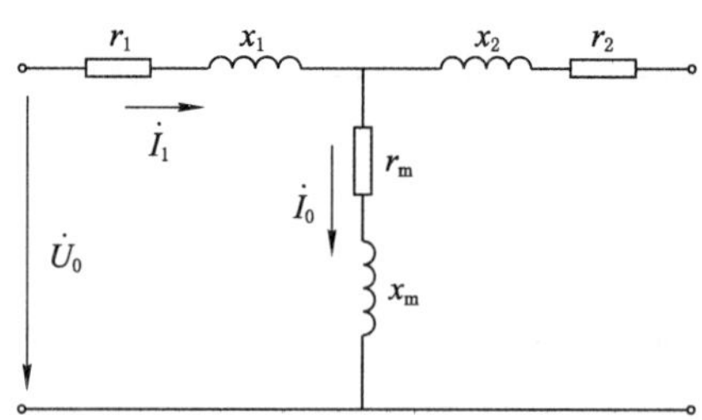

图 1-12　空载变压器 T 形等值电路

计算公式为：

$$|Z_m|=\frac{U_0}{I_0},\quad r_m=\frac{P_0}{I_0^2}$$

$$x_m=\sqrt{|Z_m|^2-r_m^2}$$

式中　r_m、x_m——从加压侧所测得的励磁电阻、励磁电抗。

通过变压器的空载实验，从空载电流 I_0 和空载损耗 P_0 中可以分析变压器的性能。当电压升高到额定值后，空载电流 I_0 一般为（2%～15%）I_N，容量较大则有较小的 I_0，空载损

耗 P_0 一般为(0.2%～1.0%)P_N。

空载实验可以在高压侧施加电压，也可以在低压侧施加电压。为了实验的安全和测试的方便，通常在低压侧施加电压，此时取得的励磁参数是低压侧的数值，如果需要得到高压侧的参数值，应该将实验求得的参数折算到高压侧(即乘以变比 K^2)。

(2) 变压器的短路实验是将变压器一方用导线短接，而在另一方加一适当的交流电压，测量加压侧的电压、电流和损耗。通过短路实验所测数据，可以绘制出短路电压 U_k、短路损耗 P_k(即铜损)、短路功率因数 $\cos\varphi_k$ 与短路电流 I_k 的关系曲线。

当加压侧的电流为额定值时，测取此时的电压、电流及损耗，可计算出变压器的短路参数(由于短路电压 U_k 和铜损 $P_{Cu}=P_0$ 的大小与变压器中的电流大小有关，为使实验测得的数据符合变压器运行情况，故计算短路参数所需数据应在额定电流下测取)。因为变压器一侧短路时，加压侧所加电压仅用来克服数值很小的短路阻抗压降。因此，外加电压很低，仅为额定电压的百分之几。磁路仍不饱和，主磁通很小，铁损和励磁电流均可忽略不计。所以认为通过短路实验所得数据 U_k、I_k 和 P_k 计算所得即为短路参数，如图 1-13 所示。

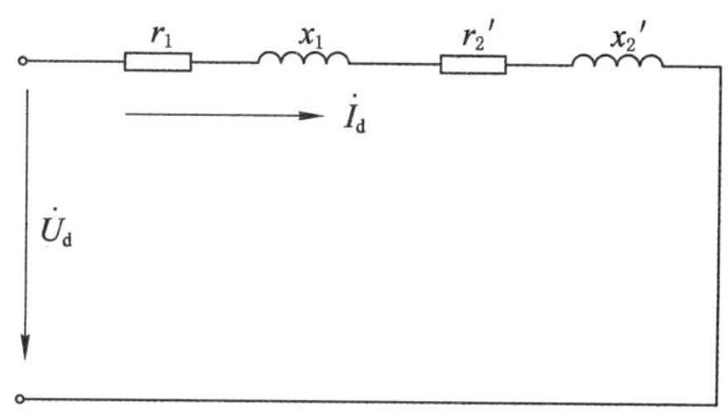

图 1-13　短路时变压器等值电路

计算公式：

$$|Z_d|=\frac{U_d}{I_d},\quad r_d=r_1+r_2'=\frac{P_d}{I_d^2}$$

$$x_d=x_1+x_2=\sqrt{|Z_d|^2-r_d^2}$$

$$r_1\approx r_1^2=\frac{r_d}{2}$$

由于线圈电阻值的大小随温度变化，故短路实验的电压和损耗也与温度有关，按国家标准规定，测得的电阻以及有关物理量应折算到基准工作温度(75 ℃)的数值。若短路实验时的环境温度为 t ℃时，对于铜线变压器换算公式如下：

$$r_{d75\,℃}=\frac{235+75}{235+t}r_d$$

对于铝线圈的变压器，将上式中的常数 235 改为 228 即可。

考虑到变压器高压侧的额定电流较小，实验电压也容易获得，因此变压器的短路实验多在高压侧施加电压进行。

从空载实验和短路实验求得的参数，应换算为变压器同一侧的数值。

(四) 实验步骤

(1) 单相变压器实验所需实验设备如表 1-19 所列。

表 1-19　单相变压器实验所需实验设备

序号	型号	名称	数量
1	D33	交流电压表	1 件
2	D32	交流电流表	1 件
3	D34-3	单三相智能功率表、功率因数表	1 件
4	DJ11	三相组式变压器	1 件
5	D42	三相可调电阻器	1 件
6	D43	三相可调电抗器	1 件
7	D51	波形测试及开关板	1 件

(2) 屏上排列顺序为 D33、D32、D34-3、DJ11、D51、D42、D43。

(3) 空载实验。

① 在三相调压交流电源断电的条件下，按图 1-14 接线。被测变压器选用三相组式变压器 DJⅡ中的一只作为单相变压器，其额定容量 $P_N=77$ W，$U_{1N}/U_{2N}=220/55$ V，$I_{1N}/I_{2N}=0.35/1.4$ A。变压器的低压线圈 a、x 接电源，高压线圈 A、X 开路。

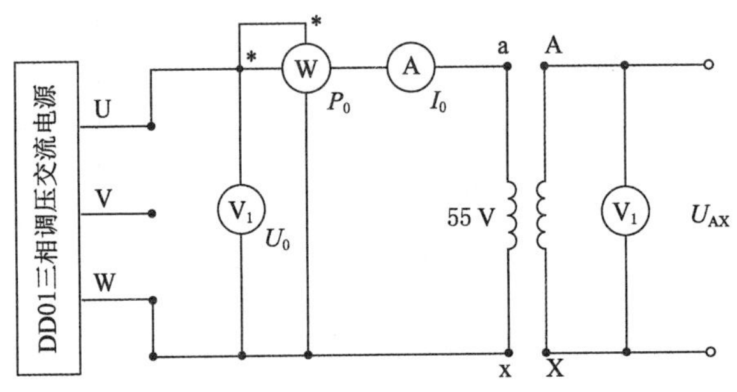

图 1-14　空载实验接线图

② 选好所有电表量程，将控制屏左侧调压器旋钮向逆时针方向旋转到底，即将其调到输出电压为零的位置。

③ 合上交流电源总开关，按下"启动"按钮，便接通了三相交流电源。调节三相调压器旋钮，使变压器空载电压 $U_0=1.2U_N$，然后逐次降低电源电压，在 $(1.2\sim0.2)U_N$ 的范围内，测取变压器的 U_0、I_0、P_0。

④ 测取数据时，$U=U_N$ 点必须测，且在该点附近测的点较密，共测取数据 7～8 组，记录于表 1-20 中。

⑤ 为了计算变压器的变比，在 U_N 以下测取原边电压的同时测出副边电压数据，也记录于表 1-20 中。

表 1-20　单相变压器空载实验数据记录表

序号	实验数据				$\cos\varphi_0$	
	U_0/V	I_0/A	P_0/W	U_{AX}/V	计算值	测量值

（4）短路实验。

① 按下控制屏上的“停止”按钮，切断三相调压交流电源，按图 1-15 接线（以后每次改接线路，都要切断电源）。将变压器的高压线圈接电源，低压线圈直接短路。

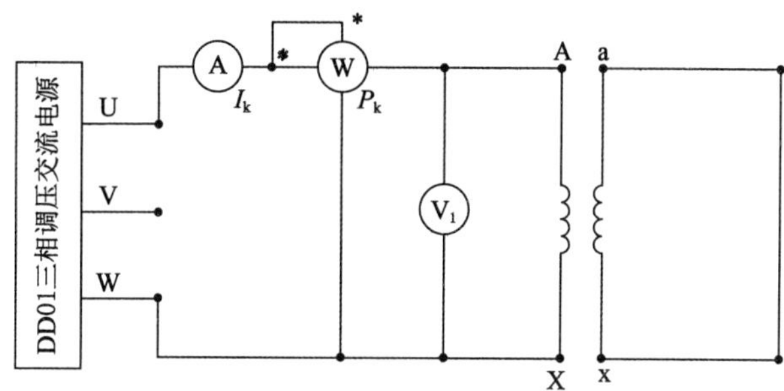

图 1-15　短路实验接线图

② 选好所有电表量程，将交流调压器旋钮调到输出电压为零的位置。

③ 接通交流电源，逐次缓慢增加输入电压，直到短路电流等于 $1.11I_N$ 为止，在 $(0.2\sim1.1)U_N$ 范围内测取变压器的 U_k、I_k、P_k。

④ 测取数据时，$I_k=I_N$ 点必须测，共测取数据 6～7 组，记录于表 1-21 中。实验时记下周围环境温度（℃）。

表 1-21　单相变压器短路实验数据记录表

序号	实验数据			$\cos\varphi_k$	
	U_k/V	I_k/A	P_k/W	计算值	测量值

（5）负载实验。实验线路如图 1-16 所示。变压器低压线圈接电源，高压线圈经过开关 S_1 和 S_2 接到负载电阻 R_L 和电抗 X_L 上。R_L 选用 D42 上 900 Ω 加上 900 Ω 共 1 800 Ω 阻值，X_L 选用 D43，功率因数表选用 D34-3，开关 S_1 和 S_2 选用 D51 挂件。

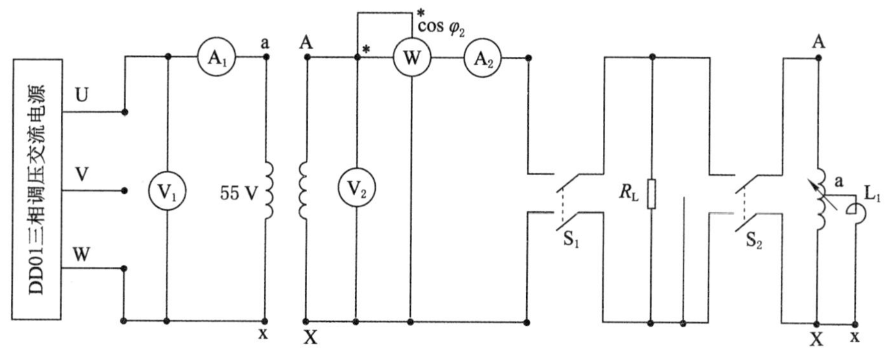

图 1-16　负载实验接线图

① 纯电阻负载

a. 将调压器旋钮调到输出电压为零的位置，S_1、S_2 打开，负载电阻值调到最大。

b. 接通交流电源，逐渐升高电源电压，使变压器输入电压 $U_1=U_N$。

c. 保持 $U_1=U_N$，合上 S_1，逐渐增加负载电流，即减小负载电阻 R_L 的值，从空载到额定负载的范围内，测取变压器的输出电压 U_2 和输出电流 I_2。

d. 测取数据时，$I_2=0$ 和 $I_2=I_{2N}=0.35$ A 必测，共取数据 6～7 组，记录于表 1-22 中。

表 1-22 单相变压器纯电阻负载实验实验数据记录表

$\cos\varphi_2=1$ $U_1=U_N=$__________ V

序号							
U_2/V							
I_2/A							

② 阻感性负载（$\cos\varphi_2=0.8$）

a. 电抗器 X_L 和 R_L 并联作为变压器的负载，S_1、S_2 打开，电阻及电抗值调至最大。

b. 接通交流电源，升高电源压电至 $U_1=U_{1N}$。

c. 合上 S_1、S_2，在保持 $U_1=U_N$ 及 $\cos\varphi_2=0.8$ 条件下，逐渐增加负载电流，从空载到额定负载的范围内，测取变压器 U_2 和 I_2。

d. 测取数据时，其中 $I_2=0$ 和 $I_2=I_{2N}$ 两点必测，共测取 6～7 组数据，记录于表 1-23中。

表 1-23 单相变压器阻感性负载实验数据记录表

$\cos\varphi_2=0.8$ $U_1=U_N=$__________ V

序号							
U_2/V							
I_2/A							

（五）实验报告要求

（1）计算变比。

由空载实验测变压器的原、副边电压的数据，分别计算出变比，然后取其平均值作为变压器的变比 K。

$$K=\frac{U_{AX}}{U_{ax}}$$

（2）绘出空载特性曲线和计算励磁参数。

① 绘出空载特性曲线 $U_0=f(I_0)$，$P_0=f(U_0)$，$\cos\varphi_0=f(U_0)$。

其中，$\cos\varphi_0=\dfrac{P_0}{U_0I_0}$。

② 计算励磁参数。从空载特性曲线上查出对应于 $U_0=U_N$ 时的 I_0 和 P_0 值，并由下式算出励磁参数：

$$r_m = \frac{P_0}{I_0^2}$$

$$Z_m = \frac{U_0}{I_0}$$

$$X_m = \sqrt{Z_m^2 - r_m^2}$$

(3) 绘出短路特性曲线和计算短路参数。

① 绘出短路特性曲线 $U_k=f(I_k)$、$P_k=f(I_k)$、$\cos\varphi_k=f(I_k)$。

② 计算短路各参数。从短路特性曲线上查出对应于短路电流 $I_k=I_N$ 时的 U_k 和 P_k 值,由下式算出实验环境温度为 θ(℃)时的短路参数。

$$Z'_k = \frac{U_k}{I_k}$$

$$r'_k = \frac{P_k}{I_k^2}$$

$$X'_k = \sqrt{Z'^2_k - r'^2_k}$$

折算到低压侧:

$$Z_k = \frac{Z'_k}{K^2}$$

$$r_k = \frac{Z'_k}{K^2}$$

$$X_k = \frac{X'_k}{K^2}$$

由于短路电阻 r_k 随温度变化,因此,算出的短路电阻应按国家标准换算到基准工作温度 75 ℃时的阻值:

$$r_{k75\,℃} = r_{k\theta}\frac{234.5+75}{234.5+\theta}$$

$$Z_{k75\,℃} = \sqrt{r_{k75\,℃}^2 + X_k^2}$$

式中 234.5——铜导线的常数,若用铝导线常数应改为 228。

短路电压(阻抗电压)百分数为:

$$u_k = \frac{I_N Z_{k75\,℃}}{U_N} \times 100\%$$

$$u_{kr} = \frac{I_N Z_{k75\,℃}}{U_N} \times 100\%$$

$$u_{kX} = \frac{I_N X_k}{U_N} \times 100\%$$

$I_k=I_N$ 时,短路损耗 $P_{kN}=I_N^2 r_{k75\,℃}$。

(4) 利用空载和短路实验测定的参数,画出被试变压器折算到低压侧的 T 形等效电路。

(5) 变压器的电压变化率 Δu。

① 绘出 $\cos\varphi_2=1$ 和 $\cos\varphi_2=0.8$ 两条外特性曲线 $U_2=f(I_2)$,由特性曲线计算出 $I_2=I_{2N}$时的电压变化率:

$$\Delta u = \frac{U_{20}-U_2}{U_{20}} \times 100\%$$

② 根据实验求出的参数，算出 $I_2=I_{2N}$、$\cos\varphi_2=1$，以及 $I_2=I_{2N}$、$\cos\varphi_2=0.8$ 时的电压变化率 Δu。

$$\Delta u = u_{kr}\cos\varphi_2 + u_{kX}\sin\varphi_2$$

将两种计算结果进行比较，并分析不同性质的负载对变压器输出电压 U_2 的影响。

(6) 绘出被试变压器的效率特性曲线。

① 用间接法算出 $\cos\varphi_2=0.8$ 的情况下不同负载电流时的变压器效率，记录于表 1-24 中。

$$\eta = \left(1 - \frac{P_0 + I_2^{*2}P_{kN}}{I_2^* P_N\cos\varphi_2 + P_0 + I_2^* P_{kN}}\right)\times 100\%$$

式中 $I_2^* P_N\cos\varphi_2 = P_2$，W；

P_{kN}——变压器 $I_k=I_N$ 时的短路损耗，W；

P_0——变压器 $U_0=U_N$ 时的空载损耗，W；

$I_2^*=I_2/I_{2N}$——副边电流标幺值。

表 1-24　$\cos\varphi_2=0.8$ 的情况下不同负载电流时的变压器效率

$\cos\varphi_2=0.8$　　$P_0=$__________ W　　$P_{kN}=$__________ W

I_2^*/A	P_2/W	η
0.2		
0.4		
0.6		
0.8		
1.0		
1.2		

② 由计算数据绘出变压器的效率曲线 $\eta=f(I_2^*)$。

③ 计算被试变压器 $\eta=\eta_{max}$ 时的负载系数 β_{max}：

$$\beta_{max} = \sqrt{\frac{P_0}{P_{kN}}}$$

二、三相变压器

（一）实验目的

(1) 通过空载和短路实验，测定三相变压器的变比和参数。

(2) 通过负载实验，测取三相变压器的运行特性。

（二）实验项目

(1) 测定变比。

(2) 空载实验。测取空载特性 $U_{0L}=f(I_{0L})$，$P_0=f(U_{0L})$，$P_0=f(U_{0L})$，$\cos\varphi_0=f(U_{0L})$。

(3) 短路实验。测取短路特性 $U_{kL}=f(I_{kL})$，$P_k=f(I_{kL})$，$\cos\varphi_k=f(I_{kL})$。

(4) 纯电阻负载实验。保持 $U_1=U_N$，$\cos\varphi_2=1$ 的条件下，测取 $U_2=f(I_2)$。

（三）实验原理

三相变压器是三个相同容量单相变压器的组合。它有三个铁芯柱，每个铁芯柱都绕着同一相的两个线圈，一个是高压线圈，另一个是低压线圈。三相变压器是电力工业常用的变压器。变压器接法与连接组：用于国内变压器的高压绕组一般采用 Y 接法，中压绕组与低压绕组的接法要视系统情况而定。所谓系统情况，就是指高压输电系统的电压相量与中压或低压输电系统的电压相量间的关系。如低压配电系统，则可根据标准规定确定。高压绕组常采用 Y 接法是由于相电压可等于线电压的 57.7%，每匝电压可低些。

（四）实验步骤

（1）本实验所需实验设备如表 1-25 所列。

表 1-25　三相变压器实验所需实验设备

序号	型号	名称	数量
1	D33	交流电压表	1 件
2	D32	交流电流表	1 件
3	D34-3	单三相智能功率表、功率因数表	1 件
4	DJ12	三相芯式变压器	1 件
5	D42	三相可调电阻器	1 件
6	D51	波形测试及开关板	1 件

（2）屏上排列顺序为 D33、D32、D34-3、DJ12、D42、D51。

（3）测定变比。实验线路如图 1-17 所示，被测变压器选用 DJ12 三相三线圈芯式变压器，额定容量 $P_N = 152/152/152$ W，$U_N = 220/63.6/55$ V，$I_N = 0.4/1.38/1.6$ A，Y/△/Y 接法。实验时只用高、低压两组线圈，低压线圈接电源，高压线圈开路。将三相交流电源调到输出电压为零的位置。开启控制屏上电源总开关，按下“启动”按钮，电源接通后，调节外施电压 $U = 0.5$ V，$U_N = 27.5$ V，测取高、低压线圈的线电压 U_{AB}、U_{BC}、U_{CA}、U_{ab}、U_{bc}、U_{ca}，记录于表 1-26 中。

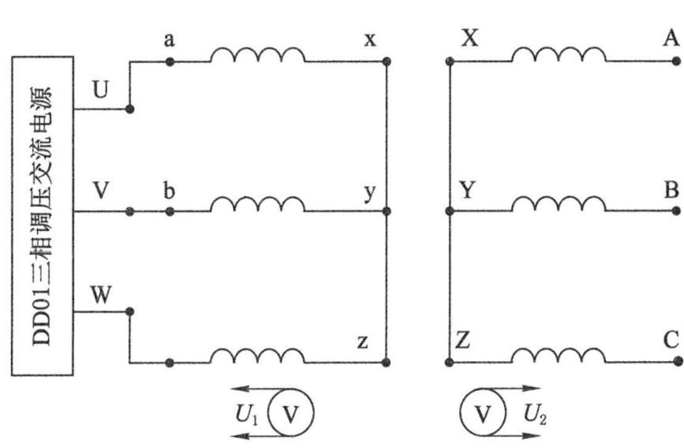

图 1-17　三相变压器变比实验接线图

表 1-26　三相变压器测定变比实验数据记录表

高压绕组线电压/V		低压绕组线电压/V		变比	
U_{AB}		U_{ab}		K_{AB}	
U_{BC}		U_{bc}		K_{BC}	
U_{CA}		U_{ca}		K_{CA}	

变比 K：　$K_{AB}=\frac{U_{AB}}{U_{ab}}$，　$K_{BC}=\frac{U_{BC}}{U_{bc}}$，　$K_{CA}=\frac{U_{CA}}{U_{ca}}$

平均变比：　$K=\frac{1}{3}(K_{AB}+K_{BC}+K_{CA})$

(4) 空载实验。

① 将控制屏左侧三相交流电源的调压旋钮调到输出电压为零的位置，按下“关”按钮，在断电的条件下，按图 1-18 接线。变压器低压线圈接电源，高压线圈开路。

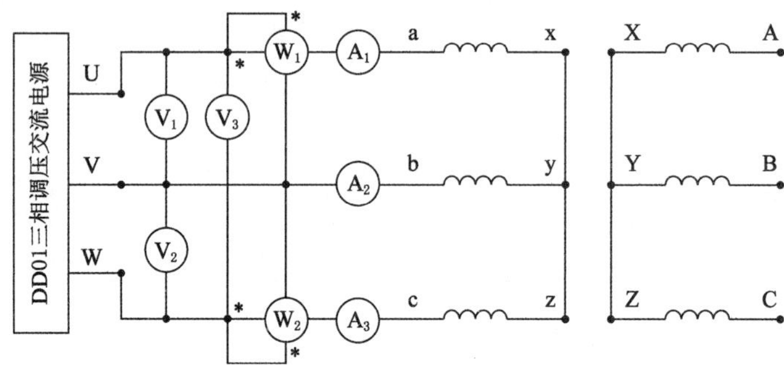

图 1-18　三相变压器空载实验接线图

② 按下“开”按钮接通三相交流电源，调节电压，使变压器的空载电压 $U_0=1.2U_N$。

③ 逐次降低电源电压，在 $(1.2\sim0.2)U_N$ 范围内，测取变压器的三相线电压、线电流及功率。

④ 测取数据时，其中 $U_0=U_N$ 的点必测，且在其附近多测几组，共取数据 8～9 组，记录于表 1-27 中。

表 1-27　三相变压器空载实验数据记录表

序号	实验数据								计算数据			
	U_{0L}/V			I_{0L}/A			P_0/W		U_{0L}/V	I_{0L}/A	P_0/W	$\cos\varphi_0$
	U_{ab}	U_{bc}	U_{ca}	I_{a0}	I_{b0}	I_{c0}	P_{01}	P_{02}				

(5) 短路实验。

① 将三相交流电源的输出电压调至零，按下“停止”按钮，在断电的条件下，按图 1-19 接线。变压器高压线圈接电源，低压线圈直接短路。

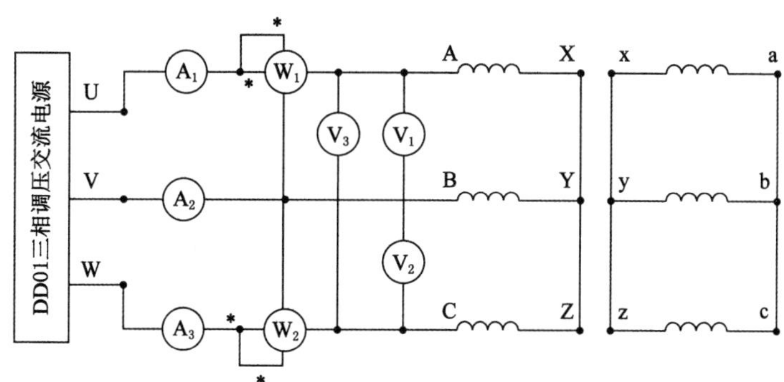

图 1-19　三相变压器短路实验接线图

② 按下“开”按钮，接通三相交流电源，缓慢增大电源电压，使变压器的短路电流 $I_{kL}=1.1I_N$。

③ 逐次降低电源电压，在 $(1.1\sim0.2)I_N$ 的范围内，测取变压器的三相输入电压、电流及功率。

④ 测取数据时，其中 $I_{kL}=I_N$ 点必测，共取数据 5～6 组，记录于表 1-28 中。实验时记下周围环境温度(℃)，作为线圈的实际温度。

表 1-28　三相变压器短路实验数据记录表

室温:__________℃

序号	实验数据								计算数据			
	U_{kL}/V			I_{kL}/A			P_k/W		U_{kL} /V	I_{kL} /A	P_0 /W	$\cos\varphi_k$
	U_{AB}	U_{BC}	U_{CA}	I_{Ak}	I_{Bk}	I_{Ck}	P_{k1}	P_{k2}				

(6) 纯电阻负载实验。

① 将电源电压调至零，按下“停止”按钮，按图 1-20 接线。变压器低压线圈接电源，高压线圈经开关 S 接负载电阻 R_L，R_L 选用 D42 的 1 800 Ω 变阻器共三只，开关 S 选用 D51 挂件。将负载电阻 R_L 阻值调至最大，打开开关 S。

② 按下“启动”按钮接通电源，调节交流电压，使变压器的输入电压 $U_1=U_N$。

③ 在保持 $U_N=U_{1N}$的条件下，合上开关 S，逐次增加负载电流，从空载到额定负载范围

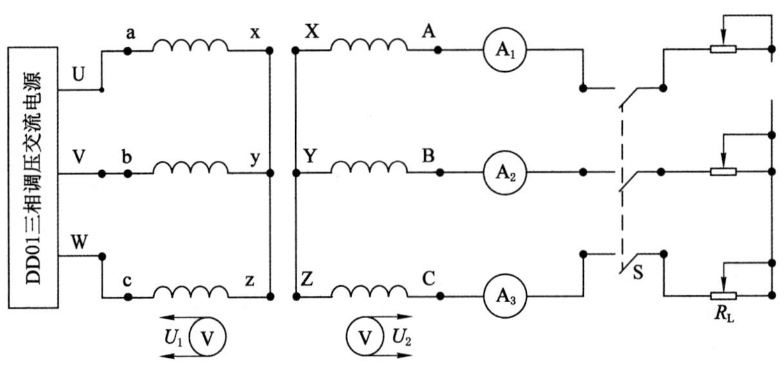

图 1-20　三相变压器负载实验接线图

内，测取三相变压器输出线电压和相电流。

④ 测取数据时，其中 $I_2=0$ 和 $I_2=I_N$ 两点必测，共取数据 7～8 组，记录于表 1-29 中。

表 1-29　三相变压器纯电阻负载实验数据记录表

$U_1=U_{1N}=$__________ V　　　　$\cos\varphi_2=1$

序号	U_2/V				I_2/A			
	U_{AB}	U_{BC}	U_{CA}	U_2	I_A	I_B	I_C	I_2

（五）实验报告要求

(1) 计算变压器的变比。根据实验数据，计算各线电压之比，然后取其平均值作为变压器的变比。

$$K_{AB}=\frac{U_{AB}}{U},\quad K_{BC}=\frac{U_{BC}}{U},\quad K_{CA}=\frac{U_{CA}}{U}$$

(2) 根据空载实验数据作空载特性曲线并计算励磁参数。

① 绘出空载特性曲线 $U_{0L}=f(I_{0L})$，$\cos\varphi_0=U_{0L}$，其中：

$$U_{0L}=\frac{U_{ab}+U_{bc}+U_{ca}}{3}$$

$$I_{0L}=\frac{I_a+I_b+I_c}{3}$$

$$P_0=P_{01}+P_{02}$$

$$\cos\varphi_0=\frac{P_0}{\sqrt{3}U_{0L}I_{0L}}$$

② 计算励磁参数。从空载特性曲线查出对应于 $U_{0L}=U_N$ 时的 I_{0L} 和 P_0 值，并由下式求取励磁参数。

$$r_m = \frac{P_0}{3I_{0\varphi}^2}$$

$$Z_m = \frac{U_{0\varphi}}{I_{0\varphi}} = \frac{U_{0L}}{\sqrt{3}I_{0L}}$$

$$X_m = \sqrt{Z_m^2 - r_m^2}$$

式中　$U_{0\varphi}$——变压器空载相电压，$U_{0\varphi}=\dfrac{U_{0L}}{\sqrt{3}}$；

$I_{0\varphi}$——变压器空载相电流，$I_{0\varphi}=I_{0L}$；

P_0——变压器三相空载功率。

(3) 绘出短路特性曲线和计算短路参数。

① 绘出短路特性曲线 $U_{kL}=f(I_{kL})$，$P_k=f(I_{kL})$，$\cos\varphi_k=f(I_{kL})$。其中：

$$U_{kL} = \frac{U_{AB}+U_{BC}+U_{CA}}{3}$$

$$I_{kL} = \frac{I_{Ak}+I_{Bk}+I_{Ck}}{3}$$

$$P_k = P_{k1} + P_{k2}$$

$$\cos\varphi_k = \frac{P_k}{\sqrt{3}U_{kL}I_{kL}}$$

② 计算短路参数。从短路特性曲线查出对应于 $I_{kL}=I_N$ 时的 U_{kL} 和 P_k 值，并由下式计算出实验环境温度 0 ℃时的短路参数：

$$r'_k = \frac{P_k}{3I_{k\varphi}^2}$$

$$Z'_k = \frac{U_{k\varphi}}{I_{k\varphi}} = \frac{U_{kL}}{\sqrt{3}I_{kL}}$$

$$X'_k = \sqrt{Z_k^2 - r_k^2}$$

式中　$U_{k\varphi}=\dfrac{U_{kL}}{\sqrt{3}}$、$I_{k\varphi}=I_{kL}$、$P_k$——短路时的相电压、相电流、三相短路功率。

折算到低压方：

$$Z_k = \frac{Z'_k}{k^2}$$

$$r_k = \frac{r'_k}{k^2}$$

$$X_k = \frac{X'_k}{k^2}$$

换算到基准工作温度下的短路参数 $r_{k75℃}$ 和 $Z_{k75℃}$，计算短路电压百分数：

$$u_k = \frac{I_{N\varphi}Z_{k75℃}}{U_{N\varphi}} \times 100\%$$

$$u_{kr} = \frac{I_N r_{k75℃}}{U_{N\varphi}} \times 100\%$$

$$u_{kX}=\frac{I_N X_k}{U_{N\varphi}}\times 100\%$$

计算 $I_k=I_N$ 时的短路损耗：

$$P_{kN}=3I_{N\varphi}^2 r_{k75℃}$$

(4) 根据空载和短路实验测定的参数，画出被试变压器的 T 形等效电路。

(5) 变压器的电压变化率。

① 根据实验数据绘出 $\cos\varphi_2=1$ 时的特性曲线 $U_2=f(I_2)$，由特性曲线计算出 $I_2=I_{2N}$ 时的电压变化率：

$$\Delta u=\frac{U_{20}-U_2}{U_{20}}\times 100\%$$

② 根据实验求出的参数，算出 $I_2=I_N$，$\cos\varphi_2=1$ 时的电压变化率：

$$\Delta u=\beta(u_{kr}\cos\varphi_2+u_{kX}\sin\varphi_2)\times 100\%$$

(6) 绘出试变压器的效率特性曲线。

① 用间接法算出在 $\cos\varphi_2=0.8$ 时不同负载电流的变压器效率，记录于表 1-30 中。

表 1-30 $\cos\varphi_2=0.8$ 时不同负载电流的变压器效率

$\cos\varphi_2=0.8$　　　　$P_0=$________ W　　　　$P_{kN}=$________ W

I_2^*/A	P_2/W	η
0.2		
0.4		
0.6		
0.8		
1.0		
1.2		

$$\eta=\left(1-\frac{P_0+I_2^{*2}P_{kN}}{I_2^* P_N\cos\varphi_2+P_0+I_2^{*2}P_{kN}}\right)\times 100\%$$

式中 $I_2^* P_N\cos\varphi_2=P_2$；

P_N——变压器的额定功率；

P_{kN}——变压器 $I_{kL}=I_N$ 时的短路损耗；

P_0——变压器 $U_{0L}=U_N$ 时的空载损耗。

② 计算被测变压器 $\eta=\eta_{max}$ 时的负载系数 β_m：

$$\beta_m=\sqrt{\frac{P_0}{P_{kN}}}$$

三、三相变压器的连接组和不对称短路

(一) 实验目的

(1) 掌握用实验方法测定三相变压器的极性。

(2) 掌握用实验方法判别变压器的连接组。

(3) 研究三相变压器不对称短路。

(4) 观察三相变压器不同绕组连接法和不同铁芯结构对空载电流和电势波形的影响。

(二) 实验项目

(1) 测定极性。

(2) 连接并判定以下连接组：

① Y/Y-12(Y,y0)；

② Y/Y-6；

③ Y/△-11(Y,d11)；

④ Y/△-5(Y,d0)。

(3) 不对称短路：

① Y/Y0-12 单相短路；

② Y/Y-12 两相短路。

(4) 测定 Y/Y0 连接的变压器的零序阻抗。

(5) 观察不同连接法和不同铁芯结构对空载电流和电势波形的影响。

(三) 实验原理

多台变压器并联运行时，需要知道变压器一、二次绕组的连接方式和一、二次绕组对应的线电势(或线电压)之间的相位关系，连接组别就是表征上述相位差的一种标志。

(1) 三相变压器和单相变压器一样，每相绕组也是由原边(高压)绕组和副边(低压)绕组构成。一般高压绕组的匝数多、线径细，低压组的匝数少、线径粗，因而高压绕组的电阻大于低压绕组的电阻，因此，通过测量绕组的电阻，便可确定变压器的原、副边绕组。

(2) 变压器的原、副边线圈被同一主磁通 Φ 所交链，当 Φ 交变时，在原、副边线圈中感应的电势有一定的极性关系，即任一瞬间，一个线圈的某一端点电位为正(或负)时，另一线圈必有一个相应的端点，其电位也是正(或负)的，这两个对应的端点称为同极性端(或称为对应端)，常用"·"或"*"标出，如图 1-21 所示。

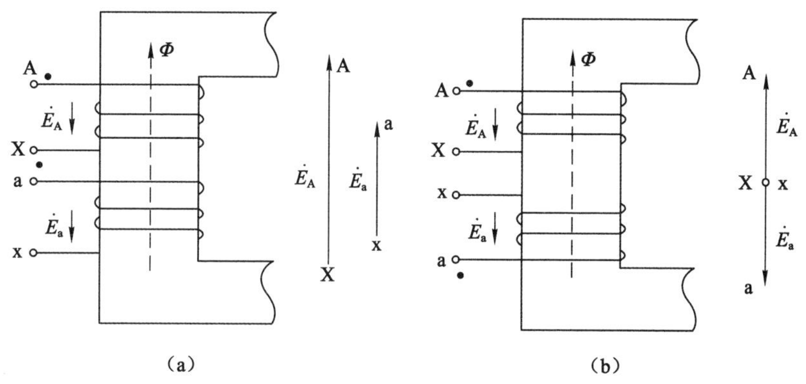

图 1-21　变压器的原、副边线圈极性标志

由图 1-21 可以看出，当首端(将标有 A、B、C、a、b、c 的端子称为首端)标志与同极性端一致时，原、副边线圈电动势定 E_{Ax} 和 E_{ax} 同相，在 Ax 端加一交流电压，若将同极性 X 和 x 连起，用电压表测量首端 A、a 之间的电压[图 1-21(a)]，它为两个电动势之差，称为减极性；同理，当首端与同极性端不一致时，原、副线圈的电动势 E_{Ax} 和 E_{ax} 相位相反[图 1-21(b)]，称为加极性。

对于三相变压器,除了每相的原、副边绕组存在同极性端外,原边或副边各相绕组之间也存在着同极性端,如图 1-22 所示。

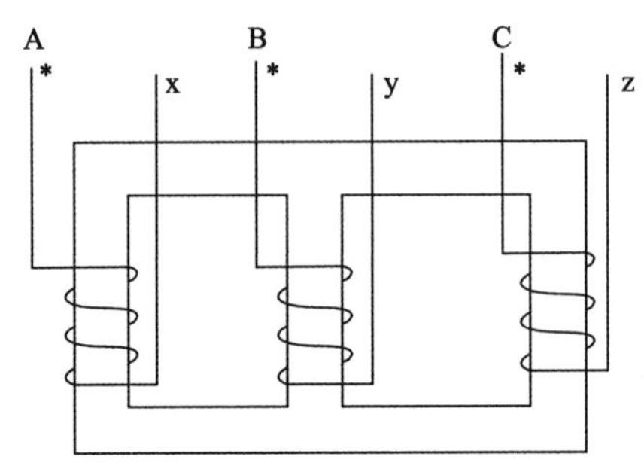

图 1-22　三相变压器原边各相间的同极性端

实际的变压器,仅将各相绕组的两个接线端引出,而不知其内部的绕向,常需通过实验来确定变压器原、副边各相间的同极性端。其实验方法有许多种,现介绍一种用交流法测定同极性端的方法。将图 1-22 的 y、z 连在一起,在 A、x 端加一交流电压,用电压表分别测量 U_{By}、U_{Cz}和 U_{BC}。若 $U_{BC}=U_{By}-U_{Cz}$,则表明 B、C 为同极性端;若 $U_{BC}=U_{By}+U_{Cz}$,则表明 B、C 为异极性端。按照同样的方法分别在 B、y 及 C、z 端施加交流电压,便可确定出各相间的同极性端。

(3) 三相变压器的三相绕组有多种接法,最常用的是星形和三角形连接。

① 星形接法(原边记为 Y,副边记为 y),当有中点引出线时记为 YN(或 yn),它是把三相绕组的末端 X、Y、Z(或 x、y、z)连在一起,而把它们的首端 A、B、C(或 a、b、c)引出来。

② 三角形接法(原边记为 D,副边记为 d),三角形接法有两种:一种是按 a-x-b-y-c-z-a 的顺序连接;另一种是按 a-y-b-z-c-x 的顺序连接。三相变压器的连接组别是用一次侧与二次侧线电势(电压)之间的相位差表示的,它不仅与绕组的绕向和首端标记有关,而且还与三相绕组的连接方法有关。为了形象地表示原、副边电动势的相位关系,常采用所谓时钟表示法,即把高压绕组的线电势(或电压)相量作为时钟的长针并指向 12,相应低压绕组的线电势(或电压)相量作为时钟的短针,其所指数字作为三相变压器连接组的标号。

现举例说明三相变压器连接组别的组成规律。

① Y、y 接法的组别。图 1-23 所示为 Y、y 连接时三相绕组的连接图,图中将原、副边绕组的同极性端取为首端,这时原、副边对应各相的相电势同相位,原、副边线电势 E_{AB}、E_{ab}亦同相,如果将 E_{AB}放在时钟的 12 上,则 E_{ab}也指向 12 上,又由于副线圈中性点有引出线,故为 Y,yn0 连接组。

如果把图 1-23 中副边非同名端取为首端,则 E_A反相,可得 Y,y6 连接组。此外通过改变副边绕组的标志,还可以得到 Y,y8(y4,y2,y10)连接组。

② Y,d 接法的组别。如图 1-24 所示,原边接成星形(Y),副边接成三角形(d),即 a-y-b-z-c-x 的顺序。取原、副边的同极性端为首端,这时,原、副边对应相之间的相电势同相,但原边线电势 E_{AB}和副边线电势 E_{ab}的相位差(顺时针)为 11×30°=330°,如果 E_{AB}放在时钟的 12 上,则 E_{ab}指在 11 上,故为 Y,d11 连接组。

如果按 a-x-b-y-c-z-a 的顺序接成三角形,则原边线电势 E_{AB}和副边线电势 E_{ab}相差 30°,

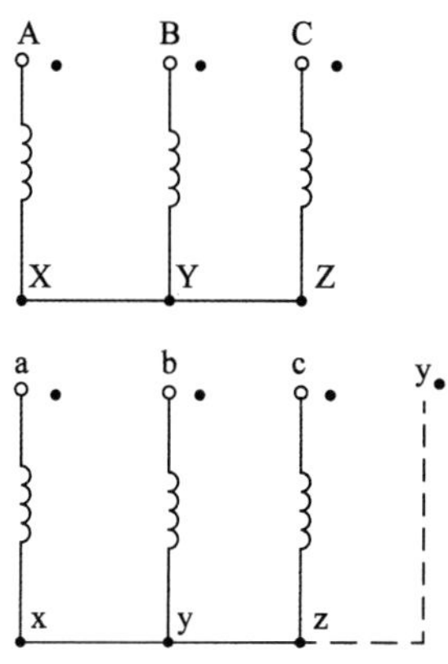

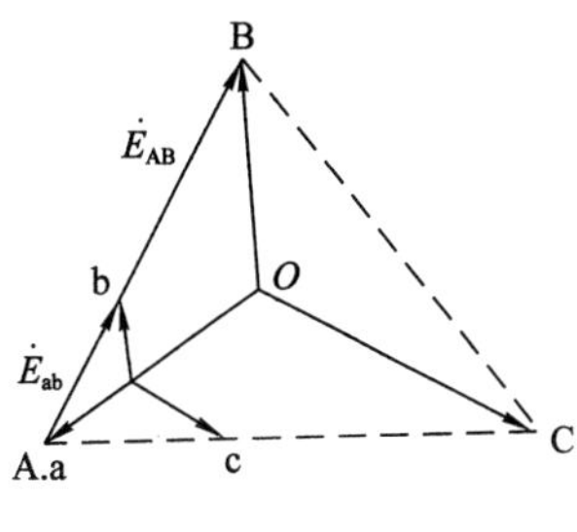

图 1-23　Y,y6 连接

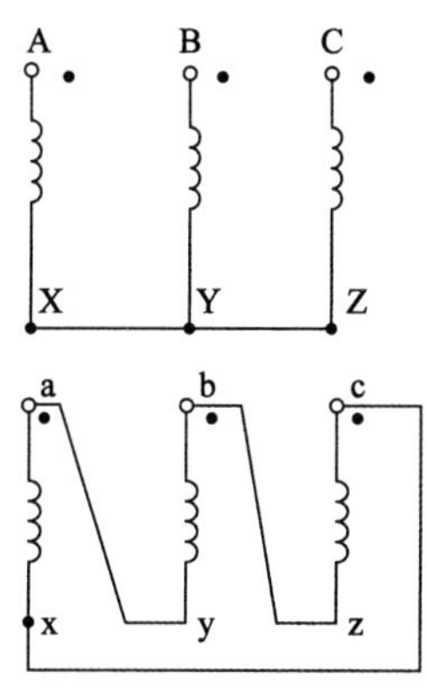

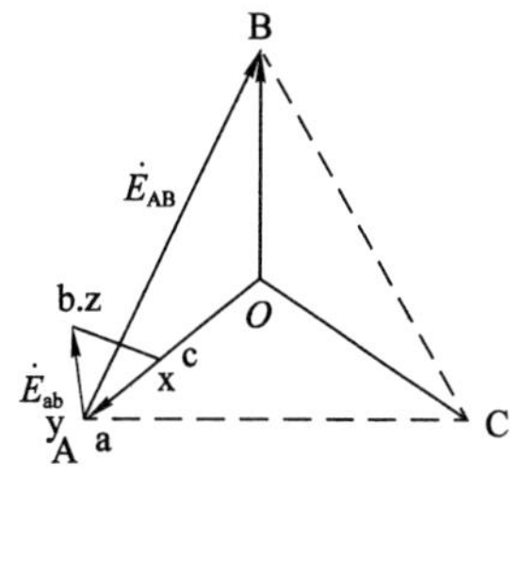

图 1-24　Y,d11 连接组

为 y,d1 连接组。

同理,对于三角形接法的副边用改变极性及相应的标志,还可得到 Y,d3(d5,d7,d9)连接组。

三相变压器的连接组由以下两个因素决定:

① 首端标记与同极性是否一致;

② 三相绕组之间的连接法。

前者决定了原、副边同一相的相位关系(同相还是反相),后者决定了构成三相原、副边电动势位形图,据此便可确定原、副边线电压的相位差。

三相变压器的连接组标号有许多种,为了制造和并联运行的方便,我国规定了一些标准连接组别,标准连接组别有 Y,yn0、y,d11、Y,d1、YN,y0 和 Y,y0 五种,其中前三种最为常用。

(四) 实验步骤

(1) 本实验所需实验设备如表 1-31 所列。

表 1-31　三相变压器的连接组和不对称短路实验所需实验设备

序号	型号	名称	数量
1	D33	交流电压表	1 件
2	D32	交流电流表	1 件
3	D34-3	单三相智能功率表、功率因数表	1 件
4	DJ11	三相组式变压器	1 件
5	DJ12	三相芯式变压器	1 件
6	D51	波形测试及开关板	1 件
7		单踪示波器(另配)	1 台

(2) 屏上排列顺序为 D33、D32、D34-3、DJ12、DJ11、D51。

(3) 测定极性。

① 测定相间极性。被测变压器选用三相芯式变压器 DJ12,用其中高压和低压两组绕组,额定容量 $P_N=152/152$ W,$U_N=220/55$ V,$I_N=0.4/16$ A,Y/Y 接法。测得阻值大的为高压绕组,用 A、B、C、X、Y、Z 标记。低压绕组标记用 a、b、c、x、y、z。

a. 按图 1-25 接线。A、X 接电源的 U、V 两端子,Y、Z 短接。

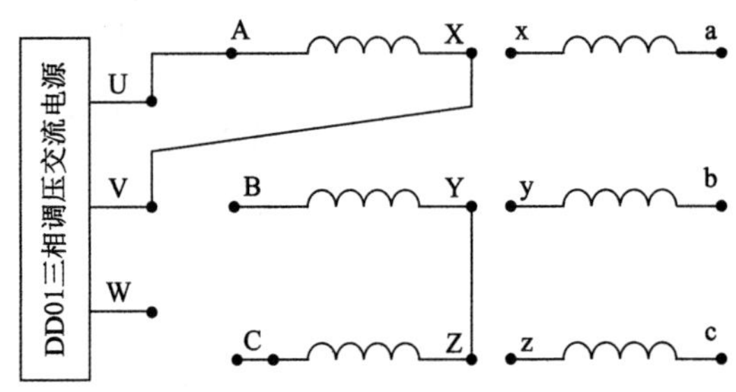

图 1-25　测定相间极性接线图

b. 接通交流电源,在绕组 A、X 间施加约 50%U_N 的电压。

c. 用电压表测出电压 U_{By}、U_{CZ}、U_{BC},若 $U_{BC}=|U_{By}-U_{CZ}|$,则首、末端标记正确;若 $U_{BC}=|U_{By}+U_{CZ}|$,则标记错误。须将 B、C 两相任一相绕组的首、末端标记对调。

d. 用同样方法,对 B、C 两相中的任一相施加电压,另外两相末端相连,定出每相首、末端正确的标记。

e. 暂时标出三相低压绕组的标记 a、b、c、x、y、z,然后按图 1-26 接线,原、副边中点用导线相连。

f. 高压三相绕组施加约 50% 的额定电压,用电压表测量电压 U_{Ax}、U_{By}、U_{Cz}、U_{ax}、U_{by}、U_{cz}、U_{Aa}、U_{Bb}、U_{Cc},若 $U_{Aa}=U_{Ax}-U_{ax}$,则 A 相高、低压绕组同相,并且首端 A 与 a 端点为同极性。若 $U_{Aa}=U_{Ax}+U_{ax}$,则 A 与 a 端点为异极性。

② 测定原、副边极性。

③ 用同样的方法判别出 B、b、C、c 两相原、副边的极性。

④ 高、低压三相绕组的极性确定后,根据要求连接出不同的连接组。

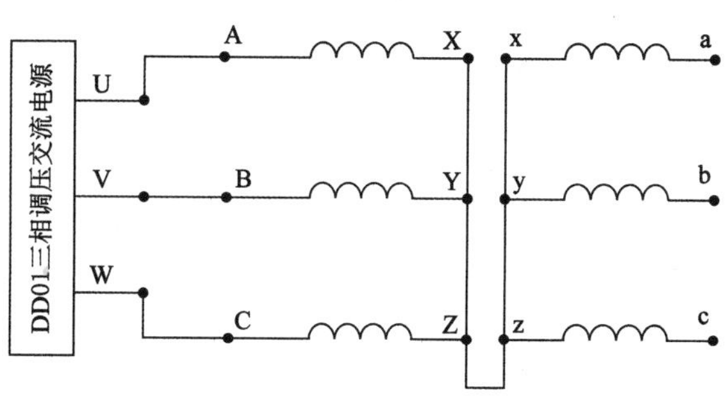

图 1-26　测定原、副边极性接线图

（4）检验连接组。

① Y/Y-12。按图 1-27 接线。A、a 两端点用导线连接，在高压侧施加三相对称的额定电压，测出 U_{AB}、U_{ab}、U_{Bb}、U_{Cc}及 U_{Bc}，将数据记录于表 1-32 中。

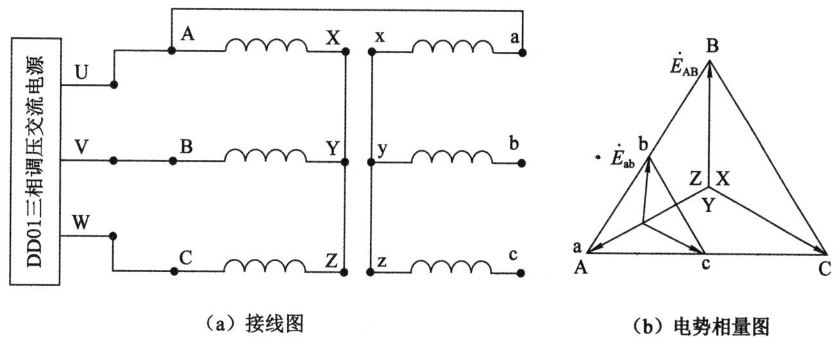

图 1-27　Y/Y-12 连接组

表 1-32　Y/Y-12 连接实验数据记录表

实验数据					计算数据			
U_{AB}/V	U_{ab}/V	U_{Bb}/V	U_{Cc}/V	U_{Bc}/V	$K_L=U_{AB}/U_{ab}$	U_{Bb}/V	U_{Cc}/V	U_{Bc}/V

根据 Y/Y-12 连接组的电势相量图可知：

$$U_{Bb}=U_{Cc}=(K_L-1)U_{ab}$$

$$U_{Bc}=U_{ab}\sqrt{K_L^2-K_L+1}$$

式中　$K_L=\dfrac{U_{AB}}{U_{ab}}$为线电压之比。

若用两式计算出的电压 U_{Bb}、U_{Cc}、U_{Bc}的数值与实验测取的数值相同，则表示绕组连接正确，属 Y/Y-12(Y，y0)连接组。

② Y/Y-6。将 Y/Y-12(Y，y_0)连接组的副边绕组首、末端标记对调，A、a 两点用导线相连，如图 1-28所示。

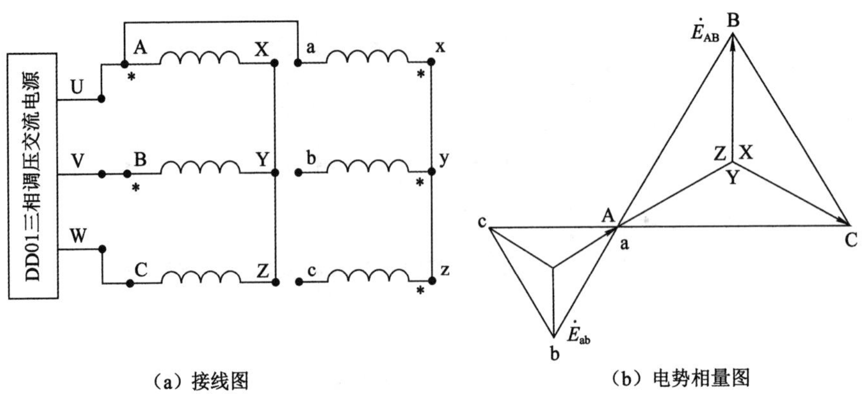

图 1-28　Y/Y-6 连接组

按前面方法测出电压 U_{AB}、U_{ab}、U_{Bb}、U_{Cc}及 U_{Bc}，将数据记录于表 1-33 中。

表 1-33　Y/Y-6 连接实验数据记录表

实验数据					计算数据			
U_{AB}/V	U_{ab}/V	U_{Bb}/V	U_{Cc}/V	U_{Bc}/V	$K_L=U_{AB}/U_{ab}$	U_{Bb}/V	U_{Cc}/V	U_{Bc}/V

根据 Y/Y-6 连接组的电势相量图可得：

$$U_{Bb} = U_{Cc} = (K_L + 1)U_{ab}$$

$$U_{Bc} = U_{ab}\sqrt{(K_L^2 + K_L + 1)}$$

若由上两式计算出电压 U_{Bb}、U_{Cc}、U_{Bc}的数值与实测相同，则绕组连接正确，属于 Y/Y-6 连接组。

③ Y/△-11(Y,d11)。按图 1-29 接线。A、a 两端点用导线相连，高压侧施加对称额定电压，测取 U_{AB}、U_{ab}、U_{Bb}、U_{Cc}及 U_{Bc}，将数据记录于表 1-34 中。

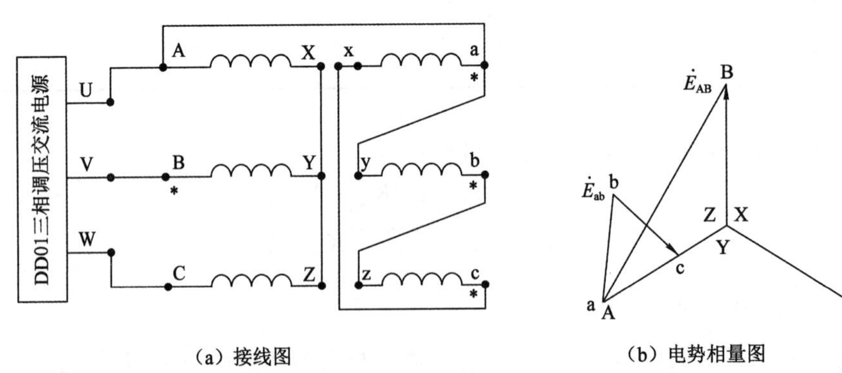

图 1-29　Y/△-11 连接组

表 1-34　Y/△-11 连接实验数据记录表

实验数据					计算数据			
U_{AB}/V	U_{ab}/V	U_{Bb}/V	U_{Cc}/V	U_{Bc}/V	$K_L=\frac{U_{AB}}{U_{ab}}$	U_{Bb}/V	U_{Cc}/V	U_{Bc}/V

根据 Y/△-11 连接组的电势相量可得：

$$U_{Bb}=U_{Cc}=U_{Bc}=U_{ab}\sqrt{K_L^2-\sqrt{3}K_L+1}$$

若由上式计算出的电压 U_{Bb}、U_{Cc}、U_{Bc} 的数值与实测值相同，则绕组连接正确，属于 Y/△-11(Y,d11)连接组。

④ Y/△-5(Y,d5)。将 Y/△-11 连接组的副边绕组首、末端的标记对调，如图 1-30 所示。实验方法同前，测取 U_{AB}、U_{ab}、U_{Bb}、U_{Cc} 及 U_{Bc}，将数据记录于表 1-35 中。

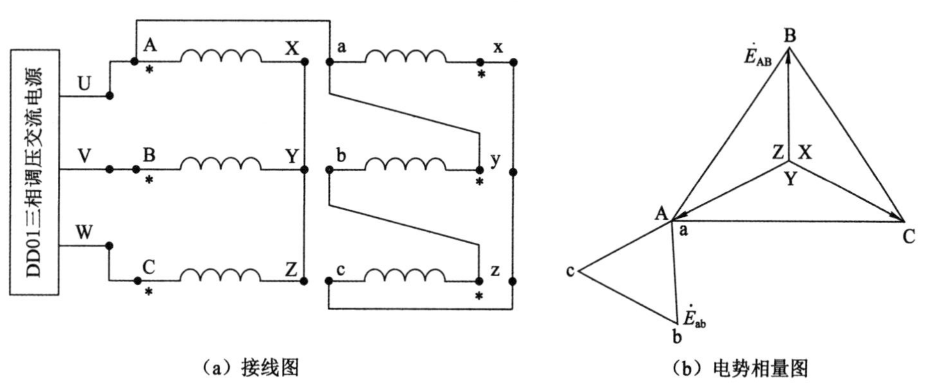

图 1-30　Y/△-5 连接组

表 1-35　Y/△-5 连接实验数据记录表

实验数据					计算数据			
U_{AB}/V	U_{ab}/V	U_{Bb}/V	U_{Cc}/V	U_{Bc}/V	$K_L=\frac{U_{AB}}{U_{ab}}$	U_{Bb}/V	U_{Cc}/V	U_{Bc}/V

根据 Y/△-5 连接组的电势相量可得：

$$U_{Bb}=U_{Cc}=U_{Bc}=U_{ab}\sqrt{K_L^2-\sqrt{3}K_L+1}$$

若由上式计算出的电压 U_{Bb}、U_{Cc}、U_{Bc} 的数值与实测相同，则绕组连接正确，属于 Y/△-5 连接组。

(5) 不对称短路。

① Y/Y0 连接单相短路。

a. 三相芯式变压器。按图 1-31 接线。被试变压器选用三相芯式变压器。将交流电压调到输出电压为零的位置，接通电源，逐渐增加外施电压，直至副边短路电流 $I_{2K}\approx I_{2N}$ 为止。测取副边短路电流 I_{2K} 和原边电流 I_A、I_B、I_C，将数据记录于表 1-36 中。

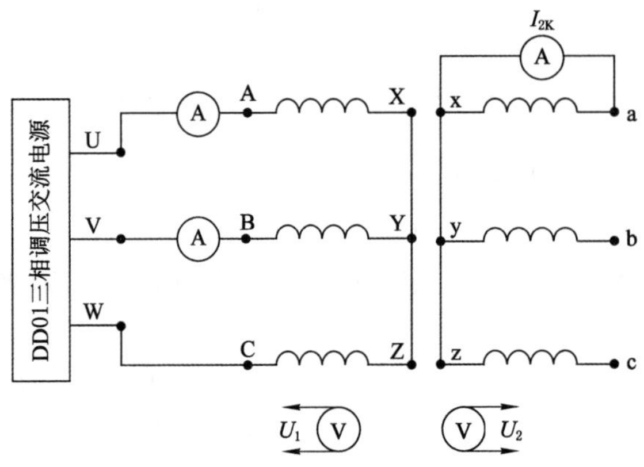

图 1-31 Y/Y0 连接单相短路接线图

表 1-36 三相芯式变压器 Y/Y0 连接单相短路实验数据记录表

I_{2K}/A	I_A/A	I_B/A	I_C/A	U_a/V	U_b/V	U_c/V
U_A/V	U_B/V	U_C/V	U_{AB}/V	U_{BC}/V	U_{CA}/V	

b. 三相组式变压器。被测变压器改为三相组式变压器，接通电源，逐渐施加外加电压直至 $U_{AB}=U_{BC}=U_{CA}=220$ V。测取副边短路电流 I_{2K} 和原边电流 I_A、I_B、I_C，将数据记录于表 1-37 中。

表 1-37 三相组式变压器 Y/Y0 连接单相短路实验数据记录表

I_{2K}/A	I_A/A	I_B/A	I_C/A	U_a/V	U_b/V	U_c/V
U_A/V	U_B/V	U_C/V	U_{AB}/V	U_{BC}/V	U_{CA}/V	

② Y/Y 连接两相短路。

a. 三相芯式变压器。按图 1-32 接线。将交流电源电压调至零位置。接通电源，逐渐增加外施电压，直至 $I_{2K}\approx I_{2N}$ 为止。测取变压器副边电流 I_{2K} 和原边电流 I_A、I_B、I_C，将数据记录于表 1-38 中。

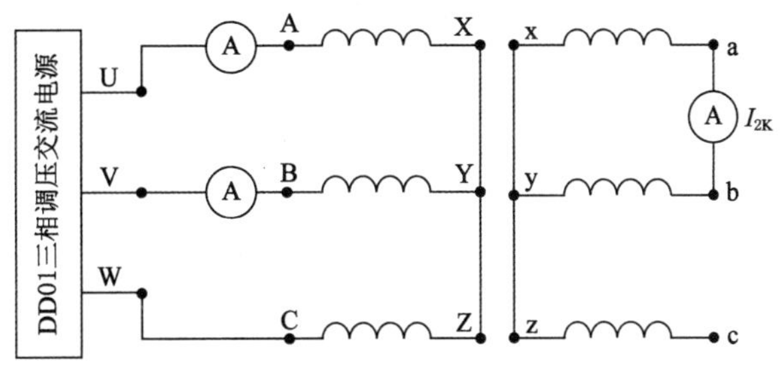

图 1-32　Y/Y 连接两相短路接线图

表 1-38　三相芯式变压器 Y/Y 连接两相短路实验数据记录表

I_{2K}/A	I_A/A	I_B/A	I_C/A	U_a/V	U_b/V	U_c/V
U_A/V	U_B/V	U_C/V	U_{AB}/V	U_{BC}/V	U_{CA}/V	

b. 三相组式变压器。被测变压器改为三相组式变压器，重复上述实验，测取数据记录于表 1-39 中。

表 1-39　三相组式变压器 Y/Y 连接两相短路实验数据记录表

I_{2K}/A	I_A/A	I_B/A	I_C/A	U_a/V	U_b/V	U_c/V
U_A/V	U_B/V	U_C/V	U_{AB}/V	U_{BC}/V	U_{CA}/V	

(6) 测定变压器的零序阻抗。

① 三相芯式变压器。按图 1-33 接线。三相芯式变压器的高压绕组开路，三相低压绕组首、末端串联后接到电源。将电压调至零，接通交流电源，逐渐增加外施电压，在输入电流 $I_0=0.25I_N$ 和 $I_0=0.5I_N$ 两种情况下，测取变压器的 I_0、U_0 和 P_0，将数据记录于表 1-40中。

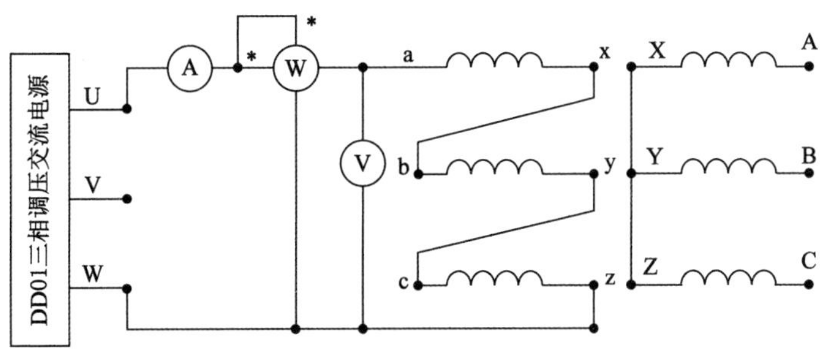

图 1-33　测零序阻抗接线图

表 1-40　三相芯式变压器零序阻抗实验数据记录表

I_{0L}/A	U_{0L}/V	P_{0L}/W
$0.25I_N$		
$0.5I_N$		

② 三相组式变压器。由于三相组式变压器的磁路彼此独立，因此可用三相组式变压器中任何一台单相变压器做空载实验，求取的励磁阻抗即为三相组式变压器的零序阻抗。若前面单相变压器空载实验已做过，该实验可略。

(7) 分别观察三相芯式和组式变压器不同连接方法时空载电流和电势的波形。

① 三相组式变压器

a. Y/Y 连接。按图 1-34 接线。三相组式变压器 Y /Y 连接，把开关 S 打开（不接中线）。接通电源后，调节输入电压使变压器在 $0.5U_N$ 和 U_N 两种情况下通过示波器观察空载电流 i_0、副边相电势 e_φ 和线电势 e_l 的波形（注：Y 接法 U_N=380 V）。

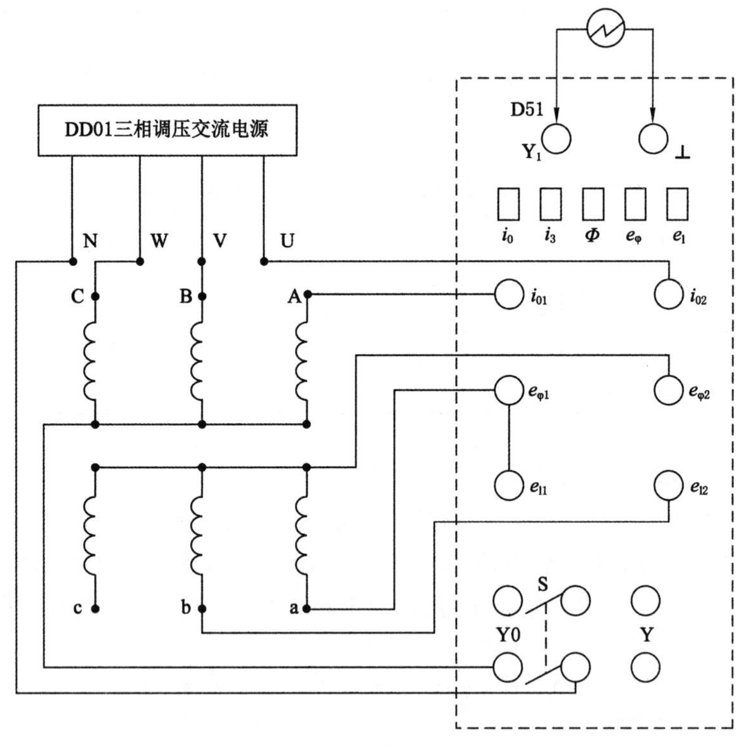

图 1-34　观察 Y/Y 和 Y0/Y 连接三相变压器空载电流和电势波形的接线图

在变压器输入电压为额定值时，用电压表测取原边线电压 U_{AB} 和相电压 U_{AX}，将数据记录于表 1-41 中。

表 1-41　变压器输入电压为额定值时原边线电压和相电压

实验数据		计算数据
U_{AB}/V	U_{AX}/V	U_{AB}/U_{AX}

b. Y0/Y 连接。接线与 Y/Y 连接相同，合上开关 S，即为 Y0/Y 接法。重复前面实验步骤，观察i_0、e_φ 和 e_1 的波形，并在 $U_1=U_N$ 时测取 U_{AB}和 U_{AX}，将数据记录于表 1-42 中。

表 1-42　$U_1=U_N$ 时 U_{AB}和 U_{AX}的值

实验数据		计算数据
U_{AB}/V	U_{AX}/V	U_{AB}/U_{AX}

c. Y/△连接。按图 1-35 接线。开关 S 合向左边，使副边绕组不构成封闭三角形。接通电源，调节变压器输入电压至额定值，通过示波器观察原边空载电流i_0、相电压 u_φ、副边开路电势 U_{az}的波形，并用电压表测取原边线电压 U_{AB}、相电压 U_{AX}以及副边开路电压 U_{az}，将数据记录于表 1-43 中。

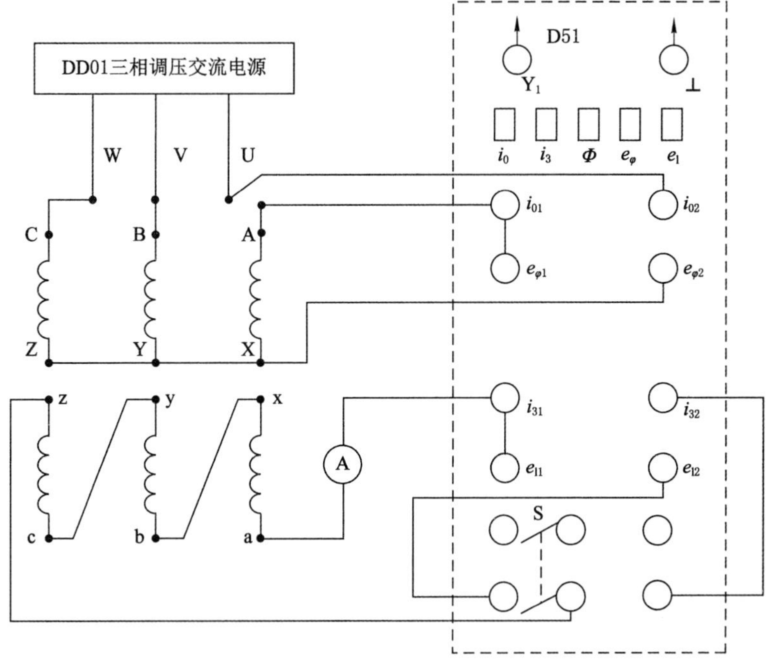

图 1-35　观察 Y/△连接三相变压器空载电流三次谐波电流和电势波形的接线图

表 1-43　原边线电压、相电压及副边开路电压

实验数据			计算数据
U_{AB}/V	U_{AX}/V	U_{az}/V	U_{AB}/U_{AX}

合上开关 S,使副边为三角形接法,重复前面实验步骤,观察i_0、U_0 以及副边三角形回路中谐波电流的波形,并在 $U_1=U_{1N}$时,测取 U_{AB}、U_{AX}以及副边三角形回路中的谐波电流,将数据记录于表 1-44 中。

表 1-44　$U_1=U_{1N}$时 U_{AB}、U_{AX}及副边三角形回路中的谐波电流

实验数据			计算数据
U_{AB}/V	U_{AX}/V	$I_{谐波}$/A	U_{AB}/U_{AX}

② 选用三相芯式变压器,重复前面 a、b、c 波形实验,将不同铁芯结构所得的结果做分析比较。

（五）实验报告要求

(1) 计算出不同连接组的 U_{Bb}、U_{Cc}、U_{Bc}的数值与实测值进行比较,判别绕组连接是否正确。

(2) 计算零序阻抗。Y/Y0 三相芯式变压器的零序参数由下式求得:

$$Z_0=\frac{U_{0\varphi}}{I_{0\varphi}}=\frac{U_{0L}}{\sqrt{3}\,I_{0L}},r_0=\frac{P_0}{3I_{0\varphi}^2},X_0=\sqrt{Z_0^2-r_0^2}$$

式中　$U_{0\varphi}=\frac{U_{0L}}{\sqrt{3}}$、$I_{0\varphi}=I_{0L}$、$P_0$——变压器空载相电压、相电流、三相空载功率。

分别计算 $I_0=0.25I_N$ 和 $I_0=0.5I_N$ 时的 Z_0、r_0、X_0,取其平均值作为变压器的零序阻抗、电阻和电抗,并按下式算出标幺值:

$$Z_0^*=\frac{I_{N\varphi}Z_0}{U_{N\varphi}},r_0^*=\frac{I_{N\varphi}r_0}{U_{N\varphi}},X_0^*=\frac{I_{N\varphi}X_0}{U_{N\varphi}}$$

式中　$I_{N\varphi}$和 $U_{N\varphi}$——变压器低压绕组的额定相电流和额定相电压。

(3) 计算短路情况下的原边电流。

① Y/Y0 单相短路。副边电流 $I_a=I_{2k}$,$I_b=I_c=0$,设定原边电流略去励磁电流不计,则:

$$\dot{I}_A=-\frac{2\dot{I}_{2k}}{3K},\dot{I}_B=\dot{I}_C=\frac{\dot{I}_{2k}}{3K}$$

式中　K——变压器的变比。

将 I_A、I_B、I_C 计算值与实测值进行比较,分析产生误差的原因,并讨论 Y/Y0 三相组式变压器带单相负载的能力以及中点移动的原因。

② Y/Y 两相短路。副边电流$\dot{I}_a=-\dot{I}_b=\dot{I}_{2k}$,$\dot{I}_c=0$;原边电流$\dot{I}_A=-\dot{I}_B=\frac{-\dot{I}_{2k}}{K}$,$\dot{I}_C=0$。

把实测值与用公式计算出的数值进行比较，并做简要分析。

(4) 分析不同连接法和不同铁芯结构对三相变压器空载电流和电势波形的影响。

(5) 由实验数据算出 Y/Y 和 Y/△接法时原边 U_{AB}/U_{AX} 值，分析产生差别的原因。

(6) 根据实验观察，说明三相组式变压器不宜采用 Y/Y0 和 Y/Y 连接方法原因。

四、三相变压器的并联运行

(一) 实验目的

学习三相变压器投入并联运行的方法及阻抗电压对负载分配的影响。

(二) 实验项目

(1) 将两台三相变压器空载投入并联运行。

(2) 阻抗电压相等的两台三相变压器并联运行。

(3) 阻抗电压不相等的两台三相变压器并联运行。

(三) 实验原理

实验线路如图 1-36 所示，图中变压器 1 和 2 选用两台三相芯式变压器，其中低压绕组不用。由前述方法确定三相变压器原、副边极性后，根据变压器的铭牌接成 Y/Y 接法，将两台变压器的高压绕组并联后接电源，中压绕组经开关 S_1 并联后，再由开关 S_2 接负载电阻 R_L。R_L 选用 D41 上的 180 Ω 阻值。为了人为地改变变压器 2 的阻抗电压，在变压器 2 的副边串入电抗 X_L(或电阻 R)。X_L 选用 D43，要注意选用 R_L 和 X_L(或 R)的允许电流应大于实验时实际流过的电流。

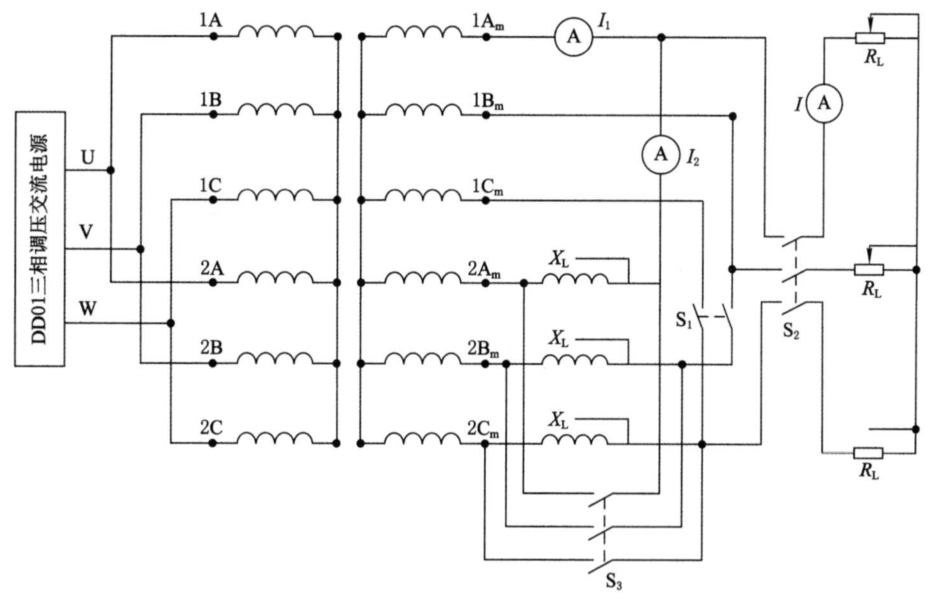

图 1-36　三相变压器并联运行接线图

(四) 实验步骤

(1) 本实验所需实验设备如表 1-45 所列。

表 1-45　三相变压器的并联运行实验所需实验设备

序号	型号	名称	数量
1	D33	交流电压表	1 件
2	D32	交流电流表	1 件
3	DJ12	三相芯式变压器	2 台
4	D41	三相可调电阻器	1 件
5	D43	三相可调电抗器	1 件
6	D51	波形测试及开关板	1 件

(2) 屏上排列顺序为 D33、D32、DJ12、DJ12、D51、D43、D41。

(3) 两台三相变压器空载投入并联运行的步骤。

① 检查变比和连接组。

a. 打开 S_1、S_2，合上 S_3。

b. 接通电源，调节变压器输入电压至额定电压。

c. 测出变压器副边电压，若电压相等，则变比相同，测出副边对应相的两端点间的电压，若电压均为零，则连接组相同。

② 投入并联运行。在满足变比相等和连接组相同的条件后，合上开关 S_1，即投入并联运行。

(4) 阻抗电压相等的两台三相变压器并联运行。

① 投入并联后，合上负载开关 S_2。

② 在保持 $U_1=U_{1N}$ 不变的条件下，逐次增加负载电流，直至其中一台输出电流达到额定值为止。

测取 I、I_1、I_2，共取数据 6～7 组，记录于表 1-46 中。

表 1-46　阻抗电压相等的两台三相变压器并联运行实验数据记录表

I_1/A	I_2/A	I/A

(5) 阻抗电压不相等的两台三相变压器并联运行。

① 打开短路开关 S_3，在变压器 I_2 的副边串入电抗 X_L（或电阻 R），X_L 的数值可根据需要调节。

② 重复前面实验，测取 I、I_1、I_2。

③ 共取数据 6～7 组，记录于表 1-47 中。

表 1-47　阻抗电压不相等的两台三相变压器并联运行实验数据记录表

I_1/A	I_2/A	I/A

（五）实验报告要求

（1）根据阻抗电压相等的两台三相变压器并联运行的实验数据，画出负载分配曲线$I_1=f(I)$及$I_2=f(I)$。

（2）根据阻抗电压不相等的两台三相变压器并联运行的实验数据，画出负载分配曲线$I_1=f(I)$及$I_2=f(I)$。

（3）分析实验中阻抗电压对负载分配的影响。

第三节　异步电机实验

一、三相鼠笼异步电动机的工作特性

（一）实验目的

（1）掌握用日光灯法测转差率的方法。

（2）掌握三相异步电动机的空载、堵转和负载等实验的方法。

（3）用直接负载法测取三相鼠笼异步电动机的工作特性。

（4）测定三相鼠笼异步电动机的参数。

（二）实验项目

（1）测定电机的转差率。

（2）测量定子绕组的冷态电阻。

（3）判定定子绕组的首、末端。

（4）空载实验。

（5）短路实验。

（6）负载实验。

（三）实验原理

1. 空载实验

异步电动机空载实验时，可测得其空载电压、空载电流和空载损耗。

空载时，转子转速接近于同步转速，所以转子电流$I_2\approx 0$，故可忽略转子铜损，因而空载损耗主要包括定子铜损$3I^2r_1$、铁损P_{Fe}、机械损耗P_j及附加损耗P_f，即：

$$P_0 = 3I^2r_1 + P_{Fe} + P_j + P_f \approx 3I^2r_1 + P_{Fe} + P_j \quad (忽略 P_f)$$

可以看出，空载损耗中去掉定子铜损以后，还有两项：$P'_0=P_{Fe}+P_j$。

其中，铁损P_{Fe}的大小随外加电压的变化而变化，当$U_1=0$时，$P_{Fe}=0$。而机械损耗P_j则与外加电压无关，当电动机转速变化不大时，可以把它看为一恒定量，所以，如果画出$P'_0=f(U_1)$曲线，则曲线与纵坐标的交点即代表机械损耗。

因为P_{Fe}近似与U_{12}成正比，故$P'_0=P_{Fe}+P_j=f(U_{12})$曲线基本上为直线，如图1-37所示。

由分离出的P_{Fe}可求得励磁电阻：

$$R_m = P_{Fe}/(3I_0^2)$$

注意：上式中的P_{Fe}和I_0都是在外加额定电压时的数值。

通过空载实验可得参数：

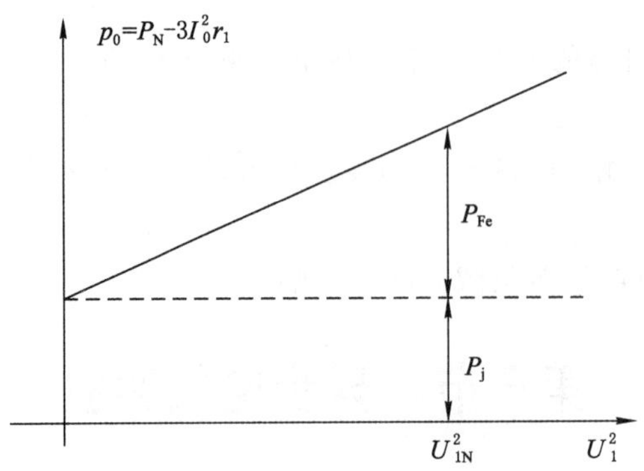

图 1-37　由空载损耗中分出铁损和机械损耗

$$Z_0 = U_{1NPh}/I_0 = Z_1 + Z_m = r_1 + jX_1 + r_m + jX_m$$

故

$$Z_0 = U_{1NPh}/I_0, \quad r_0 = P_0/3I_{0Ph}^2 r_0, \quad X_0 = \sqrt{Z_0^2 - r_0^2}$$

式中　U_{1Ph}——空载额定相电压。

I_{0Ph}——额定电压下的相电流。

由于空载时，$s\approx0$，则 $I_2\approx0$，可认为转子是开路的。从等效电路看，上述所得的 $r_0=r_1+r_m$、$r_1=r_0-r_m$、$X_0=X_1+X_m$ 从以下短路实验测得 X_1 后即得励磁电抗 $X_m=X_0-X_1$。

2. 短路实验

短路实验又叫堵转实验，通过实验可测得电动机短路电压 U_d、短路电流 I_d 和短路损耗 P_d，短路实验中由于转子被堵住不转，$s=1$，因而等效电路中的模拟电阻 $1-s/(sr_2')=0$，所以励磁支路的阻抗远大于工作支路中的阻抗，可将其移去，其等值电路如图 1-38 所示。

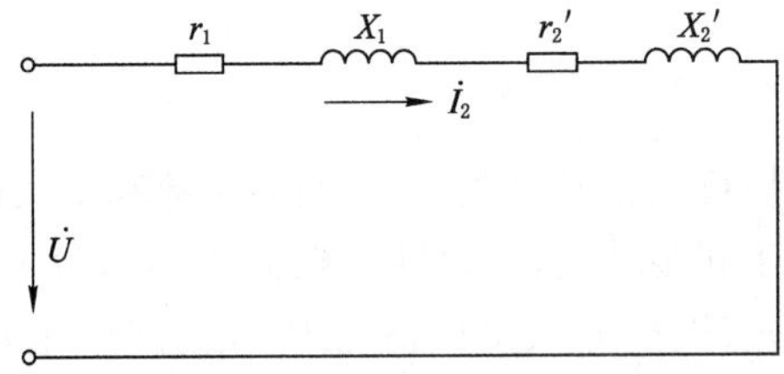

图 1-38　异步电动机短路时的等值电路(一相)

通过短路实验可求得短路参数：

$$Z_d = \frac{V_{dPh}}{I_{dPh}}$$

$$r_d = r_1 + r_2' = \frac{P_d}{3I_d^2}$$

$$X_d = X_1 + X_2' = \sqrt{Z_d^2 - r_d^2}$$

$$X_1 \approx X_2' = \frac{X_d}{2}$$

式中　V_{dPh}、I_{dPh}——相应于 $I_d=I_N$ 时的相电压、相电流。

因为电机实验是在室温 t ℃下做的，所以应当把短路电阻值折算到标准工作温度 75 ℃时的数值：

$$r_{d75\ ℃} = \frac{235+75}{235+t} r_{dt\ ℃}$$

$$Z_{d75\ ℃} = \sqrt{X^2 + r_{d75\ ℃}^2}$$

（四）实验步骤

（1）三相鼠笼异步电动机的工作特性测定所需实验设备如表 1-48 所列。

表 1-48　三相鼠笼异步电动机的工作特性测定所需实验设备

序号	型号	名称	数量
1	DD03	导轨、测速发电机及转速表	1 件
2	DJ23	校正直流测功机	1 件
3	DJ16	三相鼠笼异步电动机	1 件
4	D33	交流电压表	1 件
5	D32	交流电流表	1 件
6	D34-3	单三相智能功率表、功率因数表	1 件
7	D31	直流电压表、毫安表、安培表	1 件
8	D42	三相可调电阻器	1 件
9	D51	波形测试及开关板	1 件

（2）屏上挂件排列顺序为 D33、D32、D34-3、D31、D42、D51。三相鼠笼异步电动机的挂件编号为 DJ16。

（3）用日光灯法测定转差率。日光灯是一种闪光灯，当接到 50 Hz 电源上时，灯光每秒闪亮 100 次，人的视觉暂留时间为十分之一秒左右，故用肉眼观察时日光灯是一直发亮的，本实验就是利用日光灯这一特性来测量电动机的转差率。

① 异步电动机选用编号为 DJ16 的三相鼠笼异步电动机（U_N=220 V，△接法）极数 $2p$=4。直接与测速发电机同轴连接，在 DJ16 和测速发电机联轴器上用黑胶布包一圈，再用四张白纸条（宽度约为 3 mm）均匀地贴在黑胶布上。

② 由于电动机的同步转速 $n_0=\frac{60f_1}{p}$=1 500 r/min=25 r/s，而日光灯闪亮为 100 次/s，即日光灯闪亮一次，电动机转动四分之一圈。由于电动机轴上均匀贴有四张白纸条，故电动机以同步转速转动时，肉眼观察图案是静止不动的（这个可以用直流电动机 DJ15、DJ23 或三相同步电动机 DJ18 来验证）。

③ 开启电源，打开控制屏上的日光灯开关，调节调压器升高电动机电压，观察电动机转向，如转向不对应停机调整相序。转向正确后，升压至 220 V，使电动机启动运转，记录此时电动机的转速。

④ 因三相异步电动机转速总是低于同步转速，故灯光每闪亮一次图案逆电动机旋转方向落后一个角度，用肉眼观察图案逆电动机旋转方向缓慢移动。

⑤ 按住控制屏报警记录复位键，手松开之后开始观察图案后移的圈数，计数时间可定

得短一些(一般取 30 s)。将观察到的数据记录于表 1-49 中。

表 1-49 三相鼠笼异步电动机的工作特性测定数据记录表

N(圈数)	t/s	s	n/(r/min)

转差率按下式计算：

$$s=\frac{\Delta n}{n_0}=\frac{\frac{N}{t}60}{\frac{60f_1}{P}}=\frac{P_N}{tf_1}$$

式中 t——计数时间,s;

N——t s内图案转过的圈数;

f_1——电源频率,50 Hz。

⑥ 停机。将调压器调至零位,关断电源开关。

⑦ 将计算出的转差率与实际观测到的转速算出的转差率比较。

(4) 测量定子绕组的冷态直流电阻。将电动机在室内放置一段时间,用温度计测量电动机绕组端部或铁芯的温度。当所测温度与冷却介质温度之差不超过 2 K 时,即为实际冷态。记录此时的温度并测量定子绕组的直流电阻,此阻值即为冷态直流电阻。

① 伏安法。测量线路图如图 1-39 所示。直流电源用主控屏上电枢电源,先调到 50 V。开关 S_1、S_2 选用 D51 挂件,R 用 D42 挂件上的 1 800 Ω 可调电阻。

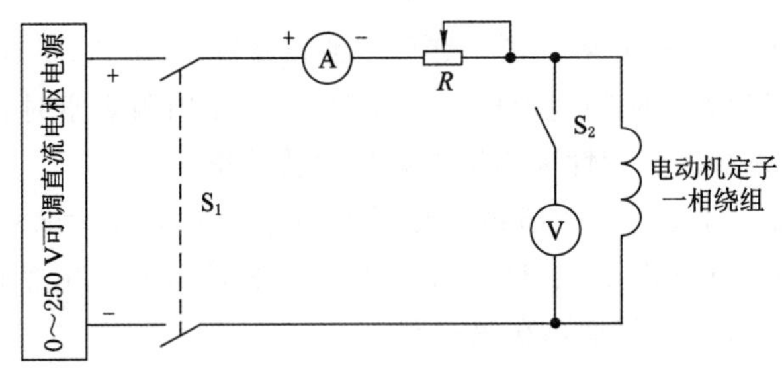

图 1-39 三相交流绕组电阻测定

量程的选择:测量时通过的测量电流应小于额定电流的 20%,约为 50 mA,因而直流电流表的量程用 200 mA 挡。三相鼠笼异步电动机定子一相绕组的电阻约为 50 Ω,因而当流过的电流为 50 mA 时两端电压约为 2.5 V,所以直流电压表量程用 20 V 挡。

按图 1-39 接线。把 R 调至最大位置,合上开关 S_1,调节直流电源及 R 阻值使实验电流不超过电机额定电流的 20%,以防因实验电流过大而引起绕组的温度上升,读取电流值,再接通开关 S_2 读取电压值。读完后,先断开开关 S_2,再断开开关 S_1。

调节 R 使 A 表分别为 50 mA、40 mA、30 mA,测取三次,取其平均值,测量定子三相绕组的电阻值,记录于表 1-50 中。

表 1-50　定子绕组的冷态直流电阻测定实验数据记录表　　室温____℃

	绕组Ⅰ			绕组Ⅱ			绕组Ⅲ		
I/mA									
U/V									
R/Ω									

注意事项：

a. 在测量时，电动机的转子须静止不动。

b. 测量通电时间不应超过 1 min。

② 电桥法。用单臂电桥测量电阻时，应先将刻度盘旋到电桥大致平衡的位置。然后按下电池按钮，接通电源，等电桥中的电源达到稳定后，方可按下检流计按钮接入检流计。测量完毕，应先断开检流计，再断开电源，以免检流计受到冲击。数据记录于表 1-51 中。

电桥法测定绕组直流电阻准确度及灵敏度高，且可以直接读数。

表 1-51　用单臂电桥测量电阻实验数据记录表

	绕组Ⅰ	绕组Ⅱ	绕组Ⅲ
R/Ω			

(5) 判定定子绕组的首、末端。先用万用表测出各相绕组的两个线端，将其中的任意两相绕组串联，如图 1-40 所示。将控制屏左侧调压器旋钮调至零位，开启电源总开关，按下“开”按钮，接通交流电源。调节调压旋钮，并在绕组端施以单相低电压 $U=80\sim100$ V，注意电流不应超过额定值，测出第三相绕组的电压，如测得的电压值有一定读数，表示两相绕组的末端与首端相连。反之，如测得电压近似为零，则两相绕组的末端与末端(或首端与首端)相连。用同样方法测出第三相绕组的首、末端。

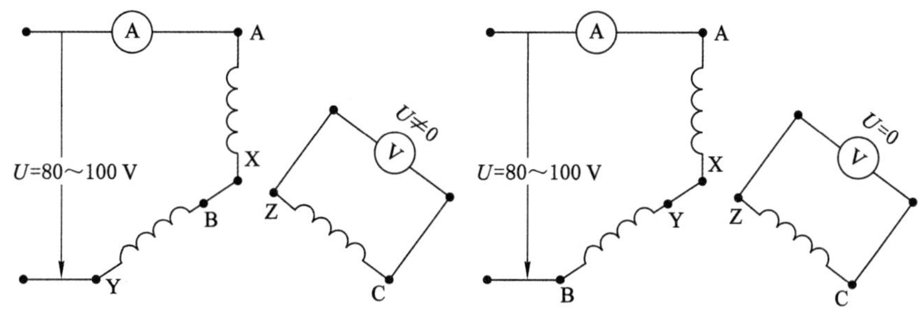

图 1-40　三相交流绕组首、末端测定

(6) 空载实验。

① 按图 1-41 接线。电动机绕组为△接法($U_N=220$ V)，直接与测速发电机同轴连接，测功机 DJ23 不接。

② 把交流调压器调至电压最小位置，接通电源，逐渐升高电压，使电动机启动旋转，观察电动机旋转方向，并使电动机旋转方向符合要求(如转向不符合要求需调整相序时，必须

切断电源)。

③ 保持电动机在额定电压下空载运行数分钟,使机械损耗达到稳定后再进行实验。

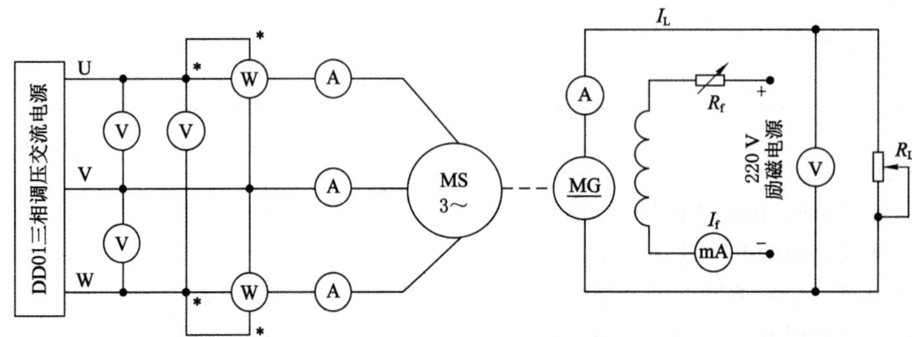

图 1-41　三相鼠笼异步电动机实验接线图

④ 由 1.2 倍额定电压开始逐渐降低电压,直至电流或功率显著增大为止。在调压范围内读取空载电压、空载电流、空载功率。

⑤ 在测取空载实验数据时,在额定电压附近多测几点,共取数据 7～9 组,记录于表 1-52 中。

表 1-52　三相鼠笼异步电动机空载实验数据记录表

序号	U_0/V				I_0/A				P_0/W			$\cos\varphi_0$
	U_{AB}	U_{BC}	U_{CA}	U_{0L}	I_A	I_B	I_C	I_{0L}	P_1	P	P_0	

(7) 短路实验。

① 测量接线图同图 1-41。用制动工具把三相电机堵住。制动工具可用 DD05 上的圆盘固定在电机轴上,螺杆装在圆盘上。

② 调压器退至零,合上交流电源。调节调压器使之逐渐升压至短路电流到 1.2 倍额定电流,再逐渐降压至 0.3 倍额定电流为止。

③ 在调压范围内读取短路电压、短路电流、短路功率。

④ 共取数据 5～6 组,记录于表 1-53 中。

表 1-53　三相鼠笼异步电动机短路实验数据记录表

序号	U_{kL}/V				I_{kL}/A				P_k/W			$\cos\varphi_0$
	U_{AB}	U_{BC}	U_{CA}	U_{kL}	I_A	I_B	I_C	I_{kL}	P_1	P_{11}	P_k	

（8）负载实验。

① 测量接线图同图 1-41。同轴连接测功机。图中 R_f 用 D42 上 1 800 Ω，R_L 用 D42 上 1 800 Ω 阻值加上 900 Ω 和 900 Ω 并联的电阻，共 2 250 Ω。

② 合上交流电源，调节调压器使之逐渐升压至额定电压并保持不变。

③ 合上校正直流测功机的励磁电源，调节励磁电流至校正值（50 mA 或 100 mA）并保持不变。

④ 调节负载电阻 R_L（注：先调节 1 800 Ω 电阻，调至零值后用导线短接再调节 450 Ω 电阻），使异步电动机的定子电流逐渐上升，直至电流上升到 1.25 倍额定电流。

⑤ 从最大负载开始，逐渐减小负载直至空载，在调节范围内读取异步电动机的定子电流、输入功率、转速、直流电机的负载电流 I_f 等数据。

⑥ 共取数据 8～9 组，记录于表 1-54 中。

表 1-54　三相鼠笼异步电动机负载实验数据记录表

$U_{1\varphi}=U_{1N}=220$ V（△）　　　　$I_f=$__________ mA

序号	I_{1L}/A				P_L/W			I_L	T_2	n
	I_A	I_B	I_C	I_{1L}	P_{L1}	P_{L2}	P_0	/A	/(N·m)	/(r/min)

（五）实验报告要求

（1）计算基准工作温度时的相电阻。由实验直接测得每相电阻值，此值为实际冷态电阻值，冷态温度为室温。按下式换算到基准工作温度时的定子绕组相电阻：

$$r_{1\mathrm{ref}} = r_{1\mathrm{C}} \frac{235+\theta_{\mathrm{ref}}}{235+\theta_{\mathrm{C}}}$$

式中　$r_{1\mathrm{ref}}$——换算到基准工作温度时定子绕组的相电阻，Ω；

$r_{1\mathrm{C}}$——定子绕组的实际冷态相电阻，Ω；

θ_{ref}——基准工作温度，对于 E 级绝缘为 75 ℃；

θ_{C}——实际冷态时定子绕组的温度，℃；

（2）作空载特性曲线：I_{0L}、P_0、$\cos\varphi_0=f(U_{0L})$。

（3）作短路特性曲线：I_{kL}、$P_k=f(U_{kL})$。

（4）由空载、短路实验数据求异步电动机的等效电路参数。

① 由短路实验数据求短路参数。

短路阻抗：

$$Z_k = \frac{U_{k\varphi}}{I_{k\varphi}} = \frac{\sqrt{3}U_{kL}}{I_{kL}}$$

短路电阻：

$$r_k = \frac{P_k}{3I_{k\varphi}^2} = \frac{P_k}{I_{kL}^2}$$

短路电抗：

$$X_k = \sqrt{Z_k^2 - r_k^2}$$

式中 $U_{k\varphi}=U_{kL}$、$I_{k\varphi}=\dfrac{I_{kL}}{\sqrt{3}}$、$P_k$——电动机堵转时的相电压、相电流、三相短路功率（△接法）。

转子电阻的折合值：

$$r_2' \approx r_k - r_{1C}$$

式中，r_{1C}是没有折算到 75 ℃时的实际值。

定转子漏抗：

$$X_{1\sigma} \approx X_{2\sigma} \approx \frac{X_k}{2}$$

② 由空载实验数据求励磁回路参数空载阻抗：

$$Z_\theta = \frac{U_{0\varphi}}{I_{0\varphi}} = \frac{\sqrt{3}U_{0L}}{I_{0L}}$$

空载电阻：

$$r_0 = \frac{P_0}{3I_{0\varphi}^2} = \frac{P_0}{I_{0L}^2}$$

空载电抗：

$$X_0 = \sqrt{Z_0^2 - r_{0L}^2}$$

式中 $U_{0\varphi}=U_{0L}$、$I_{0\varphi}=\dfrac{I_{0L}}{\sqrt{3}}$、$P_0$——电动机空载时的相电压、相电流、三相空载功率（△接法）。

励磁电抗：

$$X_m = X_0 - X_{1\sigma}$$

励磁电阻：

$$r_m = \frac{P_{Fe}}{3I_{0\varphi}^2} = \frac{P_{Fe}}{I_{0L}^2}$$

式中，P_{Fe}为额定电压时的铁耗，由图 1-42 确定。

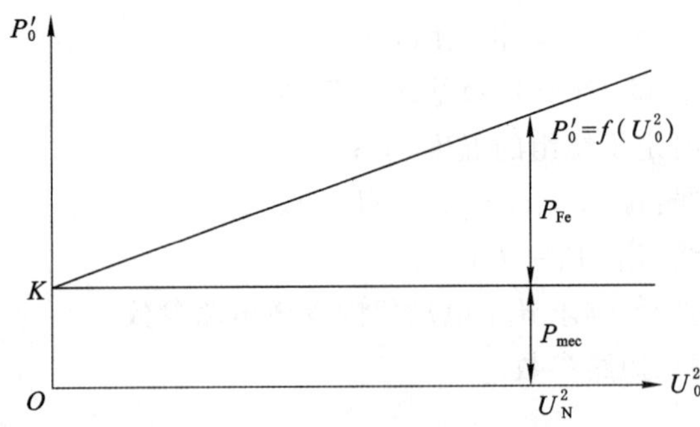

图 1-42 电机中铁耗和机械损耗

(5) 作工作特性曲线 P_1、I_1、n、s、$\cos\varphi_1 = f(P_2)$。

由负载实验数据计算工作特性，填入表 1-55 中。

表 1-55　工作特性相关参数

$U_1=220\ \text{V}(\triangle)\ I_f=$________ mA

序号	电动机输入		电动机输出		计算值			
	$I_{1\varphi}$/A	P_1/W	T_1/(N·m)	n/(r/min)	P_2/W	s/%	η/%	$\cos\varphi_1$

计算公式为：

$$I_{1\varphi}=\frac{I_{1L}}{\sqrt{3}}=\frac{I_A+I_B+I_C}{3\sqrt{3}}$$

$$s=\frac{1\ 500-n}{1\ 500}\times 100\%$$

$$\cos\varphi_1=\frac{P_1}{3U_{1\varphi}I_{1\varphi}}$$

$$P_2=0.105nT_2$$

$$\eta=\frac{P_2}{P_1}\times 100\%$$

式中　$I_{1\varphi}$——定子绕组相电流，A；

$U_{1\varphi}$——定子绕组相电压，V；

s——转差率，%；

η——效率，%。

（6）由损耗分析法求额定负载时的效率。电动机的损耗有：

铁耗 P_{Fe}；机械损耗 P_{mec}；定子铜耗 $P_{Cu1}=3I_{1\varphi}^2r_1$；转子铜耗 $P_{Cu2}=\frac{P_{em}}{100}s$；杂散损耗 P_{ad}，取为额定负载时的输入功率的 0.5%。

P_{em}为电磁功率：

$$P_{em}=P_1-P_{em1}-P_{Fe}$$

铁耗和机械损耗之和为：

$$P'_0=P_{Fe}+P_{mec}=P_0-I_{0\varphi}^2r_1$$

为了分离铁耗和机械损耗，作曲线 $P'_0=f(U_0^2)$，如图 1-42 所示。

延长曲线的直线部分与纵轴相交于 K 点，K 点的纵坐标即为电动机的机械损耗 P_{mec}，过 K 点作平行于横轴的直线，可得不同电压的铁耗 P_{Fe}。

电机的总损耗：

$$\sum P=P_{Fe}+P_{Cu1}+P_{Cu2}+P_{ad}+P_{mec}$$

于是求得额定负载时的效率为：

$$\eta=\frac{P_1-\sum P}{P_1}\times 100\%$$

以上各式中 P_1、s、I_1 由工作特性曲线上对应于 P_2 为额定功率 P_N 时查得。

二、三相异步电动机的启动与调速

(一) 实验目的

通过实验掌握异步电动机的启动和调速的方法。

(二) 实验项目

(1) 直接启动。

(2) 星形-三角形(Y-△)换接启动。

(3) 自耦变压器启动。

(4) 绕线式异步电动机转子绕组串入可变电阻器启动。

(5) 绕线式异步电动机转子绕组串入可变电阻器调速。

(三) 实验原理

三相异步电动机按转子结构可分为鼠笼型和绕线型两种。

电动机全压启动时,启动电流很大(4～7倍的额定电流)。为了限制启动电流,可采用降压、转子回路串电阻(绕线型电动机)等方法启动。

绕线型异步电动机,随着转子串入外加电阻的逐渐增大,其机械特性变软,这样不仅能提高其启动转矩 T_{st},同时可限制启动电流 I_{st},在运行中,还可以用来调节电动机转速。

改变电动机定子磁场旋转方向,可以使电动机中产生与原转向相反的制动电磁转矩。因此,停机前短时改变电动机任意两相电源线的接线位置,可达到快速制动电动机的目的,这就是两相反接制动方法。若任意改变电动机两相电源线的接线位置后,让电动机继续稳定运行,那么电动机就会以与换线前相反的方向旋转(即反转),并正常工作。

当电动机三相电源线中有一相因故断开后,电动机就工作在缺相运行状态,仍可带动一定负载继续运行。但由于两相异步电动机的启动转矩为零,所以不能直接启动。

(四) 实验步骤

(1) 本实验所需实验设备如表1-56所列。

表1-56 三相异步电动机的启动与调速所需实验设备

序号	型号	名称	数量
1	DD03	导轨、测速发电机及转速表	1件
2	DJ16	三相鼠笼异步电动机	1件
3	DJ17	三相绕线式异步电动机	1件
4	DJ23	校正直流测功机	1件
5	D31	直流电压表、毫安表、安培表	1件
6	D32	交流电流表	1件
7	D33	交流电压表	1件
8	D43	三相可调电抗器	1件
9	D51	波形测试及开关板	1件
10	DJ17-1	启动与调速电阻箱	1件
11	DD05	测功支架、测功盘及弹簧秤	1套

（2）屏上挂件排列顺序为 D33、D32、D51、D31、D43。

（3）三相鼠笼异步电动机直接启动实验。

① 按图 1-43 接线。电动机绕组为△接法。异步电动机直接与测速发电机同轴连接，不连接负载电机 DJ23。

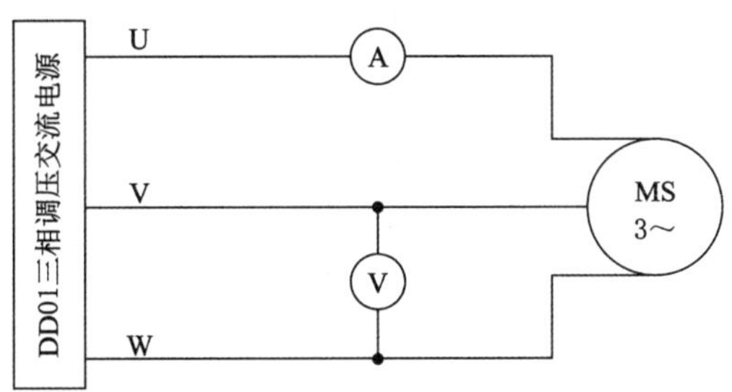

图 1-43　异步电动机直接启动

② 把交流调压器退到零位，开启电源总开关，按下“开”按钮，接通三相交流电源。

③ 调节调压器，使输出电压达电动机额定电压 220 V，使电动机启动旋转（如电动机旋转方向不符合要求需调整相序时，必须按下“停止”按钮，切断三相交流电源）。

④ 再按下“停止”按钮，断开三相交流电源，待电动机停止旋转后，按下“启动”按钮，接通三相交流电源，使电动机全压启动，观察电动机启动瞬间电流值（按指针式电流表偏转的最大位置所对应的读数值定性计量）。

⑤ 断开电源开关，将调压器退到零位，电动机轴伸端装上圆盘（圆盘直径为 10 cm）和弹簧秤。

⑥ 合上开关，调节调压器，使电动机电流为 2～3 倍额定电流，读取电压值 U_k、电流值 I_k、转矩值 T_k（圆盘半径乘以弹簧秤力），实验时通电时间不应超过 1.0 s，以免绕组过热。对应于额定电压时的启动电流 I_{st} 和启动转矩 T_{st} 按下式计算：

$$T_k = F \times (\frac{D}{2})$$

$$I_{st} = (\frac{U_N}{U_k}) I_k$$

$$T_{st} = (\frac{I_{st}^2}{I_k^2}) T_k$$

式中　I_k——启动实验时的电流值，A；

T_k——启动实验时的转矩值，N·m。

表 1-57　三相鼠笼异步电动机直接启动实验数据记录表

测量值			计算值		
U_k/V	I_k/A	F/N	T_k/(N·m)	I_{st}/A	T_{st}/(N·m)

(4) 星形-三角形(Y-△)启动。

① 按图 1-44 接线。线接好后把调压器退到零位。

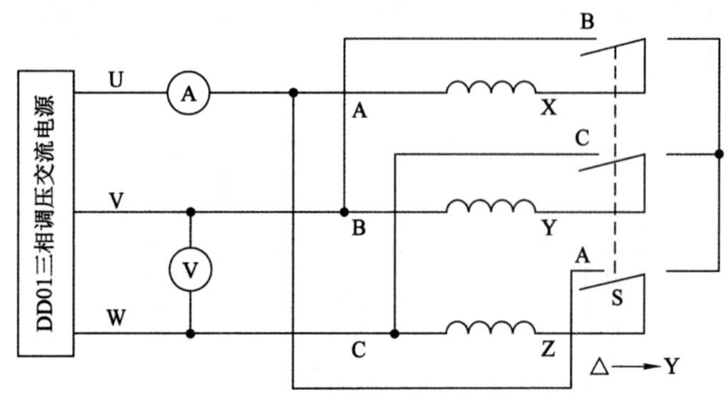

图 1-44　三相鼠笼异步电动机星形-三角形启动

② 三刀双掷开关合向右边(Y 接法)。合上电源开关,逐渐调节调压器使升压至电动机额定电压 220 V,打开电源开关,待电动机停转。

③ 合上电源开关,观察启动瞬间电流,然后把开关 S 合向左边,使电机(△)正常运行,整个启动过程结束。观察启动瞬间电流表的显示值,与其他启动方法做定性比较。

(5) 自耦变压器启动。

① 按图 1-45 接线。电机绕组为△接法。

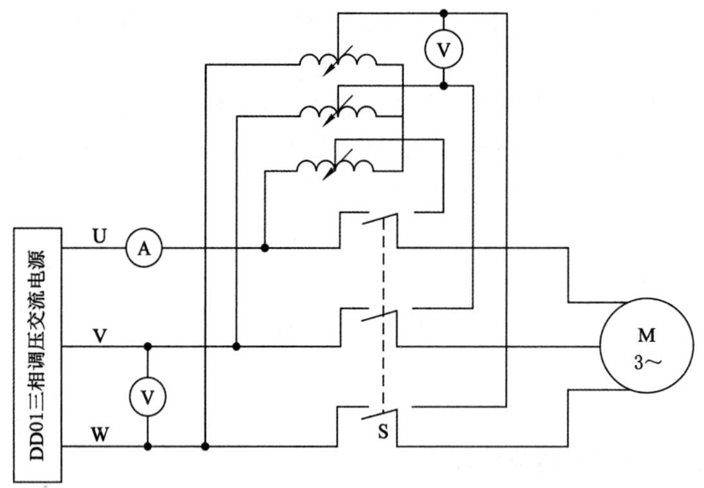

图 1-45　三相鼠笼异步电动机自耦变压器启动

② 三相调压器退到零位,开关 S 合向左边。自耦变压器选用 D43 挂件。

③ 合上电源开关,调节调压器,使输出电压达电动机额定电压 220 V,断开电源开关,待电动机停转。

④ 开关 S 合向右边,合上电源开关,使电动机由自耦变压器降压启动(自耦变压器抽头输出电压分别为电源电压的 40%、60%和 80%)并经一定时间再把 S 合向左边,使电动机按额定电压正常运行,整个启动过程结束。观察启动瞬间电流以做定性比较。

（6）线绕式异步电动机转子绕组串入可变电阻器启动。

① 电动机定子绕组Y形接法，按图1-46接线。

② 转子每相串入的电阻可用DJ17-1启动与调速电阻箱。

③ 调压器退到零位，轴伸端装上圆盘和弹簧秤。

④ 接通交流电源，调节输出电压（观察电动机转向应符合要求），在定子电压为180 V、转子绕组分别串入不同电阻值时，测取定子电流和转矩。

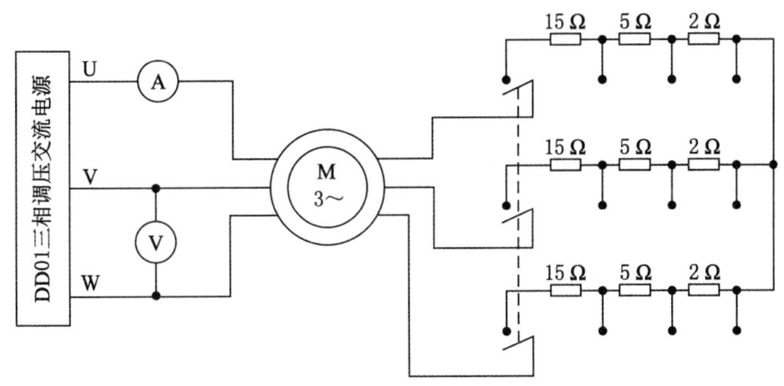

图1-46　线绕式异步电动机转子绕组串电阻启动

⑤ 实验时通电时间不应超过10 s，以免绕组过热。数据记入表1-58中。

表1-58　线绕式异步电动机转子绕组串入可变电阻器启动实验数据记录表

R_{st}/Ω	0	2	5	15
F/N				
I_{st}/A				
$T_{st}/(\mathrm{N \cdot m})$				

（7）线绕式异步电动机转子绕组串入可变电阻器调速。

① 实验线路图同图1-46。同轴连接校正直流测功机MG作为线绕式异步电动机M的负载。电路接好后，将M的转子附加电阻调至最大。

② 合上电源开关，电机空载启动，保持调压器的输出电压为电动机额定电压220 V，转子附加电阻调至零。

③ 调节校正电动机的励磁电流I_f为校正值（100 mA或50 mA），再调节直流发电机负载电流，使电动机输出功率接近额定功率并保持输出转矩T_2不变，改变转子附加电阻（每相附加电阻分别为0 Ω、2 Ω、5 Ω、15 Ω），测相应的转速记录于表1-59中。

表1-59　绕线式异步电动机转子绕组串入可变电阻器调速实验数据记录表

U=220 V　　　　I_f=________ mA　　　　T_2=________ N·m

r_{st}/Ω	0	2	5	15
$n/(\mathrm{r/min})$				

（五）实验报告要求

(1) 比较异步电动机不同启动方法的优缺点。

(2) 由启动实验数据求下述三种情况下的启动电流和启动转矩：

① 外施额定电压 U_N。（直接法启动）

② 外施电压为 $U_N/\sqrt{3}$。（Y-△启动）

③ 外施电压为 U_k/K_A，K_A 为启动用自耦变压器的变比。（自耦变压器启动）

(3) 线绕式异步电动机转子绕组串入电阻对启动电流和启动转矩的影响。

(4) 线绕式异步电动机转子绕组串入电阻对电动机转速的影响。

第四节　同步电机实验

一、三相同步发电机的运行特性

（一）实验目的

(1) 用实验方法测量同步发电机在对称负载下的运行特性。

(2) 由实验数据计算同步发电机在对称运行时的稳态参数。

（二）实验项目

(1) 测定电枢绕组实际冷态直流电阻。

(2) 空载实验：在 $n=n_N$、$I=0$ 的条件下，测取空载特性曲线 $U_0=f(I_f)$。

(3) 三相短路实验：在 $n=n_N$、$U=0$ 的条件下，测取三相短路特性曲线 $I_k=f(I_f)$。

(4) 纯电感负载特性：在 $n=n_N$、$I=I_N$、$\cos\varphi\approx 0$ 的条件下，测取纯电感负载特性曲线。

(5) 外特性：在 $n=n_N$、$I_f=$常数、$\cos\varphi=1$ 和 $\cos\varphi=0.8$（滞后）的条件下，测取外特性曲线 $U=f(I)$。

(6) 调节特性：在 $n=n_N$、$U=U_N$、$\cos\varphi=1$ 的条件下，测取调节特性曲线 $I_f=f(I)$。

（三）实验原理

在用实验方法测定同步发电机的空载特性时，由于转子磁路中剩磁情况的不同，当单方向改变励磁电流 I_f 从零到某一最大值，再反过来由此最大值减小到零时将得到上升和下降的两条不同曲线，如图 1-47 所示。两条曲线的出现，反映铁磁材料中的磁滞现象。测定参数时使用下降曲线，其最高点取 $U_0\approx 1.3U_N$，如剩磁电压较高，可延伸曲线的直线部分使其与横轴相交，则交点的横坐标绝对值 Δi_{f0} 应作为校正量，在所有实验测得的励磁电流数据上加上此值，即得通过原点的校正曲线，如图 1-48 所示。

注意事项：

① 转速要保持恒定。

② 在额定电压附近读数相应多些。

（四）实验步骤

(1) 本实验所需实验设备如表 1-60 所列。

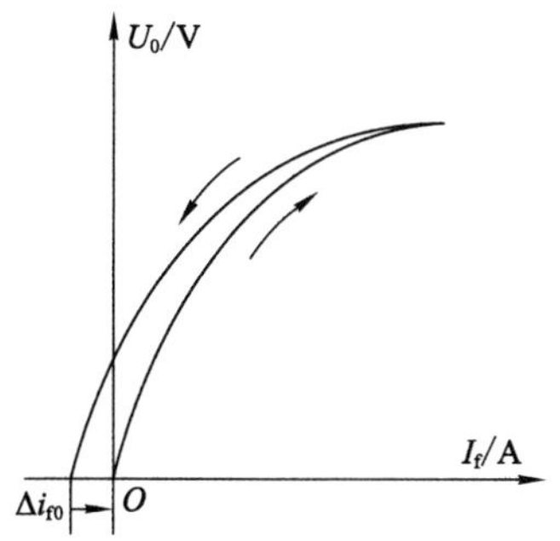

图 1-47　上升和下降两条空载特性曲线

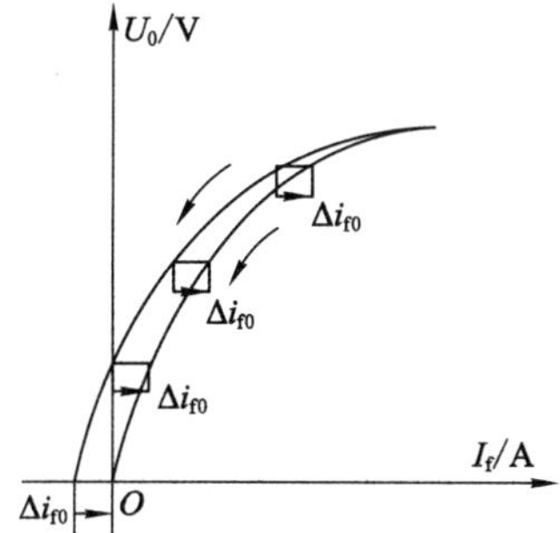

图 1-48　校正过的下降空载特性曲线

表 1-60　三相同步发电机的运行特性测定所需实验设备

序号	型号	名称	数量
1	DD03	导轨、测速发电机及转速表	1 件
2	DJ23	校正直流测功机	1 件
3	DJ18	三相凸极式同步电机	1 件
4	D32	交流电流表	1 件
5	D33	交流电压表	1 件
6	D34-3	单三相智能功率表、功率因数表	1 件
7	D31	直流电压表、毫安表、安培表	1 件
8	D41	三相可调电阻器	1 件
9	D42	三相可调电阻器	1 件
10	D43	三相可调电抗器	1 件
11	D44	可调电阻器、电容器	1 件
12	D52	旋转灯、并网开关、同步发电机励磁电源	1 件

(2) 屏上挂件排列顺序为 D44、D33、D32、D34-3、D52、D31、D41、D42、D43。

(3) 测定电枢绕组实际冷态直流电阻。被试电机为三相凸极式同步电机，选用 DJ18。

测量与计算方法参见本章第三节中的三相交流绕组电阻测定。记录室温，测量数据记录于表 1-61 中。

表 1-61　电枢绕组实际冷态直流电阻

室温__________℃

	绕组Ⅰ			绕组Ⅱ			绕组Ⅲ		
I/mA									
U/V									
R/Ω									

(4) 空载实验。

① 按图 1-49 接线。校正直流测功机 MG 按他励方式连接，用作电动机拖动三相同步发电机 GS 旋转，GS 的定子绕组为 Y 形接法(U_N=220 V)。R_{f2} 用 D41 组件上的 90 Ω 与

90 Ω 串联加上 90 Ω 与 90 Ω 并联共 225 Ω 阻值，R_{st}用 D44 上的 180 Ω 电阻值，R_{f1}用 D44 上的 1 800 Ω 电阻值。开关 S_1、S_2 选用 D51 挂件。

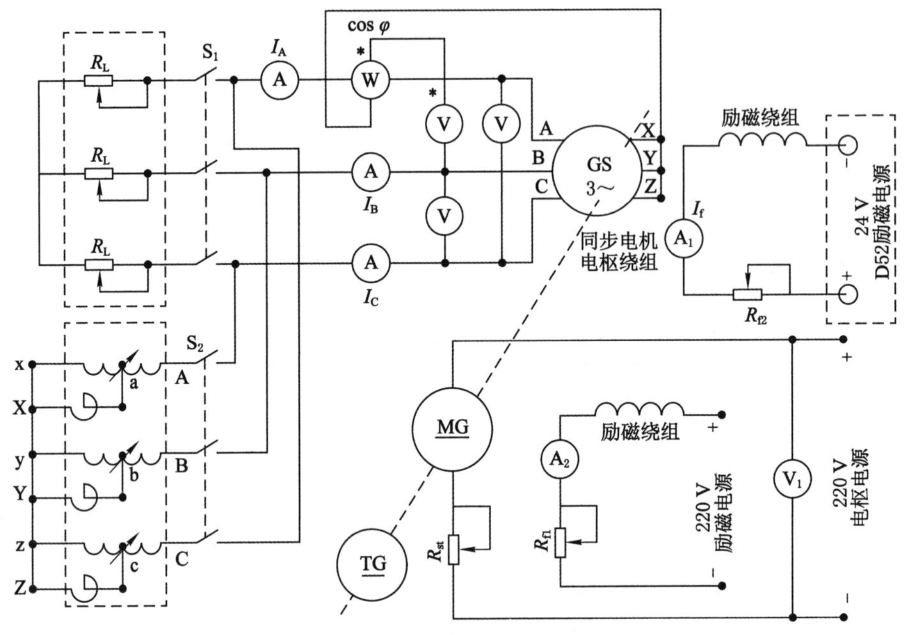

图 1-49　三相同步发电机实验接线图

② 调节 D52 上的 24 V 励磁电源串接的 R_{f2}至最大位置，调节 MG 的电枢串联电阻 R_{st}至最大值，调节 MG 的励磁调节电阻 R_{f1}至最小值。开关 S_1、S_2 均断开。将控制屏左侧调压器旋钮向逆时针方向旋转退到零位，检查控制屏上的电源总开关、电枢电源开关及励磁电源开关都在"关"的位置，做好实验开机准备。

③ 接通控制屏上的电源总开关，按下"启动"按钮，接通励磁电源开关，看到电流表 A_2 有励磁电流指示后，再接通控制屏上的电枢电源开关，启动 MG。MG 启动运行正常后，把 R_{st}调至最小，调节 R_{f1}使 MG 转速达到同步发电机的额定转速 1 500 r/min 并保持恒定。

④ 接通 GS 励磁电源，调节 GS 励磁电流(必须单方向调节)，使 I_f 单方向递增至 GS 输出电压 $U_0 \approx 1.3U_N$ 为止。

⑤ 单方向减小 GS 励磁电流，使 I_f 单方向减至零值为止，读取励磁电流 I_f 和相应的空载电压 U_0。

⑥ 共取数据 7～9 组，记录于表 1-62 中。

表 1-62　三相同步发电机空载实验数据记录表

$n=n_N=1\ 500$ r/min　　　　$I=0$

序号									
U_0/V									
I_f/A									

（5）三相短路实验。

① 调节 GS 的励磁电源串接的 R_{f2} 至最大值。调节发电机转速为额定转速 1 500 r/min，且保持恒定。

② 接通 GS 的 24 V 励磁电源，调节 R_{f2} 使 GS 输出的三相线电压（即三只电压表 V 的读数）最小，然后把 GS 输出三端点短接。

③ 调节 GS 的励磁电流 I_f 使其定子电流 $I_k=1.2I_N$，读取 GS 的励磁电流 I_f 和相应的定子电流 I_k。

④ 减小 GS 的励磁电流使定子电流减小，直至励磁电流为零，读取励磁电流 I_f 和相应的定子电流 I_k。

⑤ 共取数据 5～6 组，记录于表 1-63 中。

表 1-63　三相同步发电机短路实验数据记录表

$U=0$ V　　　　$n=n_N=1\ 500$ r/min

序号						
I_k/A						
I_f/A						

（6）纯电感负载特性。

① 调节 GS 的 R_{f2} 至最大值，调节可变电抗器使其阻抗达到最大。同时拔掉 GS 输出三端点的短接线。

② 按他励直流电动机的启动步骤（电枢串联全值启动电阻 R_{st}，先接通励磁电源，后接通电枢电源）启动直流测功机 MG，调节 MG 的转速达 1 500 r/min 且保持恒定。合上开关 S_2，同步发电机 GS 带纯电感负载运行。

③ 调节 R_{f2} 和可变电抗器使同步发电机端电压接近于 1.1 倍额定电压且电流为额定电流，读取端电压值和励磁电流值。

④ 每次调节励磁电流使同步发电机端电压减小且调节可变电抗器使定子电流值保持恒定为额定电流。读取端电压和相应的励磁电流。

⑤ 取 5～6 组数据，记录于表 1-64 中。

表 1-64　三相同步发电机纯电感负载实验数据记录表

$n=n_N=1\ 500$ r/min　　　　$I=I_N=$________ A

U/V						
I_{1f}/A						

（7）测同步发电机在纯电阻负载时的外特性。

① 把三相可变电阻器 R_L 接成三相 Y 接法，每相用 D42 组件上的 900 Ω 与 900 Ω 串联，调节其阻值为最大值。

② 按他励直流电动机的启动步骤启动 MG，调节电机转速达同步发电机额定转速1 500

r/min，且保持转速恒定。

③ 断开开关 S_2，合上 S_1，同步发电机 GS 带三相纯电阻负载运行。

④ 接通 24 V 励磁电源，调节 R_{f2} 和负载电阻 R_L 使同步发电机的端电压达额定值220 V且负载电流亦达额定值。

⑤ 保持这时的同步发电机励磁电流 I_f 恒定不变，调节负载电阻 R_L，测同步发电机端电压和相应的平衡负载电流，直至负载电流减小到零，测出整条外特性。

⑥ 共取数据 5～6 组，记录于表 1-65 中。

表 1-65　三相同步发电机纯电阻负载实验数据记录表

$n=n_N=1\ 500$ r/min　　$I_f=$__________ A　　$\cos\varphi=1$

U/V						
I/A						

(8) 测同步发电机在负载功率因数为 0.8 时的外特性。

① 在图 1-49 中接入功率因数表，调节可变负载电阻使阻值达最大值，调节可变电抗器使电抗值达最大值。

② 调节 R_{f2} 至最大值，启动直流测功机并调节同步发电机转速至额定转速 1 500 r/min，且保持转速恒定。合上开关 S_1、S_2。把 R_L 和 X_L 并联使用作为同步发电机 GS 的负载。

③ 接通 24 V 励磁电源，调节 R_{f2}、负载电阻 R_L 及可变电抗器 X_L，使同步发电机的端电压达额定值 220 V，负载电流达额定值及功率因数为 0.8。

④ 保持这时的同步发电机励磁电流 I_f 恒定不变，调节负载电阻 R_L 和可变电抗器 X_L 使负载电流改变而功率因数保持不变为 0.8，测同步发电机端电压和相应的平衡负载电流，测出整条外特性曲线。

⑤ 共取数据 5～6 组，记录于表 1-66 中。

表 1-66　三相同步发电机负载功率因数为 0.8 时的外特性

$n=n_N=1\ 500$ r/min　　$I_f=$__________ A　　$\cos\varphi=0.8$

U/V						
I/A						

(9) 测同步发电机在纯电阻负载时的调整特性。

① 同步发电机接入三相电阻负载 R_L，调节 R_L 使阻值达最大，同步发电机转速仍为额定转速 1 500 r/min 且保持恒定。

② 调节 R_{f2} 使同步发电机端电压达额定值 220 V 且保持恒定。

③ 调节 R_L 阻值，以改变负载电流，读取为了保持电压恒定的相应励磁电流 I_f，测出整条调整特性曲线。

④ 共取数据 4～5 组，记录于表 1-67 中。

表 1-67　三相同步发电机纯电阻负载时的调整特性

$U=U_N=220$ V　　　　$n=n_N=1\ 500$ r/min

I/A					
I_f/A					

（五）实验报告要求

（1）根据实验数据绘出同步发电机的空载特性。

（2）根据实验数据绘出同步发电机短路特性。

（3）根据实验数据绘出同步发电机的纯电感负载特性。

（4）根据实验数据绘出同步发电机的外特性。

（5）根据实验数据绘出同步发电机的调整特性。

（6）由空载特性和短路特性求取电机定子漏抗 X_δ 和特性三角形。

（7）由零功率因数特性和空载特性确定电机定子保梯电抗。

（8）利用空载特性和短路特性确定同步电机的直轴同步电抗 X_d(饱和值)。

（9）利用空载特性和纯电感负载特性确定同步电机的直轴同步电抗 X_d。

（10）求短路比。

（11）由外特性实验数据求取电压调整率 $\Delta U\%$。

二、三相同步发电机的并联运行实验

（一）实验目的

（1）掌握三相同步发电机投入电网并联运行的条件与操作方法。

（2）掌握三相同步发电机并联运行时有功功率与无功功率的调节方法。

（二）实验项目

（1）用准确同步法将三相同步发电机投入电网并联运行。.

（2）用自同步法将三相同步发电机投入电网并联运行。

（3）三相同步发电机与电网并联运行时有功功率的调节。

（4）三相同步发电机与电网并联运行时无功功率的调节。

① 测取输出功率等于零时三相同步发电机的 V 形曲线。

② 测取输出功率等于 0.5 倍额定功率时三相同步发电机的 V 形曲线。

（三）实验原理

三相同步发电机与电网并联运行必须满足下列条件：

① 发电机的频率和电网频率要相同，即 $f_{\text{II}}=f_{\text{I}}$；

② 发电机和电网电压大小、相位要相同，即 $E_{0\text{II}}=U_{\text{I}}$；

③ 发电机和电网的相序要相同。

为了检查这些条件是否满足，可用电压表检查电压，用灯光旋转法或整步表法检查相序和频率。

（四）实验步骤

（1）三相同步发电机的并联运行实验所需实验设备如表 1-68 所列。

表 1-68　三相同步发电机的并联运行实验所需实验设备

序号	型号	名称	数量
1	DD03	导轨、测速发电机及转速表	1 件
2	DJ23	校正直流测功机	1 件
3	DJ18	三相同步电机	1 件
4	D32	交流电流表	1 件
5	D33	交流电压表	1 件
6	D34-3	单三相智能功率表、功率因数表	1 件
7	D31	直流电压表、毫安表、安培表	1 件
8	D41	三相可调电阻器	1 件
9	D44	可调电阻器、电容器	1 件
10	D52	旋转灯、并网开关、同步发电机励磁电源	1 件
11	D53	整步表及开关	1 件

(2) 屏上挂件排列顺序为 D44、D52、D53、D33、D32、D34-3、D31、D41。

(3) 旋转灯光法。

① 按图 1-50 接线。三相同步发电机 GS 选用 DJ18，GS 的原动机采用 DJ23 校正直流测功机 MG。R_{st}选用 D44 上 180 Ω 阻值，R_{f1}选用 D44 上 1 800 Ω 阻值，R_{f2}选用 D41 上 90 Ω 与 90 Ω 串联加上 90 Ω 与 90 Ω 并联共 225 Ω 阻值，R 选用 D41 上 90 Ω 固定电阻。开关 S_1 选用 D52 挂件、S_2 选用 D53 挂件，并把开关 S_1 打在"关断"位置，开关 S_2 合向固定电阻端(图示左端)。

② 三相调压器旋钮退至零位，在电枢电源及励磁电源开关都在"关断"位置的条件下，合上电源总开关，按下"开"按钮，调节调压器，使电压升至额定电压 220 V，可通过 V_1 表观测。

③ 按他励电动机的启动步骤(校正直流测功机 MG 电枢必须串联最大启动电阻 R_{st}，励磁调节电阻 R_{f1} 调至最小，先接通控制屏上的励磁电源，后接通控制屏上的电枢电源)，启动 MG 并使 MG 转速达额定转速 1 500 r/min。将开关 S_2 合到同步发电机的 24 V 励磁电源端(图示右端)，调节 R_{f2} 以改变 GS 的励磁电流 I_f，使同步发电机发出额定电压 220 V，可通过 V_2 表观测，D53 整步表上琴键开关打在"断开"位置。

④ 观察三组相灯，若依次明灭形成旋转灯光，则表示发电机和电网相序相同，若三组相灯同时发亮、同时熄灭则表示发电机和电网相序不同。当发电机和电网相序不同则应停机(先将 R_{st} 回到最大位置，断开控制屏上的电枢电源开关，再按下交流电源的"停"按钮)，并把三相调压器旋至零位。在确保断电的情况下，调换发电机或三相电源任意两根端线以改变相序后，按前述方法重新启动 MG。

⑤ 当发电机和电网相序相同时，调节同步发电机励磁使同步发电机电压和电网(电源)电压相同。再进一步细调原动机转速。使各相灯光缓慢地轮流旋转发亮，此时接通 D53 整步表上琴键开关，观察 D53 上 V 表和 Hz 表上指针在中间位置，S 表指针逆时钟缓慢旋转。待 A 相灯熄灭时合上并网开关 S_1，把同步发电机投入电网并联运行(为选准并网时机，可让其循环几次再并网)。

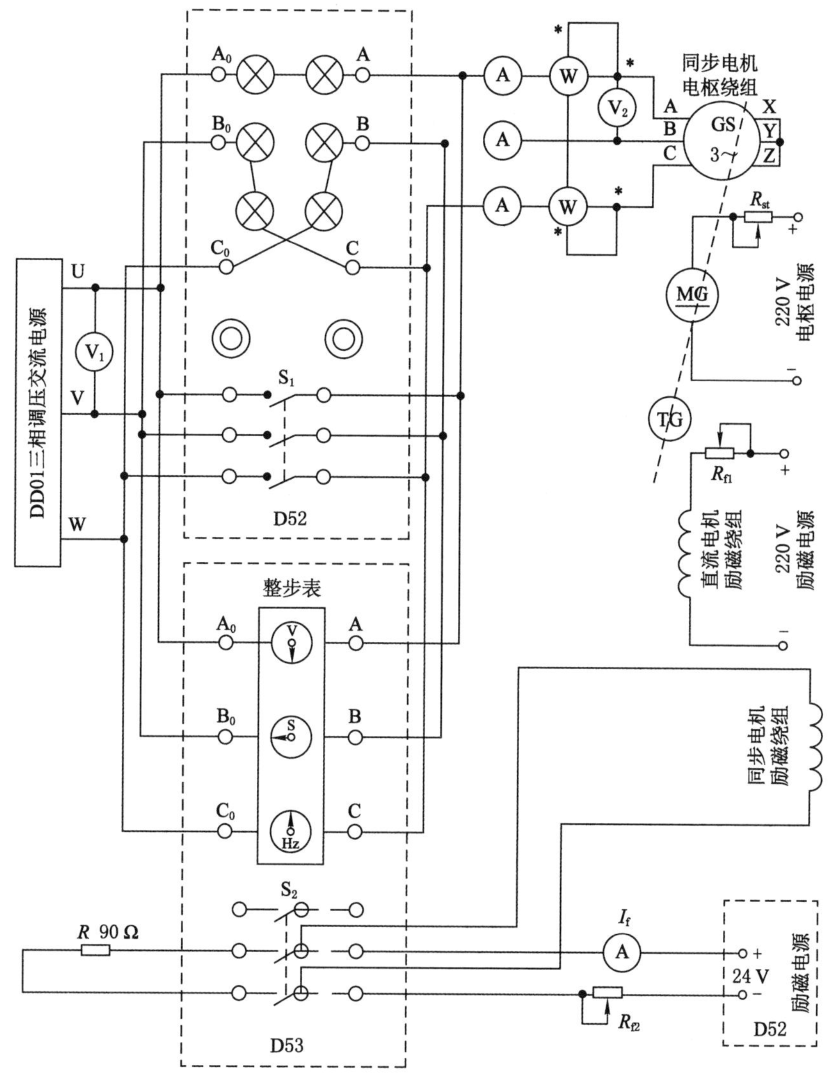

图 1-50　三相同步发电机的并联运行

⑥ 停机时应先断开 D53 整步表上琴键开关，按下 D52 上红色按钮，即断开电网开关 S_1，将 R_{st} 调至最大，断开电枢电源，再断开励磁电源，把三相调压器旋至零位。

(4) 用自同步法将三相同步发电机投入电网并联运行。

① 在并网开关 S_1 断开且相序相同的条件下，把开关 S_2 闭合到励磁端(图示右端)，D53 整步表上琴键开关打在“断开”位置。

② 按他励电动机的启动步骤启动 MG，并使 MG 升速到接近同步转速(1 485～1 515 r/min 之间)。

③ 调节同步电机励磁电源调压旋钮或 R_{f2}，以调节 I_f 使发电机电压约等于电网电压 220 V。

④ 将开关 S_2 闭合到 R 端，R 用 90 Ω 固定阻值（约为三相同步发电机励磁绕组电阻的 10 倍）。

⑤ 合上并网开关 S_2，再把开关 S_1 闭合到励磁端，这时电机利用“自整步作用”使它迅速被牵入同步，再接通 D53 上的整步表开关。

(5) 三相同步发电机与电网并联运行时有功功率的调节。

① 按上述(3)、(4)任意一种方法把同步发电机投入电网并联运行。

② 并网以后，调节校正直流测功机 MG 的励磁电阻 R_{f1} 和同步发电机的励磁电流 I_f 使同步发电机定子电流接近于零，这时相应的同步发电机励磁电流 $I_f = I_{f0}$。

③ 保持这一励磁电流不变，调节直流电机的励磁调节电阻 R_{f1}，使其阻值增加，这时同步发电机输出功率 P_2 增大。

④ 在同步发电机定子电流接近于零到额定电流的范围内读取三相电流、三相功率、功率因数，共取数据 6～7 组，记录于表 1-69 中。

表 1-69　三相同步发电机与电网并联运行时有功功率的调节实验数据记录表

$U=$ ________ V(Y)　　　　$I_f = I_{f0} =$ ________ A

序号	输出电流/A				输出功率/W			功率因数
	I_A	I_B	I_C	I	P_1	P_2	P	$\cos\varphi$

表中：$I = \dfrac{I_A + I_B + I_C}{3}$，$P = P_1 + P_2$，$\cos\varphi = \dfrac{P_2}{\sqrt{3}UI}$。

(6) 三相同步发电机与电网并联运行时无功功率的调节。

① 测取输出功率等于零时三相同步发电机的 V 形曲线。

a. 按上述(3)、(4)任意一种方法把同步发电机投入电网并联运行。

b. 保持同步发电机的输出功率 $P_2 \approx 0$。

c. 先调节 R_{f2} 使同步发电机励磁电流 I_f 上升（应先调节 90 Ω 串联 90 Ω 部分，调至零位后用导线短接，再调 90 Ω 并联 90 Ω 部分），使同步发电机定子电流上升到额定电流，并调节 R_{st} 保持 $P_2 \approx 0$。记录此点同步发电机励磁电流 I_f、定子电流 I。

d. 减小同步电机励磁电流 I_f 使定子电流 I 减小到最小值，记录此点数据。

e. 继续减小同步电机励磁电流，这时定子电流又将增大直至额定电流。

f. 在过励和欠励情况下读取数据 9～10 组，记录于表 1-70 中。

表 1-70　输出功率等于零时三相同步发电机 V 形曲线测取实验数据记录表

$n=$__________ r/min　　　$U=$__________ V　　　$P_2\approx 0$ W

序号	三相电流/A				励磁电流/A	功率因数
	I_A	I_B	I_C	I	I_f	$\cos\varphi$

表中：$I=\frac{I_A+I_B+I_C}{3}$。

② 测取输出功率等于 0.5 倍额定功率时三相同步发电机的 V 形曲线。

a. 按上述(3)、(4)任意一种方法把同步发电机投入电网并联运行。

b. 保持同步发电机的输出功率 P_2 等于 0.5 倍额定功率。

c. 增加同步发电机励磁电流 I_f，使同步发电机定子电流上升到额定电流，记录此点同步发电机的励磁电流 I_f、定子电流 I。

d. 减小同步发电机励磁电流 I_f 使定子电流 I 减小到最小值，记录此点数据。

e. 继续减小同步发电机励磁电流 I_f，这时定子电流又将增大至额定电流。

f. 在过励和欠励情况下共取数据 9～10 组，记录于表 1-71 中。

表 1-71　输出功率等于 0.5 倍额定功率时三相同步发电机 V 形曲线测取实验数据记录表

$n=$__________ r/min　　　$U=$__________ V　　　$P_2\approx 0.5P_N$

序号	输出电流/A				励磁电流/A	功率因数
	I_A	I_B	I_C	I	I_f	$\cos\varphi$

表中：$I=\frac{I_A+I_B+I_C}{3}$。

（五）实验报告要求

（1）评述准确同步法和自同步法的优缺点。

（2）试述并联运行条件不满足时并网将引起什么后果？

（3）试述三相同步发电机和电网并联运行时有功功率和无功功率的调节方法。

（4）画出 $P_2 \approx 0$ 和 $P_2 \approx 0.5$ 倍额定功率时同步发电机的 V 形曲线，并加以说明。

三、三相同步电动机

（一）实验目的

（1）掌握三相同步电动机的异步启动方法。

（2）测取三相同步电动机的 V 形曲线。

（3）测取三相同步电动机的工作特性。

（二）实验项目

（1）三相同步电动机的异步启动。

（2）测取三相同步电动机输出功率 $P_2 \approx 0$ 时的 V 形曲线。

（3）测取三相同步电动机输出功率 $P_2 = 0.5$ 倍额定功率时的 V 形曲线。

（4）测取三相同步电动机的工作特性。

（三）实验原理

（1）按图 1-51 接线。其中 R 的阻值为同步电动机 MS 励磁绕组电阻的 10 倍（约 90 Ω），选用 D41 上 90 Ω 固定电阻。R_f 选用 D41 上 90 Ω 串联 90 Ω 加上 90 Ω 并联 90 Ω 共 225 Ω 阻值。R_{f1} 选用 D42 上 900 Ω 串联 900 Ω 共 1 800 Ω 阻值并调至最小。R_2 选用 D42 上 900 Ω 串联 900 Ω 加上 900 Ω 并联 900 Ω 共 2 250 Ω 阻值并调至最大。MS 为 DJ18（Y 接法，额定电压 $U_N = 220$ V）。

（2）用导线把功率表电流线圈及交流电流表短接，开关 S 闭合于励磁电源一侧（图 1-51 中为上端）。

（3）将控制屏左侧调压器旋钮向逆时针方向旋转至零位。接通电源总开关，并按下“开”按钮。调节 D52 同步电动机励磁电源调压旋钮及 R_f 阻值，使同步电动机励磁电流 I_f 为 0.7 A 左右。

（4）把开关 S 闭合于 R 电阻一侧（图 1-51 中为下端），向顺时针方向调节调压器旋钮，使电压升至同步电动机额定电压 220 V，观察电动机旋转方向，若不合要求则应调整相序使电动机旋转方向符合要求。

（5）当转速接近同步转速 1 500 r/min 时，把开关 S 迅速从下端切换到上端，让同步电动机励磁绕组加直流励磁而强制拉入同步运行，异步启动同步电动机的整个启动过程完毕。

（6）把功率表、交流电流表短接线拆掉，使仪表正常工作。

（四）实验步骤

（1）三相同步电动机实验所需实验设备如表 1-72 所列。

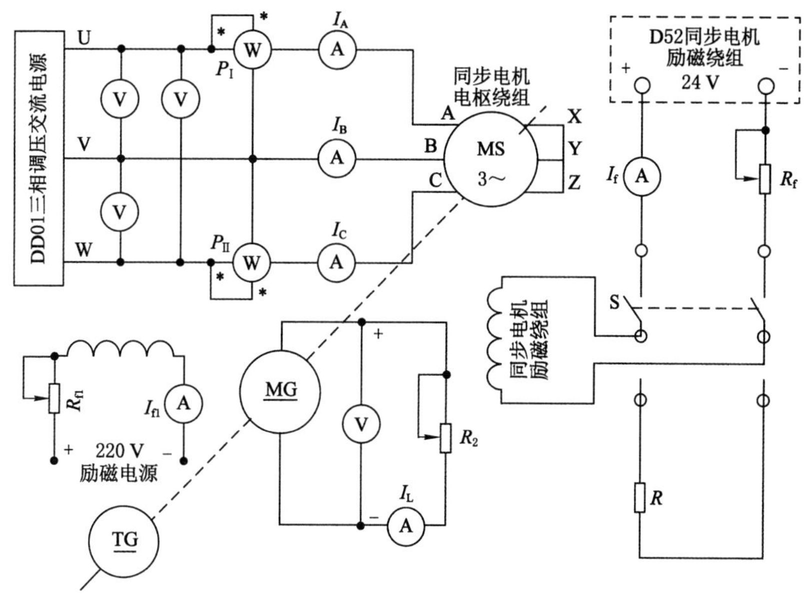

图 1-51　三相同步电动机实验接线图

表 1-72　三相同步电动机实验所需实验设备

序号	型号	名称	数量
1	DD03	导轨、测速发电机及转速表	1 件
2	DJ23	校正直流测功机	1 件
3	DJ18	三相凸极式同步电机	1 件
4	D32	交流电流表	1 件
5	D33	交流电压表	1 件
6	D34-3	单三相智能功率表、功率因数表	1 件
7	D31	直流电压表、毫安表、安培表	2 件
8	D41	三相可调电阻器	1 件
9	D42	三相可调电阻器	1 件
10	D52	旋转灯、并网开关、同步机励磁电源	1 件
11	D51	波形测试及开关板	1 件

(2) 屏上挂件排列顺序为 D31、D42、D33、D32、D34-3、D41、D52、D51、D31。

(3) 测取三相同步电动机输出功率 $P_2 \approx 0$ 时的 V 形曲线。

① 同步电动机空载(轴端不连接校正直流测功机 DJ23)启动。

② 调节同步电动机的励磁电流 I_f 并使 I_f 增加，这时同步电动机的定子三相电流 I 亦随之增加直至达到额定值，记录定子三相电流 I 和相应的励磁电流 I_f、输入功率 P_1。

③ 调节 I_f 使 I_f 逐渐减小，这时 I 亦随之减小直至最小值，记录这时 MS 的定子三相电流 I、励磁电流 I_f 及输入功率 P_1。

④ 继续减小同步电动机的磁励电流 I_f，直到同步电动机的定子三相电流反而增大达额

定值。

⑤ 在过励和欠励范围内读取数据 9～11 组，记录于表 1-73 中。

表 1-73　三相同步电动机输出功率 $P_2\approx 0$ 时 V 形曲线测取实验数据记录表

n=________ r/min　　U=________ V　　$P_2\approx 0$

序号	输出电流/A				励磁电流/A	输出功率/W		
	I_A	I_B	I_C	I	I_f	P_1	P_2	P

表中：$I=\dfrac{I_A+I_B+I_C}{3}$，$P=P_1+P_2$。

(4) 测取三相同步电动机输出功率 $P_2\approx 0.5$ 倍额定功率时的 V 形曲线。

① 同轴连接校正直流测功机 MG(按他励发电机接线)作 MS 的负载。

② 启动同步电动机，保持直流测功机的励磁电流为规定值(50 mA 或 100 mA)，改变直流测功机负载电阻 R_2 的大小，使同步电动机输出功率 P_2 改变，直至同步电动机输出功率接近于 0.5 倍额定功率且保持不变。

输出功率按下式计算：

$$P_2=0.105nT_2$$

式中　n——电机转速，r/min；

T_2——由直流测功机负载电流 I_L 查对应转矩，N·m。

③ 调节同步电动机的励磁电流 I_f 使 I_f 增加，这时同步电动机的定子三相电流 I 亦随之增加，直到同步电动机达额定电流，记录定子三相电流 I 和相应的励磁电流 I_f、输入功率 P_1。

④ 调节 I_f 使 I_f 逐渐减小，这时 I 亦随之减小直至最小值，记录这时的定子三相电流 I、励磁电流 I_f、输入功率 P_1。

⑤ 继续调小 I_f，这时同步电动机的定子电流 I 反而增大直到额定值。

⑥ 在过励和欠励范围内读取数据 9～11 组，记录于表 1-74 中。

表 1-74　输出功率 $P_2 \approx 0.5$ 倍额定功率时 V 形曲线测取实验数据记录表

$n=$ ________ r/min　　　　$U=$ ________ V　　　　$P_2 \approx 0.5P_N$

序号	定子三相电流/A				励磁电流/A	输入功率/W		
	I_A	I_B	I_C	I	I_f	P_1	P_{II}	P_{I}

表中：$I = \dfrac{I_A + I_B + I_C}{3}$，$P_1 = P_{\text{I}} + P_{\text{II}}$。

(5) 测取三相同步电动机的工作特性。

① 启动同步电动机。

② 调节直流测功机的励磁电流为规定值并保持不变。

③ 调节直流测功机的负载电流 I_L，同时调节同步电动机的励磁电流 I_f 使同步电动机输出功率 P_2 达额定值及功率因数为 1。

④ 保持此时同步电动机的励磁电流 I_f 恒定不变，逐渐减小直流测功机的负载电流，使同步电动机输出功率逐渐减小直至为零，读取定子电流 I、输入功率 P_1、输出转矩 T_2、转速 n，共取数据 6～7 组，记录于表 1-75 中。

表 1-75　三相同步电动机工作特性测取实验数据记录表

$U=U_N=$ ________ V　　　　$I_f=$ ________ A　　　　$n=$ ________ r/min

同步电动机输入								同步电动机输出			
I_A/A	I_B/A	I_C/A	I/A	P_{I}/W	P_{II}/W	P/W	$\cos\varphi$	I_L/A	T_2/(N·m)	P_2/W	η/%

表中：$I = \dfrac{I_A + I_B + I_C}{3}$，$P = P_{\text{I}} + P_{\text{II}}$ $P_2 = 0.105nT_2$，$\eta = P_2/P_1 \times 100\%$。

（五）实验报告要求

（1）作 $P_2 \approx 0.5$ 倍额定功率时同步电动机的 V 形曲线 $I=f(I_f)$，并说明定子电流的性质。

（2）作同步电动机的工作特性曲线：I、P、$\cos\varphi$、(I_f)、$\eta=f(P_2)$。

四、三相同步发电机参数的测定

（一）实验目的

掌握三相同步发电机参数的测定方法，并进行分析比较加深理论学习。

（二）实验项目

（1）用转差法测定同步发电机的同步电抗 X_d、X_q。

（2）用反同步旋转法测定同步发电机的负序电抗 X_2 及负序电阻 r_2。

（3）用单相电源测同步发电机的零序电抗 X_0。

（4）用静止法测超瞬变电抗 X''_d、X''_q 或瞬变电抗 X'_d、X'_q。

（三）实验步骤

（1）三相同步发电机参数测定所需实验设备如表 1-76 所列。

表 1-76　三相同步发电机参数测定所需实验设备

序号	型号	名称	数量
1	DD03	导轨、测速发电机及转速表	1 件
2	DJ23	校正直流测功机	1 件
3	DJ18	三相同步电机	1 件
4	D41	三相可调电阻器	1 件
5	D44	可调电阻器、电容器	1 件
6	D32	交流电流表	1 件
7	D33	交流电压表	1 件
8	D34-3	单三相智能功率表、功率因数表	1 件
9	D51	波形测试及开关板	1 件

（2）屏上挂件排列顺序为：D44、D33、D32、D34-3、D51、D41。

（3）用转差法测定同步发电机的同步电抗 X_d、X_q。

① 按图 1-52 接线。同步发电机 GS 定子绕组用 Y 形接法。校正直流测功机 MG 按他励电动机方式接线，用作 GS 的原动机。R_f 选用 D44 上 1 800 Ω 电阻，并调至最小。R_{st} 选用 D44 上 180 Ω 电阻，并调至最大。R 选用 D41 上 90 Ω 固定电阻。开关 S 合向 R 端。

② 把控制屏左侧调压器旋钮退到零位，功率表电流线圈短接。检查控制屏下方两边的电枢电源开关及励磁电源开关是否都在“关”的位置。

③ 接通控制屏上的电源总开关，按下“开”按钮，先接通励磁电源，后接通电枢电源，启动直流电动机 MG，观察电动机转向。

④ 断开电枢电源和励磁电源，使直流电机 MG 停机，再调节调压器旋钮，给三相同步电

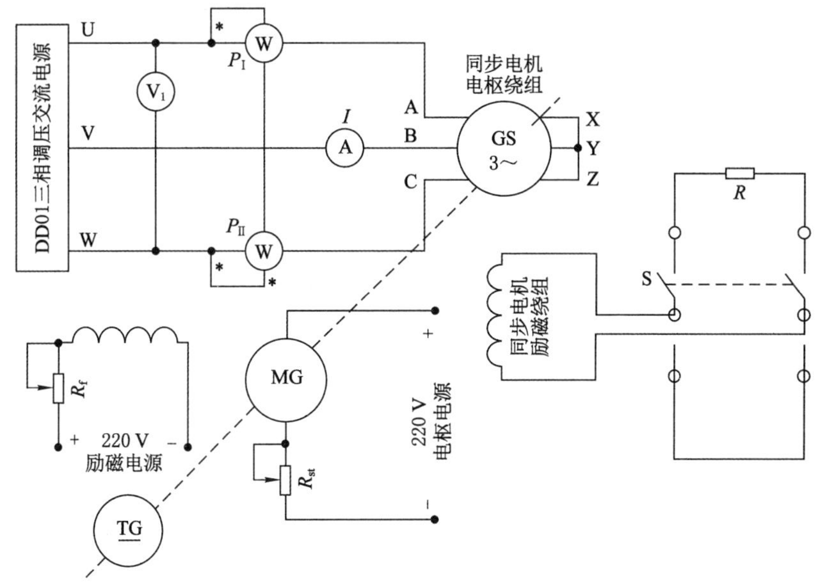

图 1-52　用转差法测同步发电机的同步电抗接线图

机加一电压，使其作同步电动机启动，观察同步电机转向。

⑤ 若此时同步电机转向与直流电机转向一致，则说明同步电机定子旋转磁场与转子转向一致；若不一致，将三相电源任意两相换接，使定子旋转磁场转向改变。

⑥ 调节调压器给同步发电机加 5%～15%的额定电压（电压数值不宜过高，以免磁阻转矩将电机牵入同步，同时也不能太低，以免剩磁引起较大误差）。

⑦ 调节 MG 转速，使之升速到接近 GS 的额定转速 1 500 r/min，直至同步发电机电枢电流表指针缓慢摆动（电流表量程选用 0.25 A 挡），在同一瞬间读取电枢电流周期性摆动的最小值与相应电压最大值，以及电流周期性摆动最大值和相应电压最小值。

⑧ 共取两组数据记录于表 1-77 中。

表 1-77　转差法测定同步发电机的同步电抗实验数据记录表

序号	I_{max}/A	U_{min}/V	X_q/Ω	I_{min}/A	U_{max}/V	X_d/Ω

表中：$X_q=\dfrac{U_{min}}{\sqrt{3}I_{max}}$，$X_d=\dfrac{U_{max}}{\sqrt{3}I_{min}}$。

（4）用反同步旋转法测定同步发电机的负序电抗 X_2 及负序电阻 r_2。

① 将同步发电机电枢绕组任意两相对换，以改换相序使同步发电机的定子旋转磁场和转子转向相反。

② 开关 S 闭合在短接端（图 1-52 中为下端），调压器旋钮退至零位，功率表处于正常测量状态（拆掉电流线圈的短接线）。

③ 按直流电动机启动方法启动直流电动机 MG，并使电动机转速升至额定转速 1 500 r/min。

④ 顺时针缓慢调节调压器旋钮，使三相交流电源逐渐升压直至同步发电机电枢电流达 30%～40%额定电流。

⑤ 读取电枢绕组电压、电流和功率值并记录于表 1-78 中。

表 1-78　反同步旋转法测定同步发电机负序电抗及负序电阻实验数据记录表

序号	I/A	U/V	P_{I}/W	P_{II}/W	P/W	r_2/Ω	X_2/Ω

表中：$P=P_{\mathrm{I}}+P_{\mathrm{II}}$，$Z_2=\dfrac{U}{\sqrt{3}I}$，$r_2=\dfrac{P}{3I^2}$，$X_2=\sqrt{Z_2{}^2-r_2{}^2}$。

(5) 用单相电源测同步发电机的零序电抗 X_0。

按图 1-53 接线。

① 将 GS 三相电枢绕组首尾依次串联，并接至单相交流电源。

② 调压器退至零位，同步发电机励磁绕组短接。

③ 启动直流电机 MG 并使电机转速升至额定转速 1 500 r/min。

④ 接通交流电源并调节调压器使 GS 定子绕组电流上升至额定电流值。

⑤ 测取此时的电压、电流和功率，记录于表 1-79 中。

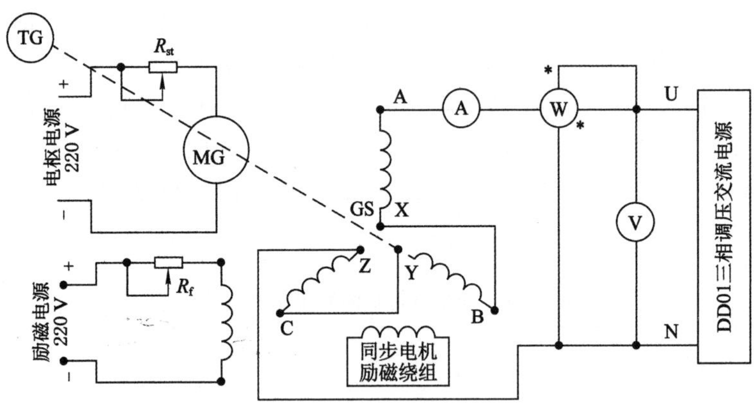

图 1-53　用单相电源测同步发电机的零序电抗

表 1-79　单相电源测同步发电机零序电抗实验数据记录表

序号	U/V	I/A	P/W	X_0/Ω

表中：$Z_0=\dfrac{U}{3I}$，$r_0=\dfrac{P}{3I^2}$，$X_0=\sqrt{Z_0{}^2-r_0{}^2}$。

(6) 用静止法测超瞬变电抗 X''_d、X''_q或瞬变电抗 X'_d、X'_q。

① 按图 1-54 接线,将 GS 三相电枢绕组连接成星形,任取两相端点接至单相交流电源 U、N 端上。两只电流表均用 D32 挂件。

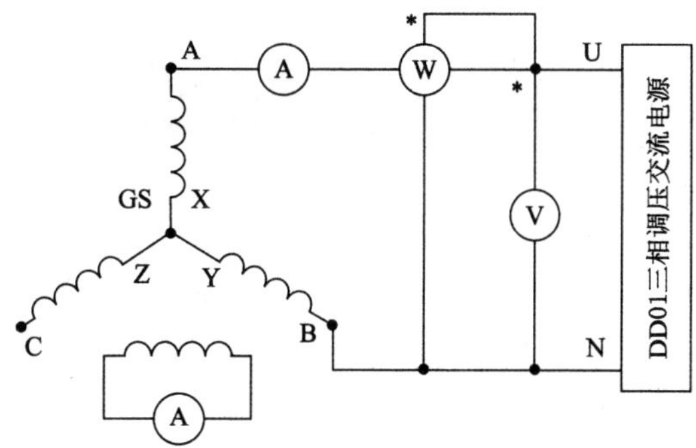

图 1-54　用静止法测超瞬变电抗

② 调压器退到零位,发电机处于静止状态。

③ 接通交流电源并调节调压器逐渐升高输出电压,使同步发电机定子绕组电流接近 $20\%I_N$。

④ 用手慢慢转动同步发电机转子,观察两只电流表读数的变化,仔细调整同步发电机转子的位置使两只电流表读数达最大。

⑤ 读取该位置时的电压、电流、功率并记录于表 1-80 中。用这些数据可计算出 X''_d。

表 1-80　静止法测超瞬变电抗或瞬变电抗实验数据记录表

序号	U/V	I/A	P/W	X''_d/Ω

表中:$Z''_d=\dfrac{U}{2I}$,$r''_d=\dfrac{P}{3I^2}$,$X''_d=\sqrt{Z''^2_d-r''^2_d}$。

⑥ 把同步发电机转子转过 45°角,在这附近仔细调整同步发电机转子的位置,使两只电流表指示达最小。

⑦ 读取该位置时的电压 U、电流 I、功率 P 并记录于表 1-81 中。用这些数据可计算出 X''_q。

表 1-81　两只电流表指示达最小时的相关数据

序号	U/V	I/A	P/W	X''_q/Ω

表中:$Z''_q=\dfrac{U}{2I}$,$r''_q=\dfrac{P}{3I^2}$, $X''_q=\sqrt{Z''^2_q-r''^2_q}$。

(四) 实验报告要求

根据实验数据计算 X_d、X_q、X_2、r_2、X_0、Z''_d、X''_q。

第二章　继电保护原理与应用实验

亚龙 YL-1120C 型继电保护实验装置主面板主要由各种传统继电器、指示灯、电流表、电压表、电秒表等仪器组成，如图 2-1 所示。辅助面板主要由电源控制部分、三相调压器、单相调压器、整流桥、按钮及开关等组成，如图 2-2 所示。

图 2-1 所示为继电保护实验装置主面板。该继电保护实验装置主面板的继电器主要包括 DL-31 型电流继电器、DY-32 型电压继电器、GL-14/5 型反时限过电流继电器、DCD-2A 型差动继电器、LZ-21 型阻抗继电器、DCH-1 型三相一次重合闸继电器、DS-32 型时间继电器、DZ-15 型中间继电器、JX-3/1 型闪光继电器、DX-31B 型信号继电器、JC-2 型冲击继电器。该继电保护实验装置主面板的仪表包括 0～5 A 量程交、直流电流表各一只，0～30 A 量程交、直流电流表各一只，0～500 V 量程交直流通用电压表三只，417B 型电秒表一只，220 V 交流指示灯六个，380 V 交流指示灯 4 个，蜂鸣器 2 个，光字牌 2 个。

图 2-2 所示为继电保护实验装置的辅助面板。该继电保护实验装置的辅助面板主要由电源控制部分、实验台电压显示部分、三相调压器、单相调压器、整流桥、按钮及开关、交流接触器等组成。

第一节　继电器特性实验

一、电磁式继电器特性实验

（一）实验目的

（1）了解继电器基本分类方法及其结构。

（2）熟悉几种常用继电器的构成原理。

（3）调整、测量电磁型继电器的动作值、返回值并计算返回系数。

（4）测量各种继电器的基本特性。

（5）学习和设计多种继电器配合实验。

（二）实验原理

继电器是电力系统常规继电保护的主要元件，它的种类繁多，原理与作用各异。继电器按所反映的物理量不同，可分为电量与非电量两种。属于非电量的有瓦斯继电器、速度继电器等，反映电量的种类比较多，一般分类如下：

（1）按结构原理分为电磁型、感应型、整流型、晶体管型、微机型等。

（2）按继电器所反映的电量性质可分为电流继电器、电压继电器、功率继电器、阻抗继电器、频率继电器等。

（3）按继电器的作用分为启动动作继电器、中间继电器、时间继电器、信号继电器等。

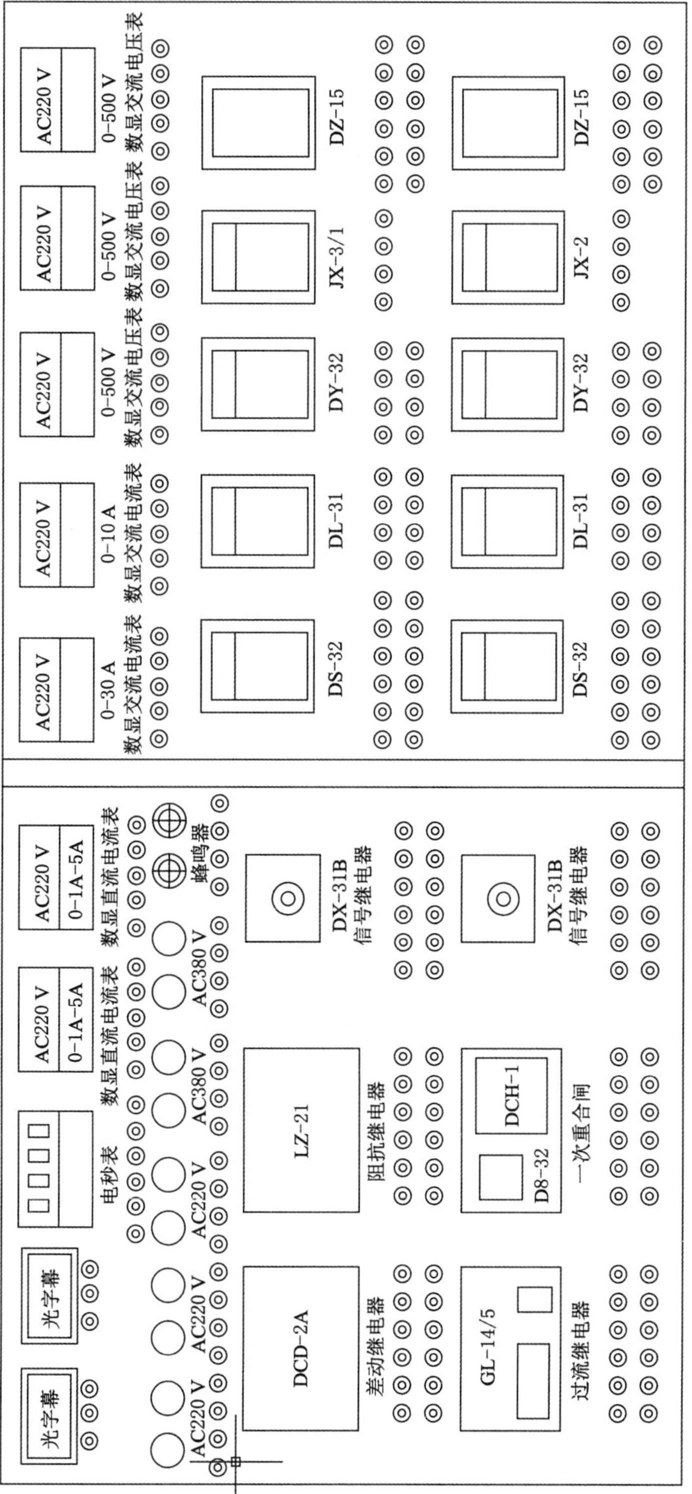

图2-1 继电保护实验装置主面板

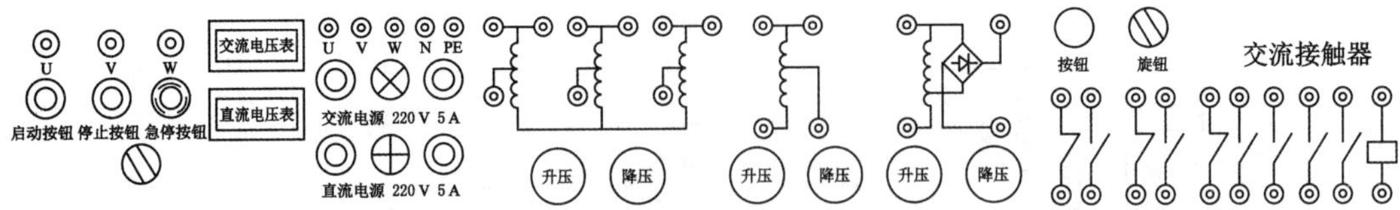

图 2-2 继电保护实验装置辅助面板

继电保护中常用的有电流继电器、电压继电器、中间继电器、信号继电器、阻抗继电器、功率方向继电器、差动继电器等。下面仅就常用的电磁型继电器的构成及原理做简要介绍。

1. 电磁型电流继电器

电磁型继电器的典型代表是电磁型电流继电器，它既是实现电流保护的基本元件，也是反映故障电流增大而自动动作的一种电器。

下面通过对电磁型电流继电器的分析，来说明一般电磁型继电器的工作原理和特性。图 2-3 为 DL 系列电流继电器的结构图，它由固定触点 1、可动触点 2、线圈 3、铁芯 4、弹簧 5、转动舌片 6、止挡 7 所组成。

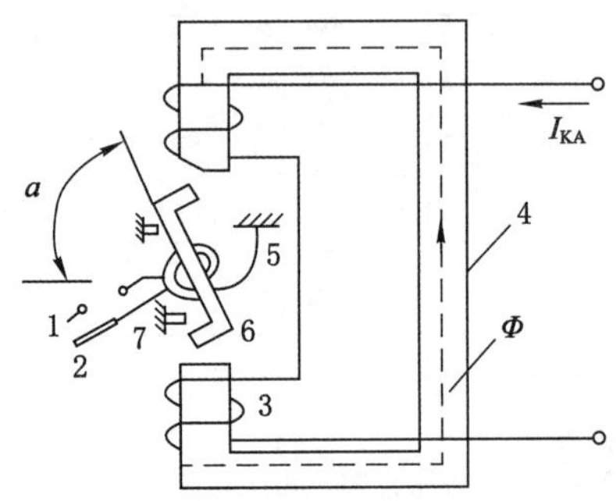

图 2-3 DL 系列电流继电器

当线圈中通过电流 I_{KA}时，铁芯中产生磁通 Φ，它通过由铁芯、空气隙和转动舌片组成的磁路，将舌片磁化，产生电磁力 F_e，形成一对力偶。由这对力偶所形成的电磁转矩，将使转动舌片按磁阻减小的方向(即顺时针方向)转动，从而使继电器触点闭合。电磁力 F_e 与磁通 Φ 的平方成正比，即

$$F_e = K_1 \Phi^2 \tag{2-1}$$

其中

$$\Phi = I_{KA} N_{KA} / R_C \tag{2-2}$$

所以

$$F_e = K_1 I_{KA}^2 N_{KA}^2 / R_C^2 \tag{2-3}$$

式中 N_{KA}——继电器线圈匝数；

R_C——磁通 Φ 所经过的磁路的磁阻。

分析表明，电磁转矩 M_e 等于电磁力 F_e 与转动舌片力臂 l_{KA} 的乘积，即

$$M_e = F_e \, l_{KA} = K_1 \, l_{KA} \, \frac{N_{KA}^2}{R_C^2} I_{KA}^2 = K_2 I_{KA}^2 \tag{2-4}$$

式中 K_2——与磁阻、线圈匝数和转动舌片力臂有关的一个系数，即

$$K_2 = K_1 l_{KA} \frac{N_{KA}^2}{R_C^2} \tag{2-5}$$

由式(2-4)可知，作用于转动舌片上的电磁力矩与继电器线圈中的电流 I_{KA} 的平方成正比，因此，M_e 不随电流的方向而变化。

为了使继电器动作(衔铁吸持，触点闭合)，它的平均电磁力矩 M_e 必须大于等于弹簧及摩擦的反抗力矩之和(M_S+M)。所以由式(2-4)得到继电器的动作条件是：

$$M_e = l_{KA} K_1 \frac{N_{KA}^2}{R_C^2} I_{KA}^2 \geqslant M_S + M \tag{2-6}$$

当 I_{KA} 达到一定值后，上式即能成立，继电器动作。能使继电器动作的最小电流称为继电器的动作电流，用 I_{OP} 表示，在式(2-6)中用 I_{OP} 代替 I_{KA} 并取等号，移项后得：

$$I_{OP} = \frac{R_C}{N_{KA}} \sqrt{\frac{M_S + M}{K_1 l_{KA}}} \tag{2-7}$$

由式(2-7)可见，I_{OP} 可用下列方法来调整：

(1) 改变继电器线圈的匝数 N_{KA}；

(2) 改变弹簧的反作用力矩 M_S；

(3) 改变能引起磁阻 R_C 变化的气隙 δ。

当 I_{KA} 减小时，已经动作的继电器在弹簧力的作用下会返回到起始位置。为使继电器返回，弹簧的作用力矩 M'_S 必须大于等于电磁力矩 M'_e 及摩擦的作用力矩 M' 之和。继电器的返回条件是：

$$M'_S \geqslant M'_e + M' = K'_2 l_{KA} \frac{N_{KA}^2}{R'2_C} I_{KA}^2 + M' \tag{2-8}$$

当 I_{KA} 减小到一定数值时，上式即能成立，继电器返回。能使继电器返回的最大电流称为继电器的返回电流，并以 I_{re} 表示。在式(2-8)中，用 I_{re} 代替 I_{KA} 并取等号且移项后得：

$$I_{re} = \frac{R'_C}{N_{KA}} \sqrt{\frac{(M'_S - M')}{K'_2 l_{KA}}} \tag{2-9}$$

返回电流 I_{re} 与动作电流 I_{OP} 的比值称为返回系数 K_{re}，即 $K_{re}=I_{re}/I_{OP}$。对于因电流增大而动作的继电器 $I_{OP}>I_{re}$，因而 $K_{re}<1$。对于不同结构的继电器，K_{re} 不相同，且在 0.1～0.98 这个相当大的范围内变化。

2. 电磁型电压继电器

电压继电器的线圈是经过电压互感器接入系统电压 U_S 的，其线圈中的电流为

$$I_r = \frac{U_r}{Z_r} \tag{2-10}$$

式中　U_r——加于继电器线圈上的电压，等于 U_S/n_{pT}(n_{PT} 为电压互感器的变比)；

　　　Z_r——继电器线圈的阻抗。

继电器的平均电磁力 $F_e=KI_r^2=K'U_S^2$，因而它的动作情况取决于系统电压 U_S。我国生产的 DY 系列电压继电器的结构和 DL 系列电流继电器相同。它的线圈是用温度系数很小的导线(例如康铜线)制成，且线圈的电阻很大。

DY 系列电压继电器分过电压继电器和欠电压继电器两种。过电压继电器动作时，衔铁被吸持，返回时，衔铁释放；而欠电压继电器则相反，动作时衔铁释放，返回时，衔铁吸持。亦即过电压继电器的动作电压相当于欠电压继电器的返回电压；过电压继电器的返回电压

相当于欠电压继电器的动作电压。因而过电压继电器的 $K_{re}<1$；而欠电压继电器的 $K_{re}>1$。DY 系列电压继电器的优缺点和 DL 系列电流继电器相同。它们都是触点系统不够完善，在电流较大时，可能发生振动现象。触点容量小不能直接跳闸。

3. 时间继电器

时间继电器是用来在继电保护和自动装置中建立所需要的延时。对时间继电器的要求是时间的准确性，而且动作时间不应随操作电压在运行中可能的波动而改变。

电磁型时间继电器由电磁机构和钟表延时机构组成。电磁机构采用螺管线圈式结构，线圈可由直流或交流电源供电，但大多由直流电源供电。

电磁型时间继电器的电磁机构与电压继电器相同，区别在于当它的线圈通电后，其触点须经一定延时才动作，而且加在其线圈上的电压是时间继电器的额定动作电压。

时间继电器的电磁系统不要求很高的返回系数。因为继电器的返回是由保护装置启动机构将其线圈上的电压全部撤除来完成的。

（三）实验步骤

1. 电流继电器特性实验

实验内容如下：

(1) 观察电流继电器的内部结构与动作状况，熟悉动作原理。

(2) 测定电流继电器动作电流及返回电流，计算返回系数。

实验线路如图 2-4 所示，实验步骤如下：

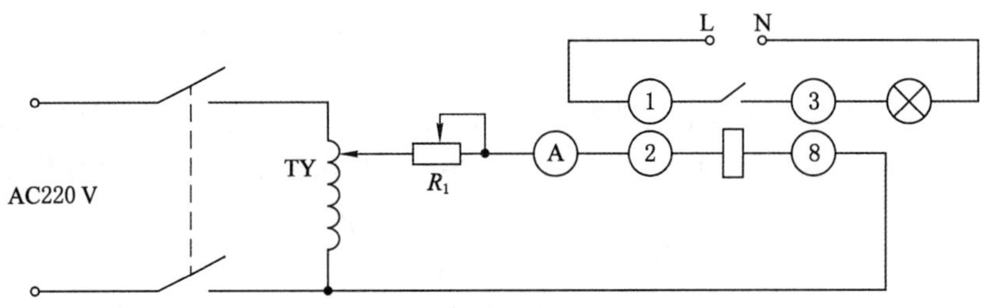

图 2-4 电流继电器特性实验接线图

按图 2-4 接线，将线圈接成串联（或并联）时测一组数据，调整调压器，由小至大，观察继电器动作情况，继电器将要动作时有轻微的振动声，调大电流至继电器动作即可，记下动作电流。然后降低电流，使继电器返回，记下继电器返回时的电流值即为返回电流。反复做三次，最后求出动作电流与返回电流平均值，计算返回系数。将实验数据填在表 2-1 中。电流继电器可选取两个整定值。DL-31 型电流继电器内部接线如图 2-5 所示。

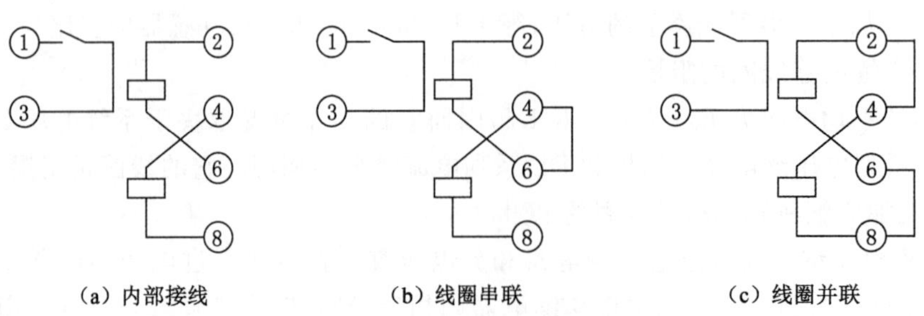

图 2-5 DL-31 型电流继电器内部接线

表 2-1　电流继电器特性实验数据记录表

线圈串联					线圈并联				
整定值	I_1		I_2		整定值	I_1		I_2	
电流值	I_{dz}	I_{fh}	I_{dz}	I_{fh}	电流值	I_{dz}	I_{fh}	I_{dz}	I_{fh}
1					1				
2					2				
3					3				
平均值					平均值				
k_f					k_f				

2. 电压继电器特性实验

实验内容如下：

(1) 观察电压继电器内部结构及动作情况，熟悉动作原理。

(2) 测定电压继电器动作电压和返回电压值，并计算返回系数。

(3) 电压继电器动作时间测试。

实验线路如图 2-6 所示，实验步骤如下：

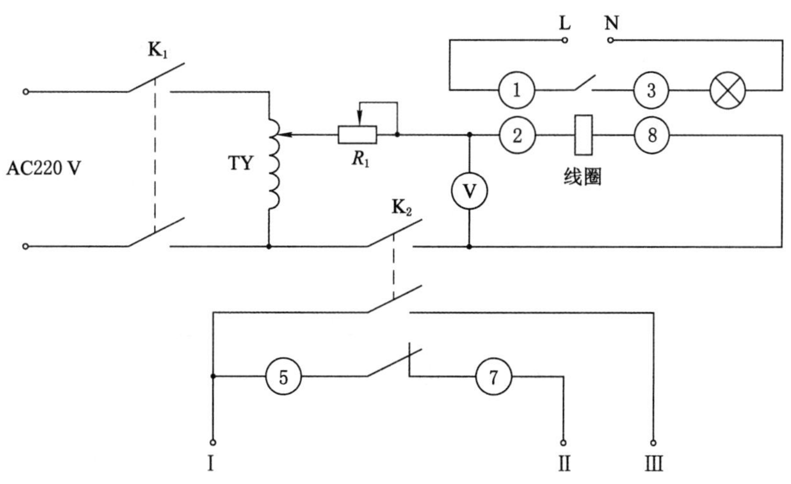

图 2-6　电压继电器特性实验接线图

实验步骤同电流继电器，取两个整定值，并分别串联、并联继电器线圈，通过调节单相调压器的输出，在电阻 R_1 的作用下，达到调节继电器线圈电压的目的，来测量电流继电器的动作电压与返回电压，并计算返回系数，保证返回系数大于 0.8。将实验数据填在表 2-2 中，串、并连接法同电流继电器。

线路中 K_1 为备用闸刀，按图 2-6 接线后，调整电压达到继电器动作值，打开 K_2 以断开电流，毫秒表复位，再合上 K_2 以接通电流，此时毫秒表与继电器近似同步工作，其时间差即为动作时间。为了减少测量误差，共测三次，取平均值，实验数据填于表 2-2 中。

表 2-2 电压继电器特性实验数据记录表

线圈串联					线圈并联				
整定值	U_1		U_2		整定值	U_1		U_2	
电压值	U_{dz}	U_{fh}	U_{dz}	U_{fh}	电流值	U_{dz}	U_{fh}	U_{dz}	U_{fh}
1					1				
2					2				
3					3				
平均值					平均值				
k_f					k_f				
动作时间		$t_1=$		$t_2=$		$t_3=$		$t_4=$	

3. 时间继电器特性实验

时间继电器特性测试实验电路原理接线图如图 2-7 所示。

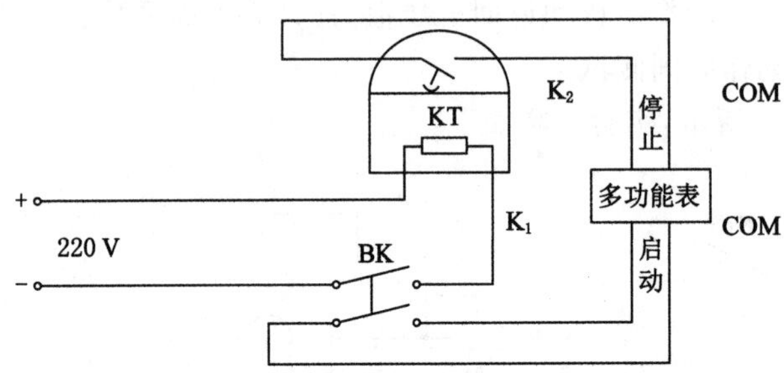

图 2-7 时间继电器特性测试电路原理图

实验步骤如下：

(1) 按图接好线路，将时间继电器的常开触点接在多功能表的"输入 K_2"和"公共线 COM"之间，将开关 BK 的一条支路接在多功能表的"输入 K_1"和"公共线 COM"之间，调整时间整定值，将静触点时间整定指针对准一刻度中心位置，例如可对准 2 s 位置。

(2) 合上三相电源开关，将多功能表的显示切换到显示时间测量画面并使 ZN-II 多功能表时间测量工作方式选择连续方式，按"清零"按钮使多功能表显示清零。

(3) 断开 BK 开关，合上直流电源开关，再迅速合上 BK，采用迅速加压的方法测量动作时间。

(4) 重复步骤(2)和(3)，测量三次，将测量时间值记录于表 2-3 中，且第一次动作时间测量不计入测量结果中。

表 2-3 时间继电器动作特性测试数据记录表

	整定值	1	2	3	平均	误差	变差
T/ms							

(5) 实验完成后，断开所有电源开关。

(6) 计算动作时间误差。

(四) 多种继电器配合实验

1. 过电流保护实验

该实验内容为将电流继电器、时间继电器、信号继电器、中间继电器、调压器、滑线变阻器等组合构成一个过电流保护。要求当电流继电器动作后,启动时间继电器延时,经过一定时间后,启动信号继电器发信号和中间继电器动作跳闸(指示灯亮)。

实验步骤如下:

(1) 图 2-8 所示为多个继电器配合的过电流保护实验原理接线图。

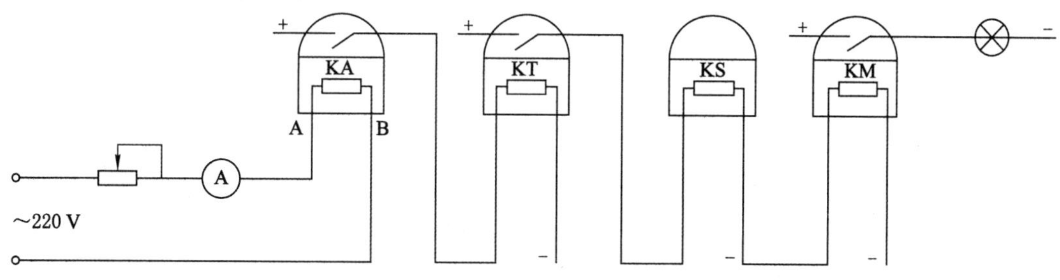

图 2-8 过流保护原理接线图

(2) 按图接线,将滑线变阻器的滑动触头放置在中间位置,实验开始后可以通过改变滑线变阻器的阻值来改变流入继电器电流的大小。将电流继电器动作值整定为 2 A,时间继电器动作值整定为 2.5 s。

(3) 经检查无误后,依次合上三相电源开关、单相电源开关和直流电源开关。合上开关后各电源对应指示灯均亮。

(4) 调节单相调压器输出电压,逐步增加电流,当电流表电流约为 1.8 A 时,停止调节单相调压器,改为慢慢调节滑线变阻器的滑动触头位置,使电流表数值增大直至信号指示灯变亮。仔细观察各种继电器的动作关系。

(5) 调节滑线变阻器的滑动触头,逐步减小电流,直至信号指示灯熄灭。仔细观察各种继电器的返回关系。

(6) 实验结束后,将调压器调回零,断开直流电源开关,最后断开单相电源开关和三相电源开关。

表 2-4 过电流保护实验数据记录表

I/A	动作信号灯亮熄情况
0.5	
1.5	
1.8	
2	

2. 低电压闭锁的过电流保护实验

过电流保护按躲开可能出现的最大负荷电流整定,启动值比较大,往往不能满足灵敏度的要求。为此,可以采用低电压启动的过电流保护,以提高保护的灵敏度。图 2-9 所示为多个继电器配合的低电压闭锁过流保护实验原理接线图。

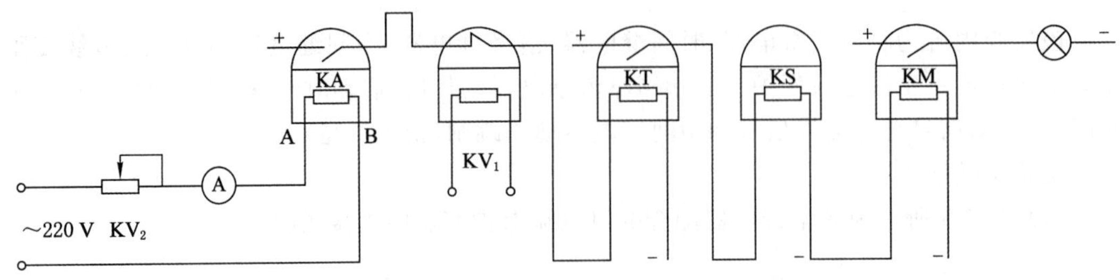

图 2-9 低电压闭锁过流保护实验原理接线图

实验步骤如下:

(1) 按图 2-9 接线:实验台上单相调压器 TY_2 输出端的接法与上个实验电流回路接法相同;单相调压器 TY_1 的输出端 a、0 接到电压继电器的线圈端子 A、B 上,同时连接多功能表的电压测量端口,将多功能表的显示切换到显示相位测量画面。整定电流继电器为 1 A、电压继电器为 20 V(也可以在量程 0～60 任意选择)。

(2) 经检查无误后,依次合上三相电源开关、单相电源开关和直流电源开关。(各电源对应指示灯均亮)

(3) 先调 TY_1 使电压表读数为 50 V;再调 TY_2,逐步增加电流,使电流表读数为表 2-5 中的给定值,然后调 TY_1 减小调压器的输出电压至表 2-5 中的给定值。观察各种继电器的动作关系,对信号指示灯在给出的电压、电流值下亮、灭情况进行分析。也可自行设定电压、电流值进行实验。

(4) 实验完毕后,注意将调压器调回零,断开直流电源开关,最后断开单相电源开关和三相电源开关。

表 2-5 低压闭锁过流保护实验数据记录表

I/A	U/V	动作信号灯亮熄情况
0.5	40	
1.5	30	
1.5	10	

3. 复合电压启动的过电流保护

多种继电器配合实验,除了上述两个以外还可以做复合电压启动的过电流保护实验。如图 2-10 所示,它是由一个接于负序电压滤过器上的过电压继电器、一个接于线电压上的低电压继电器和一个电流继电器等组成的。

在图 2-10(a)所示的接线方式下,各种不对称短路时,由于出现负序电压,过电压继电器将动作,常闭触点被打开,切断了加在欠电压继电器上的电压,它的常闭接点仍然闭合,正电源通过其触点启动中间继电器,使其常开触点闭合,动作信号灯亮。

在图 2-10(b)所示的接线方式下,发生两相短路时,由于负序电压继电器的启动更为灵

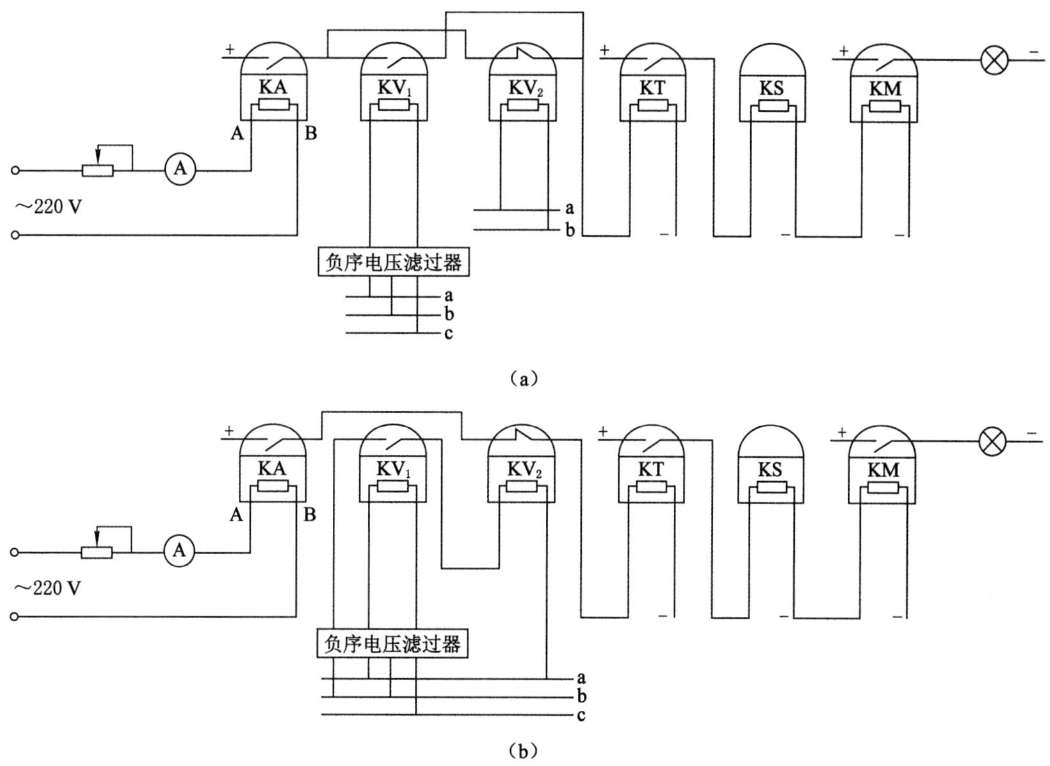

图 2-10　复合电压启动的过电流保护实验原理接线图(～220 V)

敏,常开接点闭合。这时,因电流继电器也动作,时间继电器启动,经预定延时,动作与指示灯:当发生三相短路时电压陡然下降到很低,电流继电器的常开触点变为常闭,与欠电压继电器的常闭触点相连,动作信号灯亮。

实验时可根据上述两种不同的方法进行接线,将实验结果记入表 2-6,并比较在不同接线方式下保护动作的不同之处。

表 2-6　复合电压启动的过电流保护实验记录表

故障类型	I/A	动作信号灯亮熄情况

（五）思考题

(1) 线路中灯的作用是什么?

(2) 测电压及电气动作时间的电路图中,对开关 K_2 有什么要求?

(3) 复述测继电器电气动作时间的方法。

(4) 电磁型电流继电器、电压继电器和时间继电器在结构上有什么异同?

(5) 如何调整电流继电器、电压继电器的返回系数?

(6) 电磁型电流继电器的动作电流与哪些因素有关?

(7) 过电压继电器和欠电压继电器有何区别?

(8) 在时间继电器的测试中,为何整定后第一次测量的动作时间不计入测量结果中?

(9) 为什么电流继电器在同一整定值下对应不同的动作电流有不同的动作时间?

(六) 注意事项

(1) 实验时注意调压器及毫秒表的用法,读懂设备铭牌,不要盲目接线。

(2) 接线完成后,由老师检查后方可通电。

(3) 应学会调整继电器的整定值达到所要求的返回系数。

二、过流继电器实验

(一) 实验目的

了解 GL-10 系列电流继电器的工作原理与结构,掌握该系列继电器的调试和整定方法。

(二) 实验原理

继电器的工作原理是复合式的,由共用一个线圈的感应式和电磁式的两个元件组成,当继电器的线圈通过交流电流时,则在铁芯的遮蔽与未遮蔽部分产生两个具有一定相位差的磁通。此磁通与其在圆盘感应的涡流相互作用,在圆盘上产生一转矩,在 20%～40%的动作电流整定值下,圆盘开始转动。此时的电流值,我们称其为始动电流。

在继电器旁边,有改变继电器绕组的抽头螺孔,改变螺丝插入位置,即可改变继电器动作电流值。当电流达到整定电流时,电磁力矩大于弹簧的反作用力矩时框架转动,使扇齿与蜗杆啮合,扇齿上升,经过一定时间后,继电器接点闭合。

当继电器中的电流不大时,感应元件的动作时限与电流的平方成反比。随着电流的增加,导磁体饱和,动作时限逐渐趋于定值,继电器处在定时限工作部分。当电流增大到某一电流倍数时,继电器瞬时动作,继电器工作在瞬动状态。

GL-10 系列过流继电器具有反时限特性,应用于电机、变压器等主设备以及输配电系统的继电保护回路中。该继电器能按预定的时限动作或发出信号,切除故障部分,保护主设备及输配电系统的安全。

(三) 实验要求

(1) 测取圆盘的始动电流,其值应不大于感应元件整定值的 40%。测取继电器动作电流和返回电流,动作电流与整定值误差不应超过 5%,求出返回系数 k_f,$0.8<k_f<0.95$。按图 2-11 接线。

(2) 检验速断元件的动作电流值,要求动作时间不大于 0.2 s,由实测值进行分析。按图 2-12 接线,速断接点为 3、4。

(3) 给整定值 2 A,测取 1～7 倍动作电流的动作时间,列表填入,绘制反时限特性曲线。

(四) 实验线路

(1) 测取始动电流、动作电流、返回电流,按图 2-11 接线。

(2) 实验要求中(2)、(3)按图 2-12 接线,注意速断元件为 3、4 接点,反时限为 5、6 接点,线包为 1、2 接点。

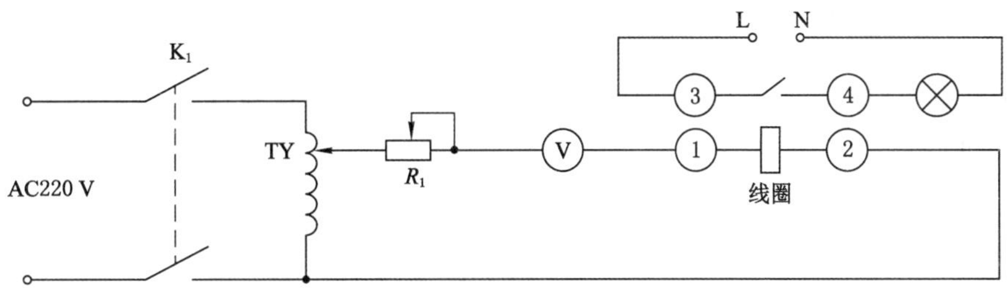

图 2-11　过流继电器基本特性实验接线图

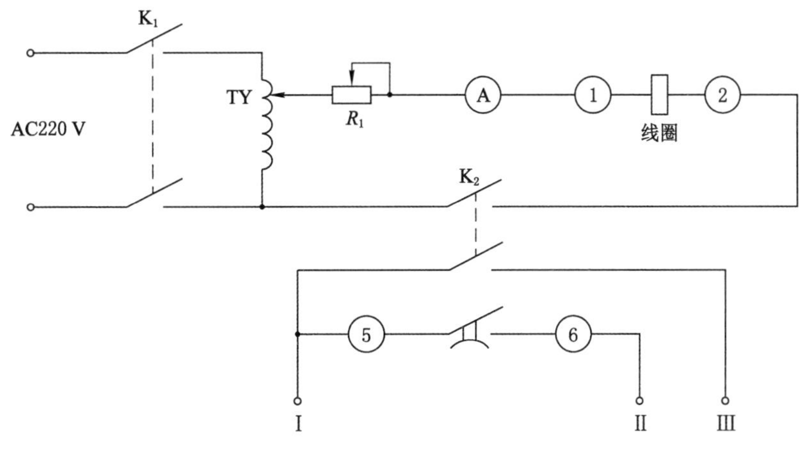

图 2-12　过流继电器反时限特性实验接线图

（五）实验步骤

(1) 测取圆盘始动电流。按图 2-11 接线，调整调压器，观察圆盘动作情况，肉眼可分辨出圆盘转动时的电流即为始动电流。

(2) 测继电器动作电流和返回电流，按图 2-11 接线。按上述方法，调整调压器使电流逐步升高，直至达到整流值，使继电器的齿条与蜗杆相啮合时，记下电流值，此即继电器的动作电流。然后再慢慢地降低电压，使电流逐渐减小，至继电器齿条与蜗杆分开时，电流表的读数即返回电流，由动作电流和返回电流求出返回系数。整定时可取 2 A、3 A 动作值，按上述方法测试、分析误差原因，将结果记录在表 2-7 中。

(3) 反时限实验。按图 2-12 接线，设定整定值为 2 A，则动作电流 $I_{dz}\approx 2$ A，取 10 倍动作电流时间为 8 s。

接好线经检查无误后，合上交流电源开关 K_1。合上 K_2，此时毫秒计在闪动，可忽略。调整调压器，使继电器电流达到需要值（1～7 倍的动作值），断开 K_2，断开电源，将毫秒表复位为 0，再合电源开关 K_1，合上 K_2，此时继电器与毫秒表同时工作。继电器经过一定时间后，接点闭合，毫秒表停止。打开电流开关，此时，记下时间值、电流值，然后重复操作，直到取到动作电流的 7 倍时，将数据记录在表 2-8 中。

(4) 速断实验。继电器的常开接点接在速断接点 3、4 上，仍按图 2-12 接线。取继电器动作电流为 2 A，选定速断电流倍数 $n=2$、4 倍，合上 K_1，调整调压器 TY，使电流达到 I_{dz}

时，断开 K_1，毫秒表复位。合上 K_2，继电器速断接点闭合，断开电源，速度要快，记下动作时间，填入表 2-9。

当速断动作时间过长时，可调整继电器上的小磁盘，直到达到所需时间。本实验要求速断动作时间不大于 0.2 s。

表 2-7　继电器动作电流和返回电流测定实验数据记录表

继电器型号：

整定范围：

顺序	整定电流	实验值		返回系数
		动作电流	返回电流	
1	2 A			
2	2.5 A			
3	3 A			
4	4 A			

表 2-8　反时限实验数据记录表

顺序	动作电流倍数	动作电流	动作时间	
1	3			
2	4			

表 2-9　速断实验数据记录表

动作电流倍数	1.0	1.5	2.0	2.5	3.0	3.5	4.0	4.5	5.0	5.5	6.0	6.5	7.0
动作时间/s													

（六）思考题

（1）作出实验所用过流继电器的反时限特性曲线。

（2）在做反时限特性实验的时候如何避免速断触点动作？

（七）实验注意事项

（1）在合电源前，TY 在最小值处，R 在最大值处。

（2）要求实验时动作准确迅速，尤其电流倍数较大时，实验设备长时间通以很大的电流，很可能造成设备的损坏，因此，做完每次实验，立即切断电源，TY 回零，R 置于最大。

（3）根据每次实验的估算电流值，选取合适的滑线变阻器、电流表。

（4）将所测数值填于表中。

（5）本次实验用仪表仪器：调压器 TY 一台；电流表 30 A、0～5 A、0～1 A 交流表各一块；6 A、30 A 滑线变阻器各一台。

三、差动继电器实验

（一）实验目的

熟悉 DCD-2 型差动继电器的工作原理、结构特点及实验方法，掌握 DCD-2 型差动继电器的调试和整定方法。

（二）实验原理

DCD-2 型差动继电器能躲过在非故障状态时所出现的暂态电流的作用，避免误动。例如当变压器空载合闸时，将会出现很大的励磁涌流，其瞬时值常达额定电流的 5～10 倍，这时差动保护不应该动作。

该继电器躲过励磁涌流的基本方法是靠速饱和变流器来实现的。继电器的基本原理是利用非故障时暂态电流中非周期分量来磁化变流器的导磁体，提高其饱和程度，从而躲过励磁涌流引起的继电器误动作。

具有短路绕组的变流器，其特点是专门利用非周期性电流来磁化导磁体。如图 2-13 所示，当电力变压器空载合闸时，瞬时值很大的励磁涌流全部流过工作绕组，涌流波形具有偏于时间轴一侧的特性。这种波形可以得到周期性分量及以一定速度衰减的非周期分量，并在导磁体内产生相应的磁通。它们在短路绕组内产生两种不同的反应，直流磁通可以无阻碍地以两个边柱为路径环流，大大降低了导磁率，这就大大恶化了工作绕组与二次绕组的电磁感应条件，因而显著加大了继电器的动作电流，这就是直流偏磁作用。

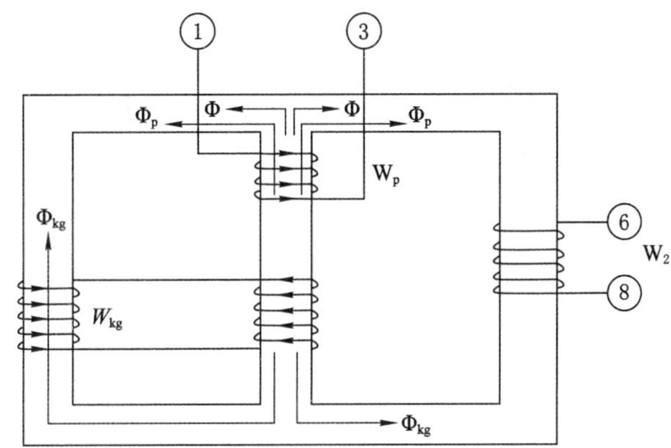

W_p—工作绕组；W_{kg}—短路绕组；W_2—二次绕组；Φ_p—工作绕组产生的磁通；

Φ_{kg}—短路绕组产生的磁通；Φ—非周期分量电流产生的直流磁通。

图 2-13　导磁体内部电磁过程

（三）实验要求

（1）执行元件动作电流（＜300 mA）和返回系数的测定。K_f 为 0.75～0.85 。

（2）动作安匝测定。

（3）直流助磁特性实验。记录实验数据并绘制直流助磁特性曲线[即 $\varepsilon=f(k)$]，ε 为相对动作系数，k 为偏移系数，ε、k 由下式决定

$$\varepsilon=\frac{I_{DZ}}{I_{DZ_0}} \qquad k=\frac{I_{ZL}}{I_{DZ}}$$

式中　I_{DZ}——有直流助磁时，继电器的交流动作电流。

I_{DZ_0}——无直流助磁时，继电器的交流动作电流。

I_{ZL}——直流助磁电流。

（四）实验线路

差动继电器基本特性实验接线图如图 2-14 所示，差动继电器动作安匝测试实验接线图如图 2-15 所示，差动继电器直流助磁特性实验接线图如图 2-16 所示。

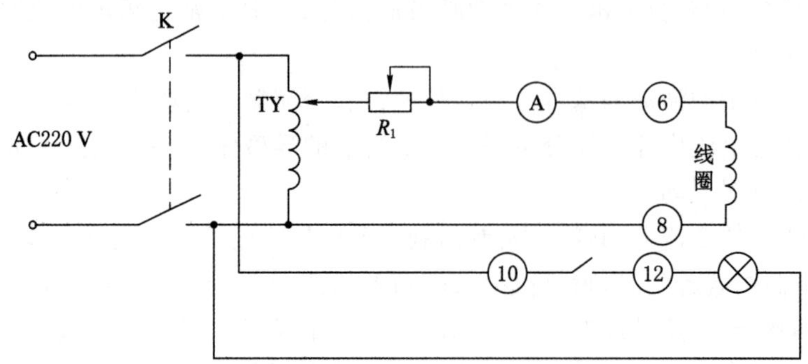

图 2-14　差动继电器基本特性实验接线图

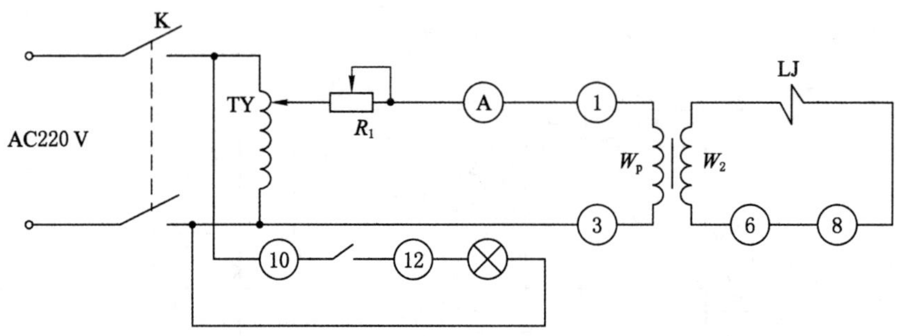

图 2-15　差动继电器动作安匝测试实验接线图

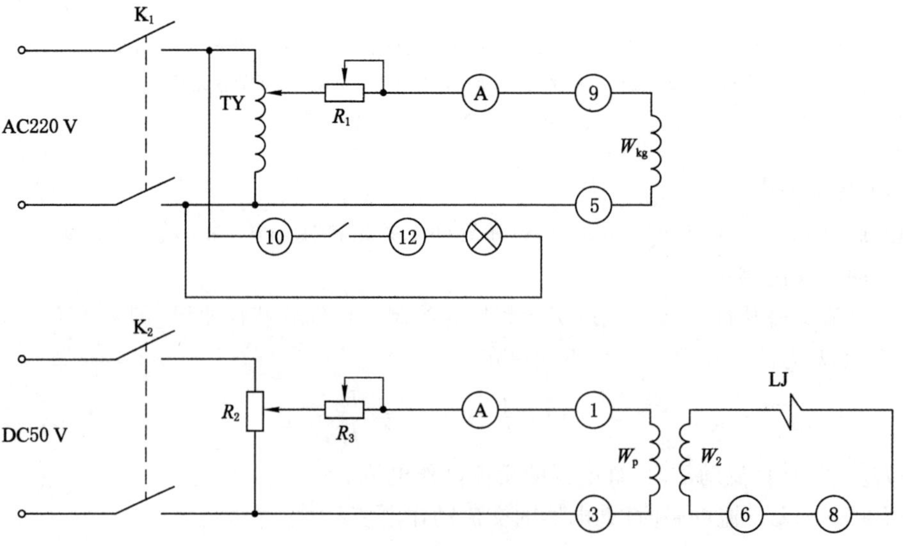

图 2-16　差动继电器直流助磁特性实验接线图

（五）实验步骤

（1）首先拆开端子⑥、⑧连线，然后按图 2-14 接线，调节 TY 和 R ，指示灯亮后表示执行元件已经动作，读取电流读数，记下动作电流。其后减少电流时指示灯熄灭，所得电流即为返回电流，计算返回系数，将结果填入表 2-10 中。

表 2-10　差动继电器基本特性实验数据记录表

动作电压/V	动作电流/mA	返回电流/mA	返回系数

（2）现将⑥、⑧连接好，按图 2-15 接线，将 W_p 的插头插入 10 位置，逐渐加大电流，指示灯亮时，读取电流读数，再乘以 10 匝，即为动作安匝。然后将 W_p 插头插入 20 位置，按上述方法再做一次，将结果填入表 2-11 中。

表 2-11　差动继电器动作安匝测试实验数据记录表

整定总匝数	动作电流/A	动作安匝
10		
20		

（3）首先打开②、④连线端子，按图 2-16 接线，选好各整定值插孔（W_p 取 20 匝，W_y 取 19 匝，W_{kg} 取 4—4）；然后，先不加直流，将交流加入，测得当 $I_{ZL}=0$ 时 I_{DZ} 的值，此时 $K=0$，故 $\varepsilon=1$，然后断开交流，加入直流（直流电流按 1 A、1.5 A、2 A、…、4.5 A、5 A 分别加入），接着加入交流电流，这样就得到了通入不同数值的直流电流时交流动作电流值，记录每次相互对应的数值，计算 ε 和 K 值，填入表 2-12 中。

表 2-12　差动继电器直流助磁特性实验数据记录表

直流助磁电流/A	0	0.5	1.0	1.5	2.0	2.5	3.0	3.5	4.0	4.5	5.0
交流动作电流/A											
$\varepsilon=\frac{I_{DZ}}{I_{DZ_0}}$											
$k=\frac{I_{ZL}}{I_{DZ}}$											

（六）思考题

（1）作出 ε-K 曲线。

（2）直流助磁的作用是什么？

（七）注意事项

送电前，TY 必须在零位，R 在最大位置，在测定执行元件各参数时，由于参数值小，所以调节 TY 和 R 要比较慢，每次做完应立即切断交、直流电源，在交、直流电源较大时，动作要准确迅速，以免烧坏设备。每次实验前应估算电流值，取用合适的电流表。

（八）说明

在做直流助磁特性实验时，由于 W_p 和 W_{y1} 所用匝数不同，故读取的交流动作电流值应乘以匝数比。

$$\frac{W_{y1}}{W_p}=\frac{19}{20}=0.95 \tag{2-11}$$

其折算式如下：

$$I_{DZ}=I'_{DZ}\frac{W_{y1}}{W_p}=0.95I_{DZ} \tag{2-12}$$

式中　I'_{DZ}——交流电流表所测电流。

I_{DZ}——计算用交流动作电流。

DCD-2 接线示意图如图 2-17 所示。

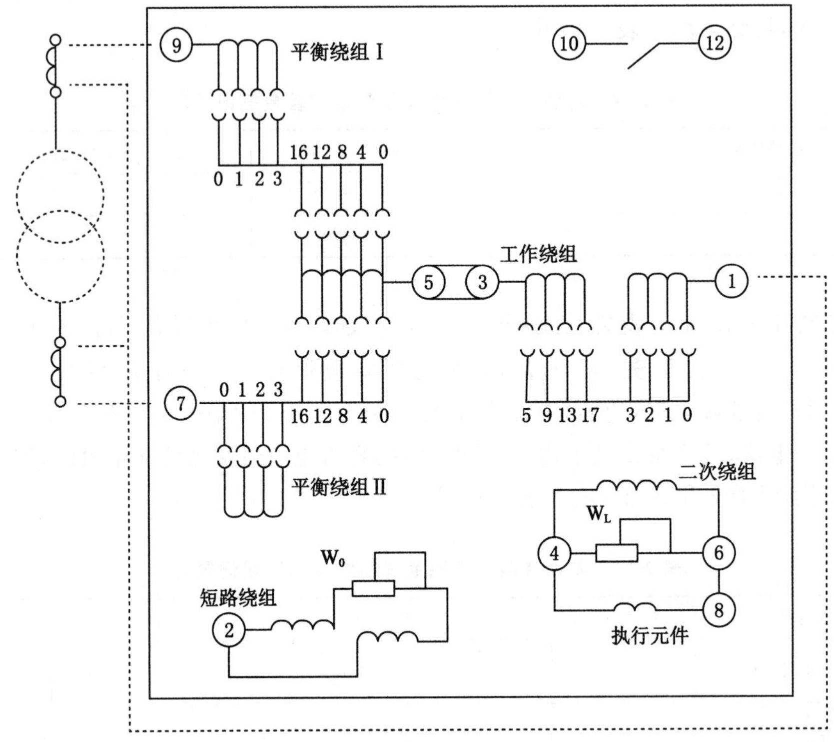

图 2-17　DCD-2 接线示意图

四、阻抗继电器实验

（一）实验目的

(1) 观察 LZ-21 型方向阻抗继电器的结构，了解其工作原理。

(2) 掌握测量方向阻抗继电器的静态圆特性 $Z_{dz}=f(\varphi)$ 和确定最大灵敏角的方法。

(3) 掌握测量方向阻抗继电器的静态 $Z_{dz}=f(I_j)$ 的特性和求取最小精确工作电流的方法。

(4) 研究方向阻抗继电器记忆回路和引入第三相电压的作用。

（二）实验原理

1. LZ-21 型方向阻抗继电器的构成、原理及整定方法

距离保护能否正确动作，取决于保护能否正确地测量从短路点到保护安装处的阻抗，并使该阻抗与整定阻抗比较，这个任务由阻抗继电器来完成。阻抗继电器的构成原理可以用图 2-18 来说明。图中，若 K 点三相短路，短路电流为 I_K。由 PT 回路和 CT 回路引至比较电路的电压分别为测量电压和整定电压，那么

$$U'_{\mathrm{m}} = \frac{1}{n_{\mathrm{PT}} n_{\mathrm{YB}}} I_K Z_K = \frac{1}{n_{\mathrm{PT}} n_{\mathrm{YB}}} I_{\mathrm{m}} Z_{\mathrm{m}} \tag{2-13}$$

式中　$n_{\mathrm{PT}} n_{\mathrm{YB}}$——电压互感器和电压变换器的变比；

Z_K——母线至短路点的短路阻抗。

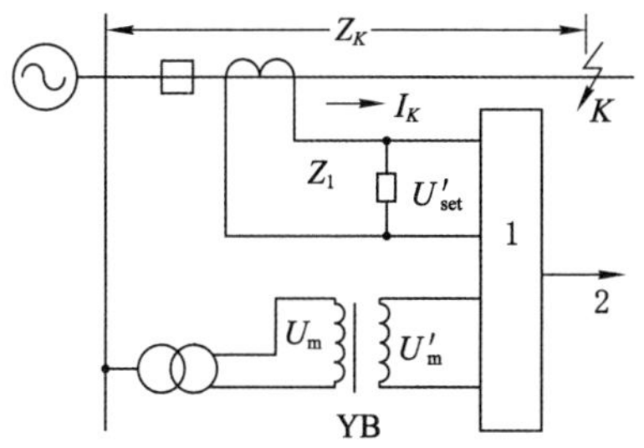

1—比较电路；2—输出。

图 2-18　阻抗继电器构成原理说明图

当认为比较回路的阻抗无穷大时，则：

$$U'_{\mathrm{set}} = \frac{1}{n_{\mathrm{CT}}} I_K Z_1 = \frac{1}{n_{\mathrm{CT}}} I_{\mathrm{m}} Z_1 \tag{2-14}$$

式中　Z_1——给定的模拟阻抗

比较式(2-13)和式(2-14)可见，假设 $n_{\mathrm{PT}} \cdot n_{\mathrm{YB}} = n_{\mathrm{CT}}$，则短路时，由于线路上流过同一电流 I_{K}，因此比较U'_{set}和U'_{m}的大小就等于比较 Z_1 和 Z_{m}的大小；如果$U'_{\mathrm{m}} > U'_{\mathrm{set}}$，则表明 $Z_{\mathrm{m}} > Z_1$，保护应不动作；如果$U'_{\mathrm{m}} < U'_{\mathrm{set}}$，则表明 $Z_{\mathrm{m}} < Z_1$，保护应动作。阻抗继电器就是根据这一原理工作的。

知道了电抗变压器 DKB 的副边电势$\dot{E}_2$ 与原边电流$\dot{I}_1$ 才成线性关系，即$\dot{E}_2 = \dot{K}_1 \dot{I}_1$，$\dot{K}_1$ 在此是一个具有阻抗量纲的量，当改变 DKB 原边绕组的匝数或其他参数时，可以改变$\dot{K}_1$ 的大小。电抗变压器的$\dot{K}_1$ 值即为模拟阻抗 Z_1。

在图 2-18 中，若在保护范围的末端发生短路，即 $Z_K = Z_{\mathrm{set}}$，那么比较电路将处于临界动作状态，即$U'_{\mathrm{m}} = U'_{\mathrm{set}}$，这时由式(2-13)和式(2-14)可得

$$\frac{1}{n_{\mathrm{PT}} n_{\mathrm{YB}}} I_K Z_{\mathrm{set}} = \frac{1}{n_{\mathrm{CT}}} I_{\mathrm{m}} Z_1 \tag{2-15}$$

$$Z_{\mathrm{set}} = \frac{n_{\mathrm{PT}} n_{\mathrm{YB}}}{n_{\mathrm{CT}}} K'_{\mathrm{u}} Z_1 \tag{2-16}$$

式中

$$K_{\mathrm{u}} = \frac{1}{K'_{\mathrm{u}}} = \frac{n_{\mathrm{CT}}}{n_{\mathrm{PT}} n_{\mathrm{YB}}} \tag{2-17}$$

式(2-16)表明,整定阻抗 Z_{set} 是一个与 DKB 的模拟阻抗 Z_I 和电压变换器 YB 的变比有关的阻抗。当适当调节 DKB 原方绕组的匝数和调节 n_{YB} 的大小时,可以得到不同的整定阻抗值。例如,当 $n_{PT}=1$、$n_{CT}=1$、$Z_I=2\ \Omega$ 时,若要使整定阻抗为 20 Ω,则 YB 抽头可选 10 匝。

2. LZ-21 型方向阻抗继电器原理图分析

图 2-19 所示为其原理图。由 CT 引入的电流接于电抗变压器的原边端子 1、2、3、4。在它的副边得到正比于原边电流的电压,电抗变压器的原边有几个抽头,当改变抽头位置时,即可改变 Z_I 值。由 PT 引入的电压接于电压变换器的原边端子 5、6、7,用于引入电压 U_A、U_B、U_C,YB 副边每一定匝数就有一个抽头,改变抽头的位置即可改变 n_{YB},也可改变 Z_{set} 的大小。JJ 为具有方向性的直流继电器(又称极化继电器)。端子 9、10、11 为极化继电器触点桥的输出。端子 12、13、14 为继电器Ⅰ、Ⅱ段切换的触点。当 12、13 连通时,Ⅰ段接通。当 12、14 连通时,Ⅱ段接通。LZ-21 型方向阻抗继电器面板上有压板用于调整最大灵敏角。

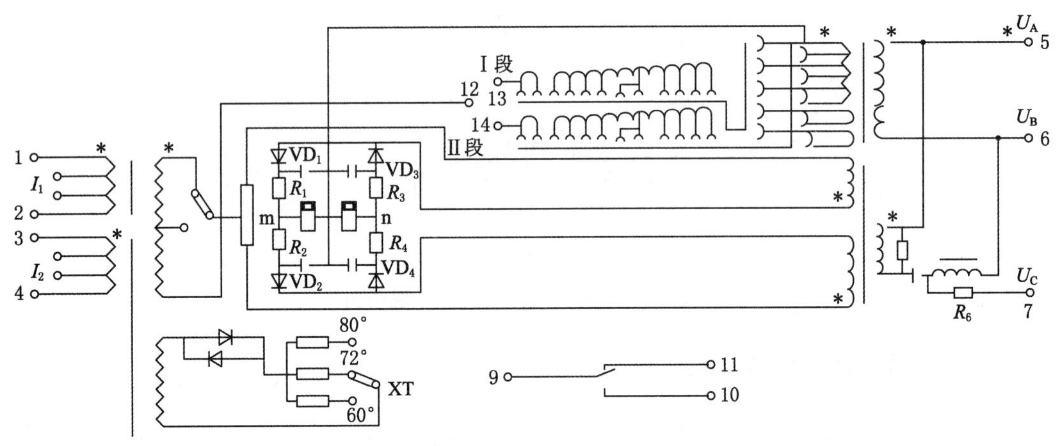

图 2-19 LZ-21 型方向阻抗继电器原理接线图

3. LZ-21 阻抗继电器比相电路分析

LZ-21 阻抗继电器执行元件的环形整形比相电路如图 2-20(a)所示,它实际是一个相敏整流电路,其输入端分别接入比相的两电气量 U_C、U_D,输出电压 U_{mn} 平均值的大小和极性与输入端电压 U_C、U_D 的相位有关。为了提高比相回路的输出电压,在二极管支路中串入相同的电阻 $R_1 \sim R_4$,适当选取它们的电阻值,有利于提高继电器的动作速度。滤波电容 $C_1 \sim C_4$ 是为了滤去交流分量,以防止执行元件抖动,保证阻抗继电器动作特性圆的边界明确,同时提高了继电器的灵敏度,电容 C 的数值也要适当选取。

正半周时,$\dot{E}_1$ 和 $\dot{E}_2$ 分别产生电流 $\dot{I}_1$ 和 $\dot{I}_2$,并分别通过电阻 R_{JJ1} 和 R_{JJ2};负半周时,$\dot{E}_1$ 和 $\dot{E}_2$ 分别产生电流 $\dot{I}'_1$ 和 $\dot{I}'_2$,并分别通过电阻 R_{JJ1} 和 R_{JJ2},输出电压为:

$$u_{mn} = R_{JJ1}(i_1 - i'_2) + R_{JJ2}(i'_1 - i_2) \tag{2-18}$$

相敏整流电路输出电压 U_{mn} 平均值的大小和极性与输入端电压 $\dot{U}_C$、$\dot{U}_D$ 的相位有关。图中 $\dot{U}_1$ 和 $\dot{U}_C$ 同相。$\dot{U}_C$ 与 $\dot{U}_D$ 之间的相位 θ 变化时,输出电压 u_{mn} 平均值的大小和极性变化情况的分析可参阅有关资料。

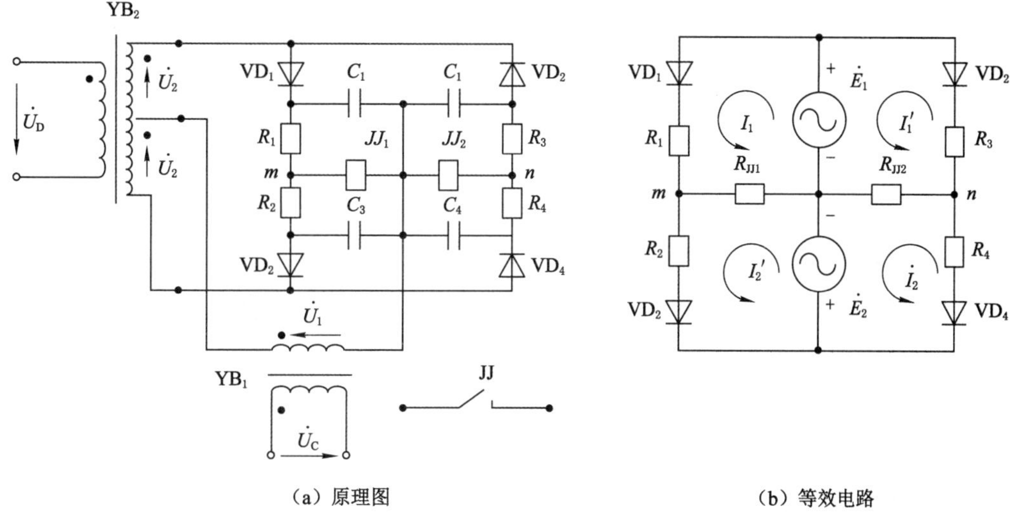

(a) 原理图　　　　(b) 等效电路

图 2-20　用极化继电器作执行元件的环形整流比相电路

由分析可知,环形整流比相回路的输出电压 u_{mn} 与两比相电气量相位角 θ 之间的关系如图 2-21所示。由图可见,当 $\theta=0°$时,$U_{mn\cdot pj}$为正最大值;当 $\theta=\pm 90°$时,$U_{mn\cdot pj}=0$;当 $\theta=\pm 180°$时,$U_{mn\cdot pj}$为负最大值。显然,输出电压平均值为正值的比相角 θ 的范围是:

$$-90° \leqslant \theta \leqslant 90°$$

此式满足 LZ-21 型方向阻抗继电器对比相回路动作条件的要求。

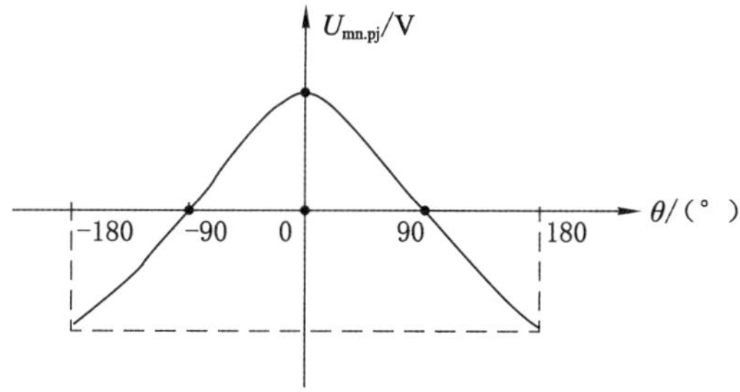

图 2-21　环形整流比相电路输出电压平均值 $U_{mn\cdot pj}$ 比相角 θ 的关系曲线

4. LZ-21 型方向阻抗继电器的死区及消除办法

方向阻抗继电器在保护安装处正向出口发生金属性短路时,其测量电压值小于继电器的最小动作电压,继电器将拒绝动作,这一不动作区通常称为方向阻抗继电器的死区,方向阻抗继电器必须消除死区才能正确工作。

LZ-21 型方向阻抗继电器为消除死区,在继电器的相位比较电气量中引入与测量电压同相位的带有记忆作用的极化电压,引入了极化电压后,方向阻抗继电器的动作方程为:

$$-90° \leqslant \arg \frac{Z_{set} I_m - U_m}{U_P} \leqslant 90° \tag{2-19}$$

当在保护安装处正向出口发生金属性短路时$\dot{U}_m=0$,这时方向阻抗继电器的动作方程为：

$$-90° \leqslant \arg \frac{Z_{set} \dot{I}_m}{\dot{U}_P} \leqslant 90° \tag{2-20}$$

在正向出口发生短路故障时，方向阻抗继电器仍正确动作，因而消除了正向出口短路时的拒动现象。

引入极化电压$\dot{U}_P$的另一个作用，就是防止被保护线路反向出口短路时，方向阻抗继电器发生误动作现象。引起反向出口短路时误动作的原因，可参阅有关资料分析。

总之，极化电压$\dot{U}_P$对于消除方向阻抗继电器正向出口金属性短路时的死区、可靠避免反向出口短路时保护的误动是不可少的。

但是，如何引入极化电压$\dot{U}_P$呢？其要求是：

(1) 无论保护安装处是正向出口短路还是反向出口短路，$\dot{U}_P$都应该存在。

(2) $\dot{U}_P$的相位应与测量电压一致并保持一定的数值。

LZ-21 方向阻抗继电器引入的电路如图 2-22 所示。

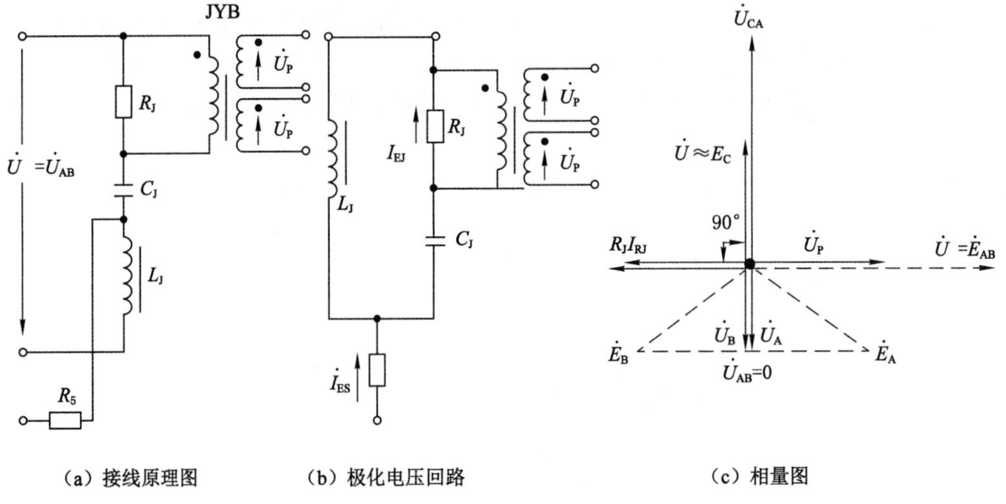

图 2-22 通过高值电阻接于第三相电压获取$\dot{U}_P$的原理接线图和相量图

图 2-22(a)所示为 AB 相阻抗继电器通过高值电阻 R_5 接于第三相电压$\dot{U}_C$获取极化电压的原理接线图。图中 R_J、C_J 和 L_J 构成谐振记忆回路，辅助电压变换器 JYB 的一次绕组接于 R_J 两端，由 JYB 二次侧两个相同的绕组获得极化电压$\dot{U}_P$。由于谐振回路中容抗和感抗相等，即 $X_{LJ}=X_{CJ}$，故$\dot{U}_P$与测量电压$\dot{U}_m$相同。

当保护安装处正、反向出口发生三相短路时$\dot{U}_m=0$，记忆回路以 f_0 为谐振频率自由振荡。若电网频率 f 与谐振频率 f_0 相等，则$\dot{U}_P$的相位维持不变，使阻抗继电器动作。

当保护安装处正、反相出口发生 A、B 两相短路时，测量电压$\dot{U}_{AB}=0$，这时极化电压回路如图 2-22(b)所示，各电压的相量图如图 2-22(c)所示。通过电阻 R_J 的电流为：

$$\dot{I}_{RJ}=\frac{\dot{U}_{CA}}{R_5+\dfrac{jX_{LJ}(R_J-jX_{CJ})}{R_J+(X_{LJ}-X_{CJ)}}}\cdot\frac{jX_{LJ}}{R_J+j(X_{LJ}-X_{CJ})} \tag{2-21}$$

由于$x_{LJ}=x_{CJ}$，$R_5\gg R_J$，故上式可以写为：

$$\dot{I}_{RJ}=\frac{U_{CA}}{R_5+\dfrac{X_{LJ}X_{CJ}}{R_J}}\cdot\frac{jX_{LJ}}{R_J}=j\frac{X_{LJ}}{R_5R_J+X_{LJ}X_{CJ}}\dot{U}_{CA} \tag{2-22}$$

由上式可见，通过 R_5 的电流 $\dot{I}_{RJ}$ 超前$\dot{U}_{CA}$ 90°相角，考虑到电压$R_J\dot{I}_{RJ}$与$\dot{I}_{RJ}$同相，极化电压$\dot{U}_P$ 与电压$R_J\dot{I}_{RJ}$相位相反，故可得：

$$\dot{U}_P=K_{JYB}(-\dot{I}_{RJ}R_J)=K_{JYB}(-j\frac{X_{LJ}R_J}{R_5R_J+X_{LJX_{CJ}}}\dot{U}_{CA})=-jm\dot{U}_{CA} \tag{2-23}$$

式中　K_{JYB}——JYB 的变压比；

m——系数，$m=\dfrac{K_{JYB}X_{LJ}R_J}{R_5R_J+X_{LJ}X_{CJ}}$。

由式可见，$\dot{U}_P$ 滞后$\dot{U}_{CA}$ 90°，与测量电压$\dot{U}_m$同相。极化电压的数值可由选择适当的参数 C_J、L_J、R_J或变压比 K_{JYB}获得，以使方向阻抗继电器正确动作，消除正向出口短路时的死区和防止反向出口短路时可能的误动作。

（三）实验线路

根据阻抗继电器的工作原理，输入到继电器的电压和电流应满足下列要求：

(1) 继电器的测量阻抗应正比于保护安装处至短路点的线路阻抗，以便正确地测定故障发生点；

(2) 继电器的测量阻抗应与故障类型无关，即保证在发生各种不同类型短路时保护都能动作。

由于相间短路和接地短路的短路回路不同，所以防御相间短路和接地短路的阻抗继电器接线方式也不相同。

LZ-21 型方向阻抗继电器是防御相间短路的继电器，其接线方式有两种。

1. 线电压和相电流差的接线方式

三相阻抗继电器接入的电压、电流如表 2-13 所列，这种接线方式称为 0°接线方式，就是假定在 cos $\varphi=1$ 时，接入阻抗继电器的电流和电压相位相同。

表 2-13　阻抗继电器 0°接线方式接入的电压、电流

继电器编号	Z_{AB}	Z_{BC}	Z_{CA}
输入电流 I_m	$\dot{I}_A-\dot{I}_B$	$\dot{I}_B-\dot{I}_C$	$\dot{I}_C-\dot{I}_A$
输入电压 U_m	$\dot{U}_{AB}$	$\dot{U}_{BC}$	$\dot{U}_{CA}$
故障类型	$K^{(3)}K_{AB}{}^{(2)}K_{AB0}{}^{(2,0)}$	$K^{(3)}K_{BC}{}^{(2)}K_{BC0}{}^{(2,0)}$	$K^{(3)}K_{CA}{}^{(2)}K_{CA0}{}^{(2,0)}$

2. 线电压和相电流接线方式

由于输入继电器的相电流不同，线电压和相电流接线方式可分为＋30°接线方式和－

30°接线方式两种，各相继电器接入的电压和电流如表 2-14 所列。

表 2-14　阻抗继电器±30°接线方式接入的电压、电流

继电器编号		Z_{AB}	Z_{BC}	Z_{CA}
+30°接线	$\dot{U}_m$	$\dot{U}_{AB}$	$\dot{U}_{BC}$	$\dot{U}_{CA}$
	$\dot{I}_m$	$\dot{I}_A$	$\dot{I}_B$	$\dot{I}_C$
−30°接线	$\dot{U}_m$	$\dot{U}_{AB}$	$\dot{U}_{BC}$	$\dot{U}_{CA}$
	$\dot{I}_m$	$-\dot{I}_B$	$-\dot{I}_C$	$-\dot{I}_A$
故障类型		$K^{(3)}K_{AB}^{(2)}$	$K^{(3)}K_{BC}^{(2)}$	$K^{(3)}K_{CA}^{(2)}$

现以－30°接线方式的 A、B 相阻抗继电器 Z_{AB}为例，来分析在各种相间短路情况下的测量阻抗。

(1) 三相短路时

在离保护安装处 1 km 的线路发生三相短路时，母线的残余电压是：

$$\dot{U}_A = \dot{I}_A Z_{1M} l, \dot{U}_B = \dot{I}_B Z_1 l \tag{2-24}$$

Z_{AB}的测量电压为

$$\dot{U}_m = \dot{U}_{AB} = \dot{U}_A - \dot{U}_B = \dot{I}_A - \dot{I}_A \ z_1 l = \sqrt{3}\ z_1 l e^{-j30^\circ} \tag{2-25}$$

Z_{AB}的测量电流为：

$$\dot{I}_m = -\dot{I}_B$$

因此，Z_{AB}的测量阻抗为：

$$Z_m^{(3)} = \frac{\dot{U}_{AB}}{-\dot{I}_B} = \frac{\sqrt{3}(-\dot{I}_B)\ \dot{I}_B e^{-j30^\circ} Z_1 l}{-\dot{I}_B} = \sqrt{3} Z_1 l e^{-j30^\circ} \tag{2-26}$$

(2) 两相短路时

在离保护安装处 1 km 的线路发生 A、B 两相短路时，短路回路母线的残余电压为：

$$\dot{U}_{AB} = \dot{I}_A Z_1 l - \dot{I}_B Z_1 l = \dot{I}_A - \dot{I}_B Z_1 l = 2(-\dot{I}_B) Z_1 l \tag{2-27}$$

输入继电器 Z_{AB}的电流为$-\dot{I}_B$，因此，Z_{AB}的测量阻抗为：

$$Z_m^{(2)} = \frac{\dot{U}_{AB}}{-I_B} = \frac{2(-I_B)Z_1 l}{-I_B} = 2Z_1 l \tag{2-28}$$

同理，可以得出±30°接线方式时的测量阻抗为：

$$Z_m^{(3)} = \sqrt{3} Z_1 l e^{j30^\circ}, Z_m^{(2)} = Z_1 l$$

由分析可见，±30°接线方式阻抗继电器在 $K^{(3)}$ 和 $K^{(2)}$ 时的测量阻抗不相同。$K^{(2)}$ 时较大，但是若在接线中引入继电器的电流为两倍的相电流，则测量阻抗为$\frac{\dot{U}_{AB}}{-2\dot{I}_B}$。显然，$K^{(2)}$ 时的测量阻抗 $Z_m^{(2)} = Z_1 l$，$K^{(3)}$ 时的测量阻抗$Z_m^{(3)} = \frac{\sqrt{3}}{2} Z_1\ l e^{-j30^\circ}$。如果将－30°接线的继电器在

最大灵敏度时的动作阻抗按保护范围末端两相短路时的测量阻抗 $Z_1 l$ 来整定，则同一地点三相短路时的测量阻抗是$\frac{\sqrt{3}}{2}Z_1\ l\mathrm{e}^{-\mathrm{j}30^\circ}$，如图 2-23(a)所示。

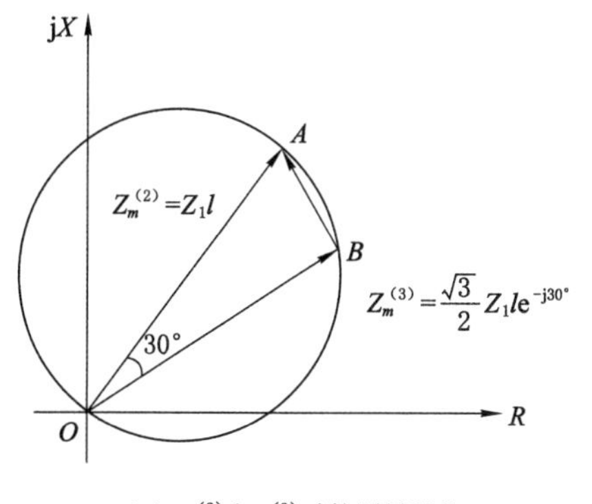

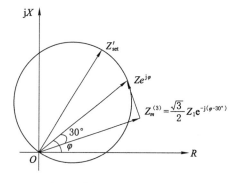

(a) $K^{(2)}$和$K^{(3)}$时的测量阻抗

(b) 躲开正常负荷阻抗的说明

图 2-23　－30°接线时方向阻抗继电器的测量阻值

如果负载是对称的，则与三相短路相同，它的测量阻抗若用 0°接线时为$Z\mathrm{e}^{\mathrm{j}\varphi}$，那么采用－30°接线时则为$\frac{\sqrt{3}}{2}Z\mathrm{e}^{\mathrm{j}(\varphi-30^\circ)}$。很显然，若前者的相量末端在圆周上，则后者的相量末端已落在圆周外，如图 2-23(b)所示，这样－30°接线起到了躲开正常负荷的作用。因此，这种接线方式多用于输电线路的供电侧。

（四）LZ-21 方向阻抗继电器的特性

阻抗继电器是距离保护中不可缺少的元件，它是低动作量的继电器，它有多种特性，LZ-21 整流型方向阻抗继电器在电力系统中应用相当广泛。

1. LZ-21 阻抗继电器的 $Z_{pu}=f(\varphi)$初特性

由前述分析可知，LZ-21 型方向阻抗继电器的动作特性方程为：

$$-90^\circ \leqslant \theta \leqslant 90^\circ$$

其中：$\theta=\arg\frac{\dot{U}_C}{\dot{U}_D}$。

上述动作特性方程为过原点的圆方程，如图 2-24 中实线所示。由图可见，方向阻抗继电器的动作特性圆的圆周经过原点，由于特性圆的圆内是动作区，圆外是不动作区，圆周上是临界动作区，因此在保护正方向出口处短路时(母线残压近似为零)，阻抗继电器将出现死区，LZ-21 型方向阻抗继电器在静态情况下显示出来的特性如图 2-24 中虚线所示，在原点 O 附近有一个凸区，这表明在静态情况下，方向阻抗继电器在原点附近(短路在母线出口处时)不会动作。但是，由于 LZ-21 引入了极化电压$\dot{U}_p$，故在动态及第三相电压的作用下能够消除凸区使继电器正确动作。

2. LZ-21 型方向阻抗继电器的 $Z_{pu}=f(m)$特性

任何一个阻抗继电器在做好之后，都可以通过实验作出在给定整定阻抗 Z_{set} 条件下，动作阻抗 $Z_{pu,r}$与测量电流 I_m 的关系曲线 $Z_{pu,r}=f(I_m)$，图 2-25 所示全阻抗继电器的特性。

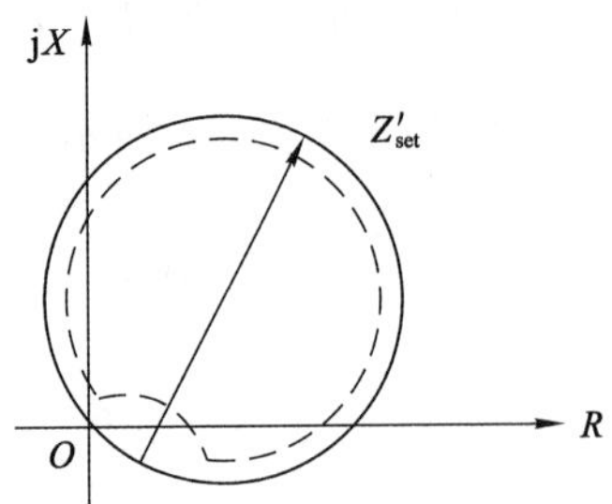

图 2-24 LZ-21 方向阻抗继电器的特性图

从这一关系曲线可以说明表征阻抗继电器的几个主要技术指标。

(1) 最小动作电流 $I_{pu.min}$

当阻抗继电器的测量电压 $U_m=0$ 时，使继电器动作的最小测量电流称为最小动作电流，如图 2-25 中 $I_{pu.min}$。这是因为继电器动作需要克服执行元件和比较回路电压降之和的电压 U_0 的缘故。

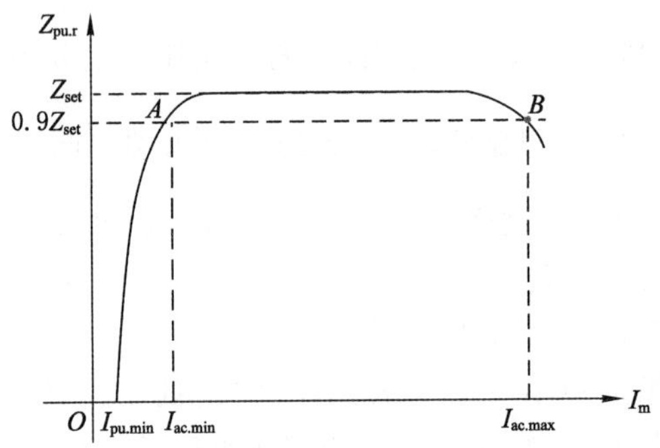

图 2-25 LZ-21 方向阻抗与测量电流的关系曲线

(2) 最小精确工作电流 I_{ac}

所谓精确工作电流，就是指当 $\varphi_m=\varphi_{sen}$ 时继电器的启动阻抗等于 0.9 倍整定阻抗，即 $Z_{pu.r}=0.9Z_{set}$ 时所对应的测量电流，这时启动阻抗的误差为 10%。显然，由图 2-25 可看出精确工作电流有两个数值。当测量电流较大时，$0.9Z_{set}$（曲线上的 B 点）对应的测量电流称为最大精确工作电流 $I_{ac.max}$。考虑到在保护范围末端短路时，流经保护的最大短路电流一般小于 $I_{ae.max}$ 以及在被保护线路始端短路时，流经保护的短路电流值较大，虽然阻抗继电器的启动阻抗减小，但总是可以动作的。所以最大精确工作电流一般没有实际意义，而最小精确工作电流 $I_{ac.min}$（曲线上 A 点对应的测量电流）则必须考虑，因为在被保护范围末端短路时，流经保护的短路电流可能不大，为使动作阻抗的误差不超过 10%，这时短路电流应等于或大于最小精确工作电流。

最小精确工作电流是衡量阻抗继电器灵敏度的一个重要指标，其值越小越好。由于 $I_{ac.min}$ 与 U_0 成正比，所以提高执行元件的灵敏度，减小 U_0 便可以使 $I_{ac.min}$ 减小。$I_{ac.min}$ 还与电抗变压器的转移阻抗 Z_1 成反比，因此，在实际工作中，如果测量阻抗继电器的精确工作电流大于指标要求，则可以适当增加 DKB 铁芯磁路空气隙的坡莫合金片，增加补偿作用，提高

Z_1 值，使精确工作电流指标合格。

(3) 最小精确工作电压 $U_{ac.min}$

最小精确工作电压是最小精确工作电流与整定阻抗的乘积，即 $U_{ac.min}=I_{ac.min}Z_{set}$。$U_{ac.min}$ 与 Z_1 无关，$U_{ac.min}$ 不随 Z_1 的改变而改变，而是一个常数，因为当 DKB 的一次抽头减少时，Z_{set} 减少而 I_{ac} 却增加。$U_{ac.min}$ 是衡量阻抗继电器质量的一个指标。

对于 LZ-21 方向阻抗继电器，当考虑 U_0 时，其动作方程可写成：

$$|U_P-(K_u\dot{U}_m-K_1\dot{I}_m)|-|U_P+(K_u\dot{U}_m-K_1\dot{I}_m)|-|\dot{U}_0|=0 \tag{2-29}$$

式(2-29)除以 $K_u\dot{I}_m$ 则可改写成：

$$\left|\frac{\dot{U}_p}{K_u\dot{I}_m}-Z_m+Z_{set}\right|-\left|\frac{\dot{U}_p}{K_u\dot{I}_m}+Z_m-Z_{set}\right|-\left|\frac{\dot{U}_0}{K_u\dot{I}_m}\right|=0 \tag{2-30}$$

根据精确工作电流的定义，将 $Z_m=0.9Z_{set}$、$I_m=I_{ac.min}$ 代入式(2-30)，并假设绝对值符号中各量的阻抗角相同，则它们可以直接进行代数相加，于是得到 LZ-21 型方向阻抗继电器最小精确工作电流的表达式：

$$I_{ac.min}=\frac{U_0}{0.2K_uZ_{set}}=\frac{U_0}{0.2Z_1} \tag{2-31}$$

LZ-21 型方向阻抗继电器的 $Z_{pu}=f(I_m)$ 曲线如图 2-26 所示，图中阴影部分为继电器的动作区。在静态情况下当 $Z_m<Z_{pu.min}$ 时，方向阻抗继电器出现不动作区，亦即死区。

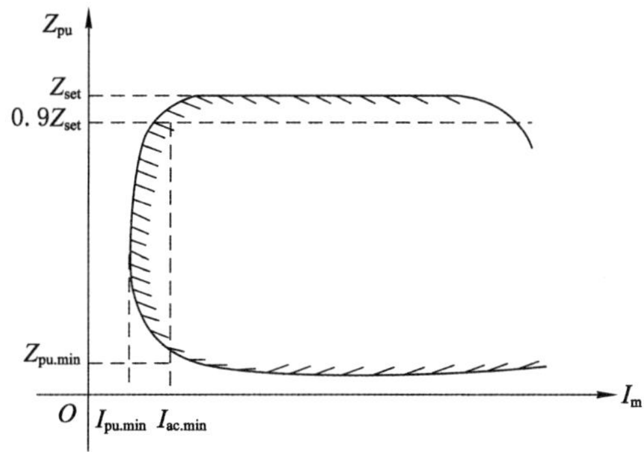

图 2-26　LZ-21 方向阻抗与测量电流的关系曲线

(五) 实验内容

1. 整流型阻抗继电器阻抗整定值的整定和调整

前述可知，当方向阻抗继电器处在临界动作状态时，阻抗继电器的整定与 LZ-21 中的电抗变压器 DKB 的模拟阻抗 Z_1、电压变换器变比 n_{YB}、电压互感器变比 n_{PT} 和电流互感器变比 n_{CT} 有关。

例如，若要求整定阻抗 $Z_{set}=15\ \Omega$，当 $n_{PT}=100n_{CT}=20Z_1=2\ \Omega$(即 DKB 原边匝数为 20 匝时)，则 $n_{YB}=\frac{15}{10}$，即 $\frac{1}{n_{YB}}=0.67$。也就是说电压变换器 YB 副边线圈匝数是原边线圈匝数的 67%，这时插头应插入 60、5、2 三个位置，如图 2-27 所示。

整定值整定和调整实验的步骤如下：

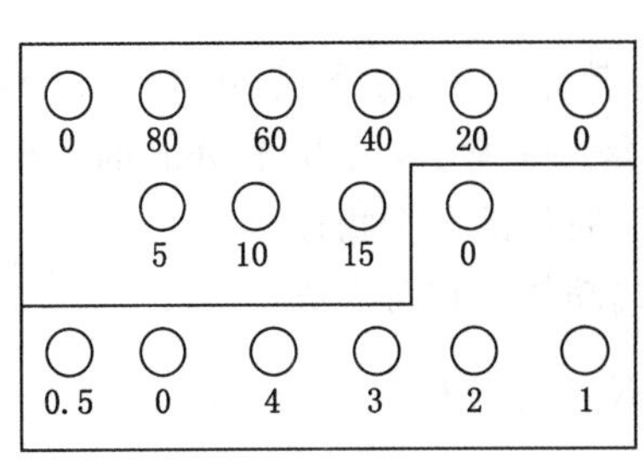

(a) YB整定板示意图

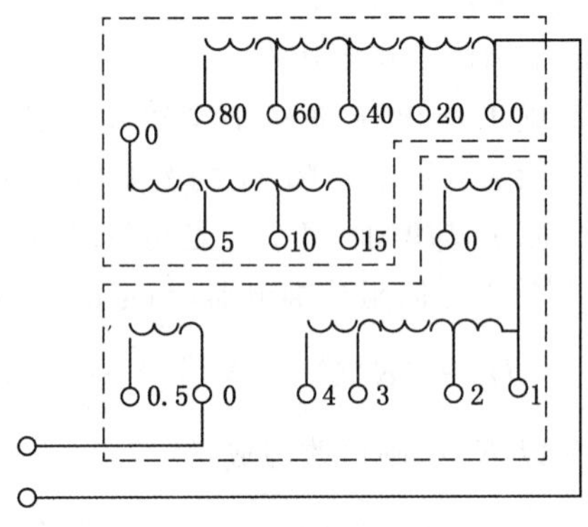

(b) YB副方线圈内部接线

图 2-27　LZ-21 型阻抗继电器整定面板说明图

(1) 要求阻抗继电器阻抗整定值 $Z_{set}=5\ \Omega$，实验时设 $n_{PT}=1$，$n_{CT}=1$，检查电抗变压器 DKB 原边匝数应为 16 匝（$Z_1=1.6\ \Omega$）。DKB 最小整定阻抗范围与原边线圈对应接线如表 2-15所列。

表 2-15　DKB 最小整定阻抗范围与原边线圈对应接线

最小整定阻抗范围(欧相)	DKB 原边绕组匝数	DKB 原边绕组接线示意图(一个绕组)
0.2	2	2 14 4
0.4	4	2 14 4
0.6	6	2 14 4
0.8	8	2 14 4

表 2-15(续)

最小整定阻抗范围(欧相)	DKB 原边绕组匝数	DKB 原边绕组接线示意图(一个绕组)
1	10	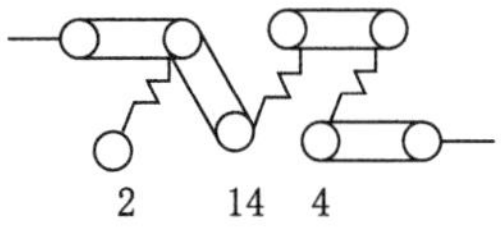 2　14　4
1.2	12	 2　14　4
1.4	14	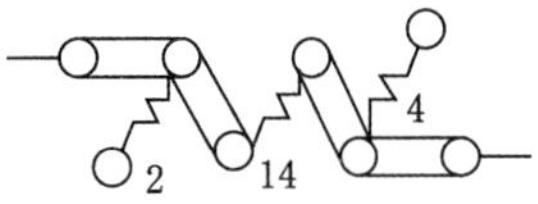 2　14　4
1.6	16	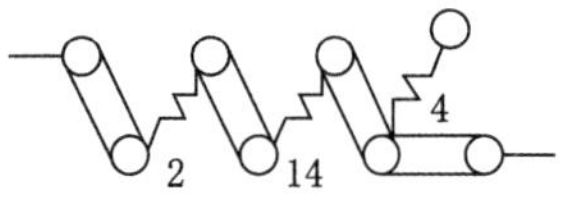 2　14　4
1.8	18	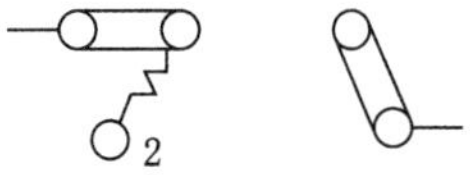 2
2	20	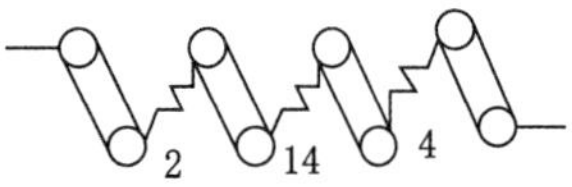 2　14　4

(2) 计算电压变换器 YB 的变比的倒数$\frac{1}{n_{YB}}=0.67$,YB 副边线圈对应的匝数为原边匝数的 32%。

(3) 在参考图 2-27 阻抗继电器面板上选择 20 匝、10 匝、2 匝插孔插入螺钉。

(4) 改变 DKB 原边匝数为 20 匝($Z_1=2\ \Omega$)重复步骤(1)、(2),在阻抗继电器面板上选择 40 匝、0 匝、0 匝插孔插入螺钉。

(5) 上述步骤完成后,保持整定值不变,继续做下一个实验。

2. 方向阻抗继电器的静态特性 $Z_{pu}=f(\varphi)$ 测试

实验步骤如下:

(1) 熟悉 LZ-21 方向阻抗继电器和 HYD-Ⅱ智能多功能表的操作接线及实验原理。认真阅读 LZ-21 方向阻抗继电器原理图和实验原理接线图。

(2) 如图 2-28 所示,按实验原理图接线图接线,具体接线方法可参阅 LG-11 功率方向继电器实验中所介绍的内容。

(3) 逆时针方向将所有调压器调到 0 V,将移相器调到 0°,将滑线电阻的滑动触头移至其中间位置,将继电器灵敏角度整定为 72°,整定阻抗设置为 5 Ω。

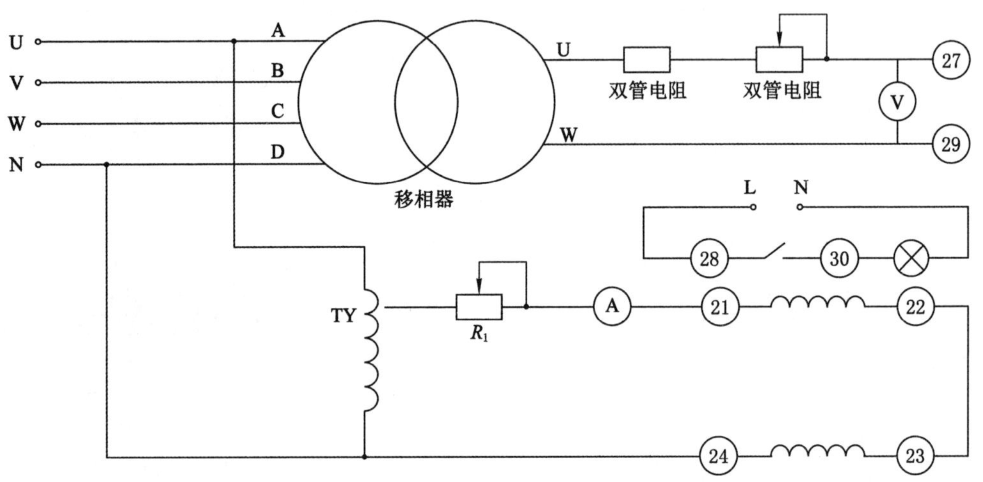

图 2-28　LZ-21 方向阻抗继电器实验原理接线图

(4) 合上三相电源开关、单相电源开关和直流电源开关。

(5) 打开多功能表电源开关,将其功能选择开关置于相位测量位置("相位"指示灯亮),相位频率测量单元的开关拨到"外接频率"位置。

(6) 调节三相调压器使电压表读数为 20 V,调节单相调压器使电流表读数为 1 A,检查多功能表,看其读数是否正确,分析继电器接线极性是否正确。

(7) 调节单相调压器的输出电压,保持方向阻抗继电器的电流回路通过的电流为 I_m = 2.0 A。

(8) 按照 LG-11 功率方向继电器角度特性实验中步骤⑦至⑩介绍的方法,测量给定电压分别为表 2-16 中所确定数值时使继电器动作的两个角度 φ_1、φ_2,并将实验测得的数据记录于表 2-16 中相应位置。

表 2-16　方向阻抗继电器的静态特性 $Z_{pu}=f(\varphi)$ 测试数据记录表

(条件为:$\varphi_{内}=72°$,$Z_{set}=5\ \Omega$)

U_{pu}/V	10	8	6	4	2	1.5	1.2	1.0
φ_1								
φ_2								
Z_{pu1}								
Z_{pu2}								

(9) 实验完成后，将所有调压器输出调至 0 V，断开所有电源开关。

(10) 作出静态特性 $Z_{pu}=f(\varphi)$图，求出整定灵敏度 φ。

3. 测量方向阻抗继电器的静态特性 $Z_{pu}=f(I_m)$，求最小精确工作电流

实验步骤如下：

(1) 保持上述接线及阻抗继电器的整定值不变，调整输入电压和电流的相角差为 $\varphi=\varphi_{sen}=72°$并保持不变。

(2) 将电流回路的输入电流 I_m 调到某一值(按表 2-17 中给定值进行)。

(3) 断开开关 BK，将三相调压器的输出电压调至 30 V。

(4) 合上开关 BK，调节两个滑线电阻的滑动触头使电压表的读数由小到大，直到方向阻抗继电器动作，记录相应的动作电压值。再逐渐增大电压值，直到方向阻抗继电器返回，然后再减小电压值，直到继电器动作，并记下动作电压值。改变输入电流 I_m，重复上述操作，测量结果记入表 2-17 中。

表 2-17　方向阻抗继电器的静态特性 $Z_{pu}=f(I_m)$测试实验数据记录表

(条件为：$\varphi_{内}=72°$，$Z_{set}=5\ \Omega$)

I_m/A		1.5	1.0	0.8	0.6	0.4	0.3	0.2
U/V	U							
	U							
$Z_{pu}=\frac{U}{2I_m}$	Z_{pu}							
	Z_{pu}							

(5) 实验完成后，使所有调压器输出为 0 V，断开所有电源开关。

(6) 绘制方向阻抗继电器静态特性 $Z_{pu}=f(I_m)$的曲线。

(7) 在特性曲线上确定最小精确工作电流和最小动作电流 $I_{pu\text{-}min}$。

(六) 思考题

(1) 分析实验所得 $Z_{pu}=f(\varphi)$和 $Z_{pu}=f(I_m)$特性曲线，找出有关的动作区、死区、不动作区。

(2) 讨论电压回路和电流回路所接的滑线变阻器的作用。

(3) 研究记忆回路和引入第三相电压的作用。

五、三相一次重合闸实验

(一) 实验目的

熟悉并掌握 JCH-4 重合闸继电器的工作原理及使用方法。

(二) 实验原理

如图 2-29 所示，该继电器主要由稳压电路、充放电回路、准备指示回路、启动回路(时间回路)及动作保持回路构成。稳压管 VD_3、VD_4 分别对充电回路、时间回路的电源稳压。充电回路由 R_2、C_1 构成，当充电 15～20 s 后，C_1 的电压达到能使继电器 K 动作的电压时，准备指示回路动作，发光管 H 发光，产品处于准备状态，时间回路由振荡器(N_2)，分频计数器

(N_3、N_4)三位拨盘(S_1、S_3)等构成,当重合闸启动时,接通时间回路的电源,经延时后,A 点变成高电平,使三极管 VT 导通,C_1 经 K(V)、R_{13}、VT 放电,使 KV 动作,发光管熄灭,并通过 K_1、K(I)构成自保持回路,此保持状态直到保护回路断开。

现将继电器的动作原理分述如下。

(1) 手动合闸:以继电器用于单侧电源为例。合于故障状态时,保护装置将促使断路器跳闸,断路器切除后,由于电容器充电时间未到,可避免断路器发生重合闸。合于正常状态时,经 15～25 s 后,电容器充满电,继电器处于准备动作状态。

(2) 线路保护装置动作:断路器节点返回,启动 SJ_0,经延时后,电容器对 ZJ 放电,ZJ 动作后,接通合闸回路,合闸线圈通电后,实现一次重合闸,同时发出信号。如果合于永久性故障,SJ_0 重新启动,因其时间小于恢复时间(15～25 s),因而继电器只动作一次;如果合于瞬间故障,则重合闸成功后,电容器再次充电 15～25 s 后,继电器重新处于准备动作状态。

(3) 手动跳闸:直接切断继电器的启动回路,避免了继电器重合闸。

JCH-4 重合闸继电器电路原理图如图 2-29 所示。

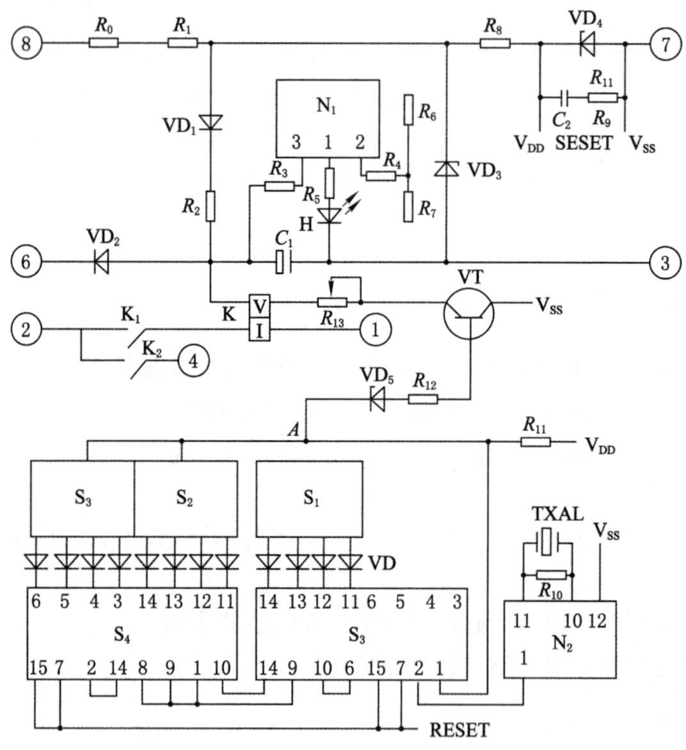

图 2-29 JCH-4 重合闸继电器原理图

(三) 实验线路

JCH-4 重合闸继电器接线图如图 2-30 所示。

(四) 实验步骤

(1) 按图 2-30 接线后,经检查无误,用导线在 K_3 处短接,先让电容器放电,然后断开 K_3。

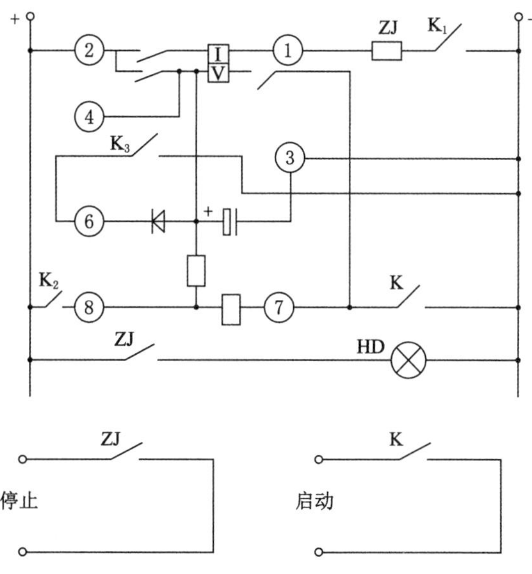

图 2-30　JCH-4 重合闸继电器接线图

(2) 合上 K_2，电容器充电，经过 15～25 s 后，充电结束，继电器处于准备状态。

(3) 合上 K 及 K_1，经过一定时间后，继电器动作，中间继电器 ZJ 吸合，合闸指示灯 HD 亮，表示合闸成功。可调节 S_1、S_2、S_3，改变继电器动作时间。

(4) 断开 K，经过 15～25 s 后，再合上 K，继电器应重新动作，此现象我们认为是合于瞬间故障，继电器在一定时间后，有重复动作的功能。

(5) 合上 K 时，继电器动作 HD 亮时，打开 K，再次合上，模拟再次合闸，此时继电器不应动作。

（五）注意事项

(1) 接线图中 K_1、K_2 为钮子开关。

(2) K 为空气开关(实验台上)。

六、功率方向继电器实验

（一）实验目的

(1) 学会运用相位测试仪器测量电流和电压之间相角的方法。

(2) 掌握功率方向继电器的动作特性、接线方式及动作特性的实验方法。

(3) 研究接入功率方向继电器的电流、电压的极性对功率方向继电器动作特性的影响。

（二）实验原理

在单侧电源的电网中，电流保护能满足线路保护的需要。但是，在两侧电源的电网(包括单电源环形电网)中，只靠简单电流保护的电流定值和动作时限不能完全取得动作的选择性，为此，必须在保护回路中加方向闭锁，构成方向性电流保护，要求只有在流过断路器的电流的方向是从母线流向线路侧时才允许保护动作。保护动作的方向性，可以利用功率方向继电器来实现。

1. LG-11 型功率方向继电器的工作原理

LG-11 型功率方向继电器是目前广泛应用的整流型功率方向继电器，其比较幅值的两电气量方程为：

$$|\dot{K}_k \dot{I}_m + \dot{K}_k \dot{U}_m| \geqslant |\dot{K}_k \dot{I}_m - \dot{K}_y \dot{U}_m| \tag{2-32}$$

继电器的原理接线如图 2-31 所示，其中图 2-31(a)所示为继电器的交流回路图，也就是比较电气量的电压形成回路，加入继电器的电流为$\dot{I}_m$，电压为$\dot{U}_m$。电流$\dot{I}_m$ 通过电抗变压器 DKB 的一次绕组 W_1，二次绕组 W_2 和 W_3 端钮获得电压分量$\dot{K}_k \dot{I}_m$，它超前电流$\dot{I}_m$ 的相角就是转移阻抗$\dot{K}_k$ 的阻抗角φ_k，绕组 W_4 用来调整φ_k 的数值，以得到继电器的最灵敏角。电压$\dot{U}_m$ 经电容 C_1 接入中间变压器 YB 的一次绕组 W_1，由两个二次绕组 W_2 和 W_3 获得电压分量$\dot{K}_y \dot{U}_m$，$\dot{K}_y \dot{U}_m$ 超前$\dot{U}_m$ 的相角为 90°。DKB 和 YB 标有 W_2 的两个二次绕组的连接方式如图 2-31(a)所示，得到动作电压$\dot{K}_k \dot{I}_m + \dot{K}_y \dot{U}_m$，加于整流桥 BZ_1 输入端；DKB 和 YB 标有 W_3 的二次绕组的连接方式如图 2-31(a)所示，得到制动电压$\dot{K}_k \dot{I}_m - \dot{K}_k \dot{U}_m$，加于整流桥 BZ_1 输入端。图 2-31(b)所示为幅值比较回路，它按循环电流式接线，执行元件采用极化继电器 JJ。

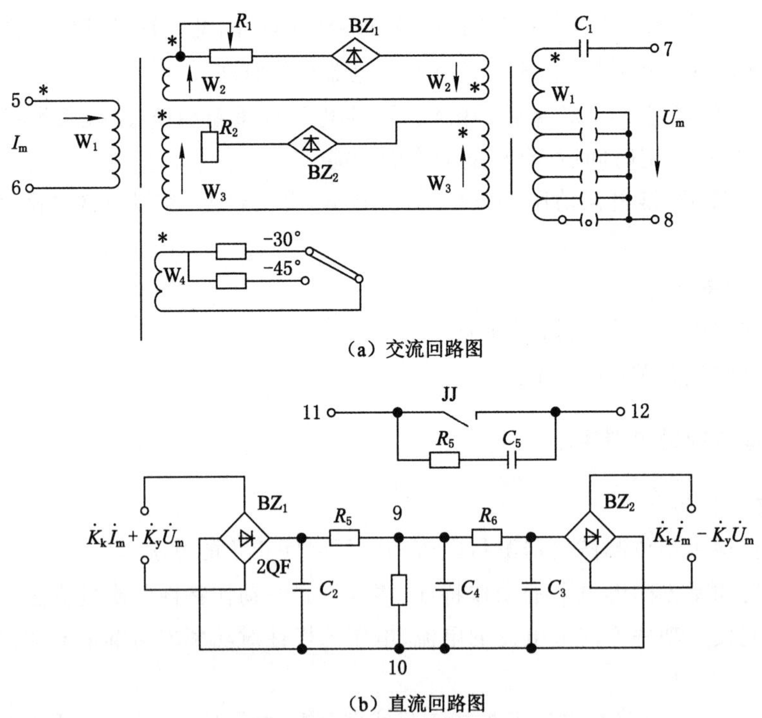

图 2-31 LG-11 功率方向继电器原理接线图

继电器最大灵敏角的调整是利用改变电抗变压器 DKB 第三个二次绕组 W_4 所接的电阻值来实现的。继电器的内角 $\alpha = 90° - \varphi_k$，当接入电阻 R_3 时，阻抗角 $\varphi_k = 60°$，$\alpha = 30°$；当接

入电阻 R_4 时，$\varphi_k=45°$，$\alpha=45°$。因此，继电器的最大灵敏角 $\varphi_{lsen}=-\alpha$，并可以调整为两个数值，一个为 $-30°$，另一个为 $-45°$。

当在保护安装处正向出口发生相间短路时，相间电压几乎将降为零值，这时功率方向继电器的输入电压 $\dot{U}_m\approx0$，动作方程为 $|\dot{K}_k\dot{I}_m|=|\dot{K}_k\dot{I}_m|$，即 $|\dot{U}_A|=|\dot{U}_B|$。由于整流型功率方向继电器的动作需克服执行继电器的机械反作用力矩，也就是说必须消耗一定的功率（尽管这一功率的数值不大），因此，要使继电器动作，必须满足 $|\dot{U}_A|>|\dot{U}_B|$ 的条件。所以在 $\dot{U}_m\approx0$ 的情况下，功率方向继电器动作不了，因而产生了电压死区。

为了消除电压死区，功率方向继电器的电压回路需加设“记忆回路”，就是需电容 C_1 与中间变压器 YB 的绕组电感构成谐振频率为 50 Hz 的串联谐振回路。这样当电压 $\dot{U}_m$ 突然降低为零时，该回路中电流 $\dot{I}_m$ 并不立即消失，而是按 50 Hz 谐振频率，经过几个周波后，逐渐衰减为零。而这个电流与故障前电压 $\dot{U}_m$ 同相，并且在谐振衰减过程中维持相位不变。因此，相当于“记住了”短路前的电压的相位，故称为“记忆回路”。

由于电压回路有了“记忆回路"的存在，当加于继电器的电压 $\dot{U}_m\approx0$ 时，在一定的时间内 YB 的二次绕组端钮有电压分量 $\dot{K}_y\dot{U}_m$ 存在，就可以继续进行幅值的比较，因而消除了在正方向出口短路时继电器的电压死区。

在整流比较回路中，电容 C_2 和 C_3 主要是滤除二次谐波，C_4 用来滤除高次谐波。

2．功率方向继电器的动作特性

LG-11 型功率方向继电器的动作特性如图 2-32 所示，临界动作条件为垂直于最大灵敏线通过原点的一条直线，动作区为带有阴影线的半平面范围。最大灵敏线是超前 $\dot{U}_m$ 为 α 角的一条直线。电流 $\dot{I}_m$ 的相位可以改变，当 $\dot{I}_m$ 与最大灵敏线重合时，即处于灵敏角 $\varphi_{sen}=-\alpha$ 情况下电压分量 $\dot{K}_k\dot{I}_m$ 与超前 $\dot{U}_m$ 为 90°相角的电压分量 $\dot{K}_y\dot{U}_m$ 相重合。

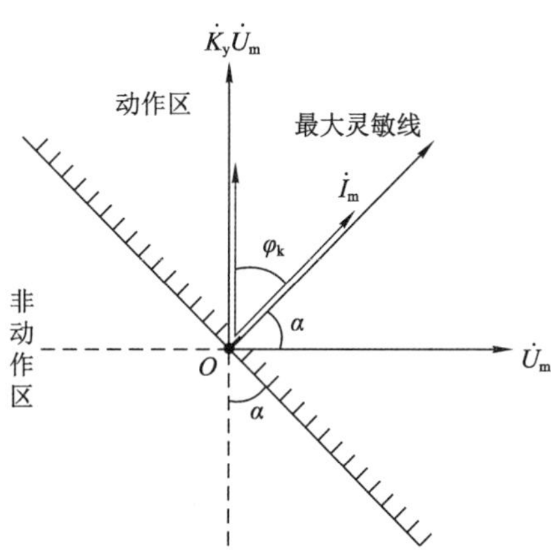

图 2-32　LG-11 型功率方向继电器的动作特性（α 为 30°或 45°）

通常功率方向继电器的动作特性还有下面两种表示方法：

(1) 角度特性：表示 I_m 固定不变时，继电器启动电压 $U_{pu\cdot r}=f(\varphi_m)$ 的关系曲线，如图 2-33所示。理论上其最大灵敏角为$\varphi_{sen}=-\alpha$。当$\varphi_k=60°$时，$\varphi_{sen}=-30°$，理想情况下动作范围位于以φ_{sen}为中心的$+90°$以内。在此动作范围内继电器的最小启动电压 $U_{pu\cdot r\cdot min}$基本上与φ_r 无关，当加入继电器的电压 $U_r<U_{pu\cdot r\cdot min}$时，继电器将不能动作，这就是出现“电压死区”的原因。

(2) 伏安特性：表示当$\varphi_m=\varphi_{sen}$固定不变时，继电器启动电压 $U_{pu\cdot r}=f(I_m)$的关系曲线。在理想情况下，该曲线平行于两个坐标轴，如图 2-34 所示，只要加入继电器的电流和电压分别大于最小启动电流 $I_{pu\cdot r\cdot min}$和最小启动电压 $U_{pu\cdot r\cdot min}$，继电器就可以动作。其中 $I_{pu\cdot r\cdot min}$之值主要取决于在电流回路中形成方波时所需加入的最小电流。

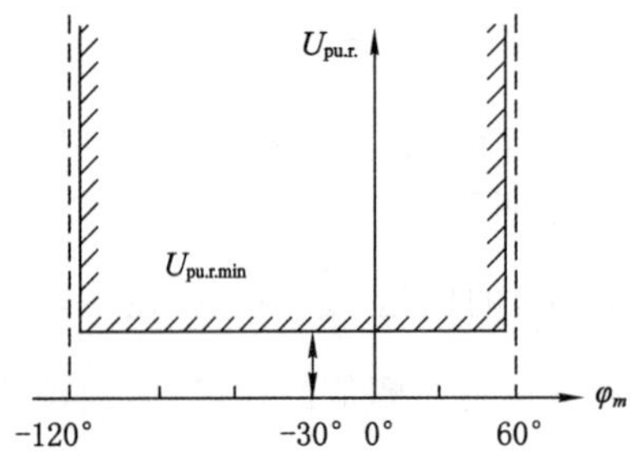

图 2-33 功率方向继电器($\varphi=30°$)的角的特性

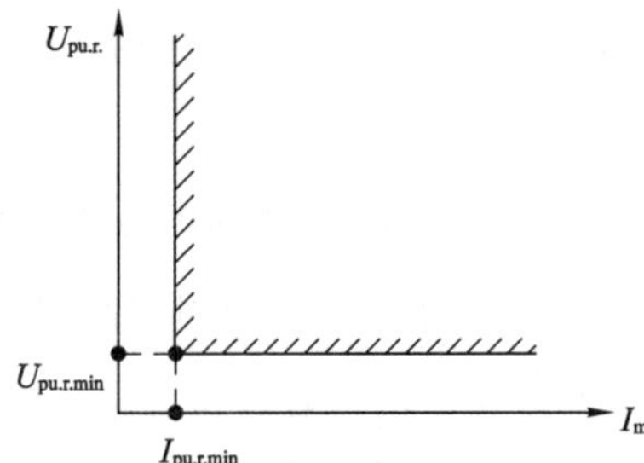

图 2-34 功率方向继电器的伏安特性

在分析功率方向继电器的动作特性时，还要考虑继电器的“潜动”问题。功率方向继电器可能出现电流潜动或电压潜动。

所谓电压潜动，就是功率方向继电器仅加入电压$\dot{U}_m$时产生的动作。产生电压潜动的原因是中间变压器 YB 的两个二次绕组W_3、W_2 的输出电压不等，当动作回路 YB 的W_2 端电压分量$\dot{K}_y\dot{U}_m$大于制动回路 YB 的W_3 端电压分量$\dot{K}_y\dot{U}_m$时就会产生电压潜动现象。为了消除电压潜动，可调整制动回路中的电阻 R_3，使 $I_m=0$ 时，加于两个整流桥输入端的电压相等，因而消除了电压潜动。

所谓电流潜动，就是功率方向继电器仅通入电流$\dot{I}_m$时产生的动作。产生电流潜动的原因是电抗变压器 DKB 两个二次绕组W_3、W_2 的电压分量$\dot{K}_k\dot{I}_m$不等，当W_2 电压分量$\dot{K}_k\dot{I}_m$大于W_3 电压分量$\dot{K}_k\dot{I}_m$(也就是动作电压大于制动电压)时，就会产生电流潜动现象。

为了消除电流潜动，可调整动作回路中的电阻 R_1，使 $U_m=0$ 时，加于两个整流桥输入端的电压相等，因而消除了电流潜动。

发生潜动的最大危害是在反方向出口处三相短路时，此时 $U_m\approx0$，而 I_m很大，方向继电器本应将保护装置闭锁，如果此时出现了潜动，就可能使保护装置失去方向性而误动作。

3. 相间短路功率方向继电器的接线方式

由于功率方向继电器的主要任务是判断短路功率的方向，因此，对其接线方式提出如下要求。

(1) 正方向任何形式的故障都能动作，反方向故障时则不动作。

(2) 故障以后加入继电器的电流$\dot{I}_r$和电压$\dot{U}_r$应尽可能地大一些，并尽可能使φ_r接近于最大灵敏角φ_{lsen}以便消除和减小方向继电器的死区。

为了满足以上要求，功率方向继电器广泛采用的是 90°接线方式，所谓 90°接线方式是指在三相对称的情况下，当 $\cos\varphi=1$ 时，加入继电器的电流，如$\dot{I}_A$和电压$\dot{U}_{BC}$相位相差 90°。如图 2-35 所示，这个定义仅仅是为了称呼的方便，没有什么物理意义。

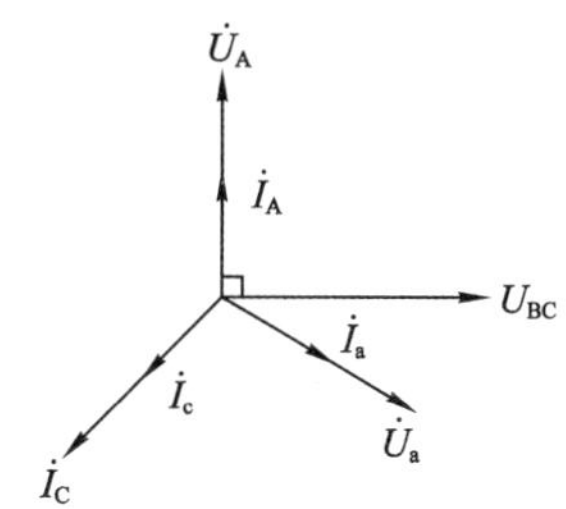

图 2-35　$\cos\varphi=1$ 时 I_A、U_{BC}的相量图

采用这种接线方式时，三个继电器分别接于$\dot{I}_A$、$\dot{U}_{BC}$、$\dot{I}_B$、$\dot{U}_{CA}$和$\dot{I}_C$、$\dot{U}_{AB}$而构成三相式方向过电流保护接线图。在此顺便指出，对功率方向继电器的接线，必须十分注意继电器电流线圈和电压线圈的极性问题，如果有一个线圈的极性接错就会出现正方向拒动、反方向误动的现象。

(三) 实验内容

(1) LG-11 功率方向继电器实验原理接线如图 2-36 所示。图中，380 V 交流电源经移相器和调压器调整后，由 bc 相分别输入功率方向继电器的电压线圈，A 相电流输入至继电器的电流线圈，注意同名端方向。

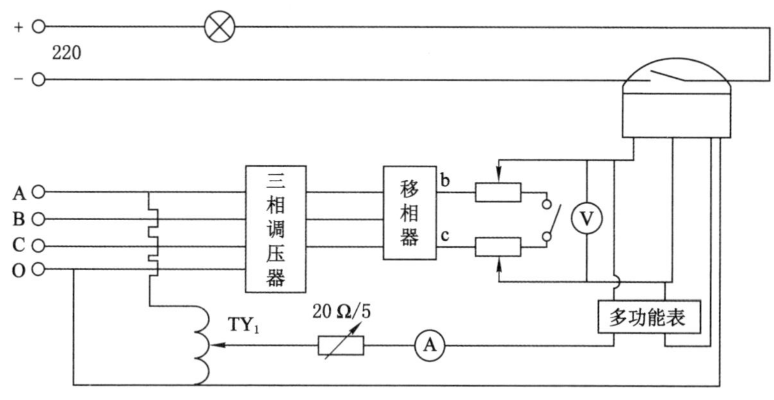

图 2-36　LG-14 功率方向继电器实验原理接线图

实验步骤如下：

① 熟悉 LG-11 功率方向继电器的原理接线和 ZN-Ⅱ智能式多功能表的操作方法及实验原理。将电压、电流接到多功能表的相应测量端口，将多功能表的显示切换到显示相位测量画面。

认真阅读 LG-11 功率方向继电器原理图和实验原理接线图，在图上指出功率方向继电器 LGJ 中的接线端子号和所需测量仪表接法。

② 按实验原理接线图接线。

③ 调节三相调压器和单相调压器，使其输出电压为 0 V，将移相器调至 0°，将滑线电阻滑动触头移到其中间位置。

④ 合上三相电源开关、单相电源开关。

⑤ 将多功能表的显示切换到显示相位测量画面。

⑥ 调节三相调压器使移相器输出电压为 20 V，调节单相调压器使电流表读数为 1 A，观察分析多功能表读数是否正确。若不正确，则说明输入电流和电压相位不正确，分析原因，并加以改正。

⑦ 在多功能表读数正确时，使三相调压器和单相调压器输出均为 0 V，断开单相电源开关。

检查功率继电器是否有潜动现象。电压潜动测量：将电流回路开路，对电压回路加入 110 V 电压，测量极化继电器 JJ 两端之间的电压，若小于 0.1 V，则说明无电压潜动。

(2) 用实验法测 LG-11 整流型功率方向继电器的角度特性 $U_{pu}=f(\varphi)$，并找出继电器的最大灵敏角和最小动作电压。

实验步骤如下：

① 按图 2-36 所示原理接线图接线。

② 检查线路无误后，合上三相电源开关、单相电源开关和直流电源开关。

③ 调节单相调压器的输出电压使电流表的读数为 1 A，并保持此电流值不变。

④ 在操作开关断开状态下，调节三相调压器的输出电压，使电压表读数为 50 V。

⑤ 调节移相器，在电压表为给定值的条件下找到使继电器动作(动作信号灯由不亮变亮)的两个临界角 φ_1、φ_2，将测量数据记录于表 2-18 中。

⑥ 保持电流为 1 A 不变，调节三相调压器，依次降低电压值，重复步骤⑤的过程，在给定电压为 30 V、20 V 情况下，找到使继电器动作的 φ_1、φ_2 并记录在表 2-18 中。

⑦ 保持电流为 1 A 不变，将两个滑线电阻的滑动触点移到靠近移相器输出接线端，调节三相调压器使其输出电压为 30 V。

⑧ 合上操作开关 BK，调节两个滑线电阻的滑动触点使电压表读数为 10 V。

⑨ 断开操作开关 BK。

⑩ 改变移相器的位置。

⑪ 迅速合上开关 BK，检查继电器动作情况。

⑫ 重复步骤⑨至⑪，找到使继电器动作的两个临界角度 φ_1、φ_2，在断开开关 BK 的情况下，将多功能表的读数记录于表 2-18 中。

表 2-18　角度特性 $U_{pu}=f(\varphi)$ 实验数据记录表

U/V	50	30	20	10	5	2.5	2	1
φ_1/(°)								
φ_2/(°)								

⑬ 重复步骤⑧的过程，使电压表的读数分别为 5 V、2.5 V、2 V、1 V 和 0.5V，再重复步骤⑨至⑫的过程，找到使继电器动作的最小动作电压值。

⑭ 实验完成后，使调压器输出为 0，断开所有电源开关。

⑮ 计算继电器的最大灵敏角 $\varphi_{sen}=\frac{\varphi_1+\varphi_2}{2}$，绘制角度特性曲线，并标明动作区。

(3) 用实验法作出功率方向继电器的伏安特性 $U_{pu}=f(I_r)$ 并测量最小动作电压。

实验步骤如下：

① 调整功率方向继电器的内角 $\varphi=30°$，调节移相器使 $\varphi=\varphi_{sen}$ 并保持不变。

② 实验接线与图 2-36 相同，检查线路无误后，合上三相电源开关、单相电源开关和直流电源开关。

③ 按照方向阻抗继电器的静态特性测试实验中介绍的方法将电压表读数调至表 2-18 中的某一给定值。

④ 调节单相调压器的输出，改变继电器输入电流的大小，当继电器动作时，记录此时电流表的读数。

⑤ 重复步骤③和④，在依次给出不同的电压时，找出使继电器动作(指示灯由不亮到亮)的相应的电流值，记入表 2-19 中。

注意找出使继电器动作的最小电压和电流。

表 2-19　伏安特性 $U_{pu}=f(I_r)$ 实验数据记录表

U_{pu}/V	10	8	6	3	1.5	0.5
I_r/A						

(6) 实验完成后，使所有调压器输出电压为 0 V，断开所有电源开关。

(7) 绘出 $U_{pu}=f(I_r)$ 特性曲线。

(四) 思考题

(1) 功率方向继电器为什么会有死区？应如何消除死区？

(2) 用相量图分析加入功率方向继电器的电压、电流极性发生变化对动作特性的影响。

(3) LG-11 整流型功率方向继电器的动作区是否等于 180°？为什么？

(4) 整流型功率方向继电器的角度特性与感应型功率方向继电器角度特性有什么差异？

(5) 功率方向继电器为什么要采用 90°接线？用 0°接线行不行？

(6) 改变内角 α 对保护动作性能有何影响？它有何实质意义？

(7) 角度特性及伏安特性有什么用途？

第二节　单侧电源三段式过电流保护综合实验

本实验面向自动化专业和电气工程及其自动化专业的学生开放。通过综合实验，使学生对所学内容，如短路电流计算、继电器特性、灵敏度校验及继电保护其他章节等内容进行系统的复习，并运用学过的知识，自己设计三段式过电流保护实验系统。要求自主设备选型、设计、安装，最后调试，检验自己的设计方案。在整个实验过程中，摆脱以往由教师设计、检查处理故障的传统做法，由学生完全自己动手，互相查找问题，处理故障，培养学生动手能力。学生应做到以下几点：

（1）通过对三段式过电流保护动作电流和动作时间的整定，掌握三段保护之间的配合关系，加深对继电保护思想的基本要求即可靠性、选择性、快速性、灵敏性的理解。

（2）理解输电线路阶段式电流保护的原理图、线路图及保护装置中各继电器的功能及作用。

（3）通过实验线路的设计，参数计算及实际操作，使理论与实际相结合，增加感性认识，加深理论知识的学习。

（4）学习传统电磁式继电器以及综合实验台的使用。

一、实验板介绍

三段式过电流继电保护实验板如图 2-37 所示，实验板主要由 DL-33 型电流继电器、DS-22C 型时间继电器、DZ-17 型中间继电器、DX-11 型信号继电器、电流表、电压表、互感器、CJ20-25 型交流接触器、万能开关、按钮、指示灯、接线端子等元件组成。实验板中的各类继电器可以通过拔插方式拆卸下来放至亚龙 YL-1120C 型继电保护实验装置当中进行参数校验工作。实验板中接线端子的布置，使学生可以自主地设计接线方式，合理规划空间。同时，实验板底下配有四个可固定滚轮，为学生提供了便捷的接线环境。实验所用元件型号及其数量如表 2-20 所列。

图 2-37　三段式过电流继电保护实验板

表 2-20　实验元件清单

序号	元件名称	型号	数量
1	接触器	CJ20-25	1
2	电流继电器	DL-33	6
3	中间继电器	DZ-17	1
4	信号继电器	DX-11	3

表 2-20(续)

序号	元件名称	型号	数量
5	时间继电器	DS-22C	2
6	电流互感器	20/5	2
7	电阻器	4 Ω/节	6
8	万能开关	LW5D-16	1
9	AC 电压表	6L2(420 V)	1
10	DC 电压表	6L2(250 V)	1
11	电流表	6L2(100 A)	2

二、单侧电流辐射型电网三段式过流保护综合实验

(一) 实验目的

(1) 通过模拟三段式过电流保护实验,进一步了解瞬时电流速断保护、限时电流速断保护、过电流保护的基本原理。

(2) 掌握三段式电流保护整定值的计算方法。

(3) 掌握相关低压元件的接线方法以及继电保护综合实验台的使用方法。

(4) 培养实践动手能力,了解布线的基本工艺要求。

(5) 培养分析、查找故障及错误接线的能力。

(二) 实验原理

三段式电流保护通常用于 3～66 kV 电力线路的短路保护。在被保护线路上发生短路时,流过保护安装点的短路电流值随短路点的位置不同而变化。在线路的始端短路时,短路电流值最大,末端短路时短路回路的阻抗最大,短路电流最小。短路电流值还与系统运行方式及短路的类型有关。

1. 瞬时电流速断保护

仅反应于电流增大而瞬时动作的电流保护,称为电流速断保护。为优先保证继电保护动作的选择性,就要在保护装置启动参数的整定上保证下一条线路出口处短路时不启动,这在继电保护技术中,又称为按躲过下一条线路出口处短路的条件整定。电流速断保护的特点是接线简单、动作可靠、切除故障快,但不能保护线路全长,保护范围受到系统运行方式变化的影响较大。

图 2-38 中曲线 1 表示在最大运行方式下发生三相短路时,线路各点短路电流变化的曲线;曲线 2 则为最小运行方式下两相短路时,短路电流变化的曲线。

由于本线路末端 f_1 点短路和下一线路始端的 f_2 点短路时,其短路电流几乎是相等的(因 f_1 离 f_2 很近,两点间的阻抗约为零)。如果要求在被保护线路的末端短路时,保护装置能够动作,那么,在下一线路始端短路时,保护装置不可避免地也将动作。这样,就不能保证应有的选择性。为了保证保护动作的选择性,将保护范围严格地限制在本线路以内,就应使保护的整定动作电流 I'_{act1} 大于最大运行方式下线路末端发生三相短路时的短路电流 $I_{f.B.max}$,即

$$I'_{act1} = K'_{rel} I_{f.B.max} \tag{2-33}$$

式中,K'_{rel} 为第 Ⅰ 段可靠系数,采用电磁型电流继电器时为 1.2～1.3。

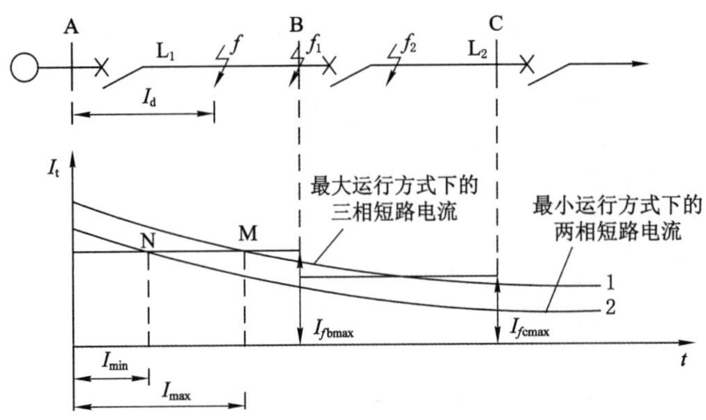

图 2-38　瞬时电流速断保护的整定及动作范围

2. 限时电流速断保护

瞬时电流速断保护(也称第Ⅰ段保护)虽然能实现快速动作,但却不能保护线路的全长。因此,必须装设第Ⅱ段保护,即限时电流速断保护,用以反映瞬时电流速断保护区外的故障。对第Ⅱ段保护的要求是能保护线路的全长,同时还要有尽可能短的动作时限。

(1) 保护分析

限时电流速断保护要求保护线路的全长,那么保护区必然会延伸至下一线路,因为本线路末端短路时流过保护装置的短路电流与下一线路始端短路时的短路电流相等,再加上还有运行方式对短路电流的影响,若较小运行方式下保护范围达到线路末端,则较大运行方式下保护范围必然延伸到下一线路。为尽量缩短保护的动作时限,通常要求限时电流速断保护延伸至下一线路的保护范围不能超出下一线路瞬时电流速断保护的保护范围,因此线路 L_1 限时电流速断保护的动作电流 I''_{act1} 应大于下一线路瞬时电流速断保护的动作电流 I'_{act2},即

$$I''_{act1} > I'_{act2} \tag{2-34}$$

$$I''_{act1} = K''_{rel} I'_{act2} \tag{2-35}$$

式中,K''_{rel} 为第Ⅱ段可靠系数,考虑到非周期分量的衰减一般取 $K''_{rel}=1.1\sim1.2$

为保证保护装置动作的选择性,限时电流速断保护的动作时限需要与下一线路的瞬时电流速断保护相配合(图 2-39),即应比后者的时限大一个时限级差 Δt(Δt 一般取 0.5 s)。

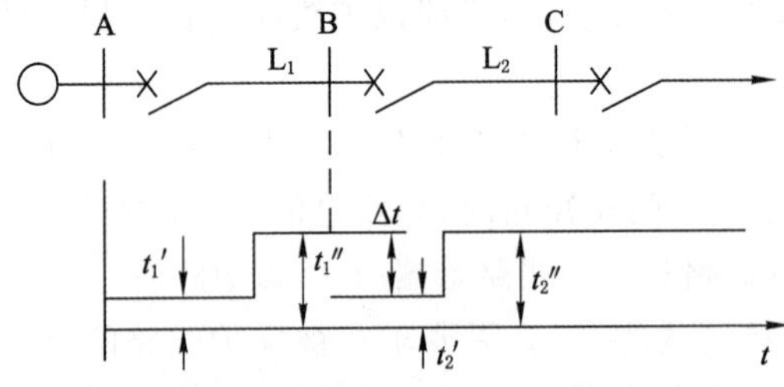

图 2-39　瞬时电流速断保护与限时电流保护时限配合

(2) 保护校验

为了使限时电流速断保护能够保护线路的全长,应以本线路的末端作为灵敏度的校验

点，以最小运行方式下的两相短路作为计算条件，来校验保护的灵敏度。其灵敏度为：

$$K_{sen} = \frac{I_{f.B.min}}{I''_{act1}} \tag{2-36}$$

式中　$I_{f.B.min}$——在线路 L_1 末端短路时流过保护装置的最小短路电流；

I''_{act1}——线路 L_1 限时电流速断保护的动作电流值。

根据相关规程要求，灵敏度系数应不小于 1.3。如果保护的灵敏度不能满足要求，有时还采用降低动作电流的方法来提高其灵敏度。为此，应使线路 L_1 上的限时电流速断保护范围与线路 L_2 上的限时电流速断保护相配合，即

$$I''_{act1} = K''_{rel} \times I''_{act2} \tag{2-37}$$

式中　I''_{act2}——线路 L_2 限时电流速断保护动作值。

显然，动作时限增大了，但保护灵敏度却提高了，而且保证了动作的选择性。

3. 定时限过电流保护

瞬时电流速断保护和限时电流速断保护相配合能保护线路全长，可作为线路的主保护用。但为防止本线路的主保护发生拒动，必须给线路装设后备保护，以作为本线路的近后备和下一线路的远后备。这种后备保护通常采用定时限过电流保护（又称为第Ⅲ段保护），其动作电流按躲过最大负荷电流整定，动作时限按保证选择性的阶梯时限来整定。

(1) 保护分析

定时限过电流保护动作电流的整定，要考虑可靠性原则，即只有在线路存在短路故障的情况下，才允许保护装置动作。过电流保护应按躲过最大的负荷电流计算保护的动作电流，根据可靠性要求，过电流保护的动作电流必须满足以下两个条件：

① 在被保护线路通过最大负荷电流的情况下，保护装置不应该动作。同时，最大负荷电流要考虑电动机自启动时的电流。由于短路时电压下降，变电所母线上所接负荷中的电动机被制动，在故障切除后电压恢复时，电动机有一个自启动过程，电动机自启动电流大于正常运行时的额定电流，则线路的最大负荷电流 I_{Lmax} 也大于其正常值 I_L。

② 对于已经启动的保护装置，故障切除后，在被保护线路通过最大负荷电流的情况下应能可靠地返回。

$$I'''_{act1} = K'''_{rel} \times K_{ast} \times \frac{I_{Lmax}}{K_{re}} \tag{2-38}$$

式中　K'''_{rel}——第Ⅲ段可靠系数，通常取 1.2～1.25；

K_{ast}——电动机自启动系数，通常取 1.5～3；

K_{re}——电流继电器返回系数，取 0.85～0.95。

(2) 时限分析

定时限过电流保护的动作时限，应根据选择性的要求加以确定。装于辐射形电网中的各定时限过电流保护装置，其动作时限必须按选择性的要求互相配合。配合的原则是：离电源较近的上一级保护的动作时限，应比相邻的、离电源较远的下一级保护的动作时限要长，好似一个阶梯，这就是通常所说的阶梯形时限特性，如图 2-40 所示。

按照时限配合的要求，保护装设地点离电源愈近，其动作时限将愈长，而故障点离电源愈近，短路电流却愈大，对系统的影响也愈严重。所以，定时限过电流保护虽可满足选择性的要求，却不能满足快速性的要求。故障点离电源近，其动作时间反而长。正因为如此，定

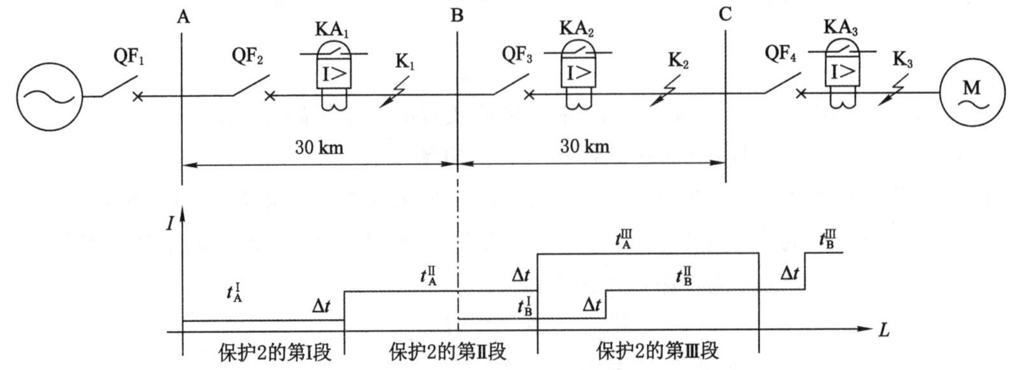

图 2-40　阶梯形时限特性

时限过电流保护在电网中一般用作其他快速保护的后备保护。

(3) 灵敏度校验

作为本线路近后备保护时，$I_{f\text{bmin}}$ 为本线路末端短路时流过保护的最小短路电流，要求灵敏系数 $K_{\text{sen}} \geqslant 1.3 \sim 1.5$。

$$K_{\text{sen}} = \frac{I_{f\text{bmin}}}{I'''_{\text{act1}}} \tag{2-39}$$

作为本线路远后备保护时，$I_{f\text{cmin}}$ 为下一条线路末端短路时流过保护的最小短路电流，要求灵敏系数 $K_{\text{sen}} \geqslant 1.2$。

$$K_{\text{sen}} = \frac{I_{f\text{cmin}}}{I'''_{\text{act1}}} \tag{2-40}$$

4. 元件功能介绍

(1) 交流接触器

交流接触器主要由电磁机构、触头机构、灭弧装置等部分组成，图 2-41 所示是 CJ20-25 型交流接触器，它有 3 对主触头、2 对动合辅助触头、2 对动断辅助触头。电磁机构是接触器的动力元件，由铁芯、衔铁、电磁线圈和释放弹簧几部分组成。当电磁线圈接上交流电时，产生吸力，使衔铁带动触头系统动作。

(2) 电流继电器

电流继电器装设于电流互感器二次回路中，当流过继电器线圈的电流大于继电器动作电流时动作，经跳闸回路作用于断路器跳闸。

继电器线圈回路中有电流通过时，产生电磁力矩，使舌片向磁极靠近，由于舌片转动时必须克服弹簧的反作用力，因此通过线圈的电流必须足够大，当大于整定电流值时，产生的电磁力矩使得舌片足以克服弹簧阻力转动，使继电器动作，接点闭合。

电流继电器动作电流的调整方法：改变整定值调整把手的位置，通过调整把手，可改变弹簧的反作用力矩，从而可平滑地调整继电器动作电流。或改变线圈的连接方式，电流继电器线圈有两个，因此有串联和并联两种连接方式。采用串连接法时，继电器动作电流为刻度盘标注动作电流值；采用并连接法时，继电器动作电流为刻度盘标注动作电流值的两倍。

(3) 中间继电器

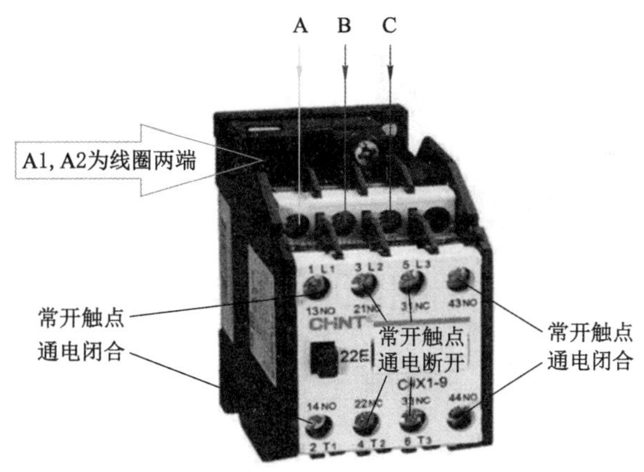

图 2-41 交流接触器实物图

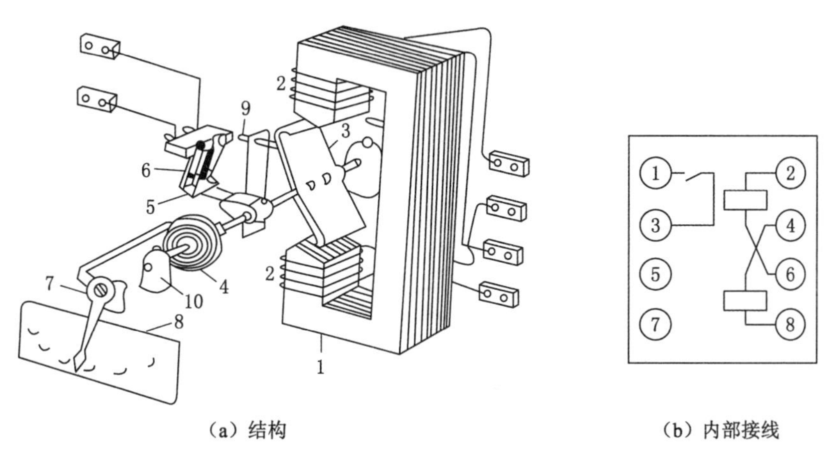

1—电磁铁;2—线圈;3—Z 型舌片;4—弹簧;5—动触点;6—静触点;

7—整定值调整把手;8—刻度;9—舌片行程限制杆;10—轴承。

图 2-42 DL-33 型电流继电器的结构及内部接线

中间继电器主要用来扩大接点的容量和数量,作为保护出口跳闸用,亦作为辅助继电器用。当线圈当中流过电流时,由于电磁力的作用,使继电器当中常开开关变成常闭状态,常闭开关变成常开状态。其结构如图 2-43 所示。

(4) 信号继电器

DX-11 型信号继电器如图 2-44 所示,当信号继电器线圈中流过电流时,电磁力吸引衔铁而释放信号牌,信号牌由于本身的重量而下落,并停留在垂直位置,通过观察窗可以看见继电器动作掉牌信号,同时固定信号牌的轴旋转 90°,使动触点与静触点接通,从而接通灯光或音响信号回路,故障消除以后,须由工作人员对信号继电器进行手动复位。

(5) 时间继电器

时间继电器在继电保护回路中,当保护设备故障发生后,经过指定的延时后作用于断路器跳闸。DS-22C 型时间继电器如图 2-45 所示,当时间继电器线圈接入电压后,衔铁即被瞬

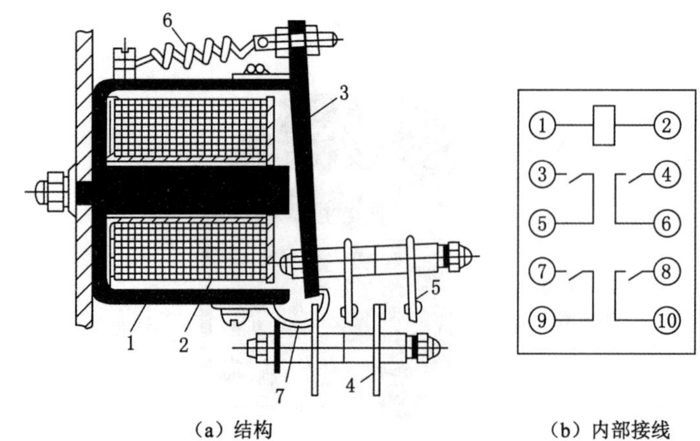

(a) 结构　　　　(b) 内部接线

1—电磁铁;2—线圈;3—衔铁;4—静触点;

5—动触点;6—反作用弹簧;7—衔铁行程限制器。

图 2-43　DZ-17 型中间继电器的结构及内部接线

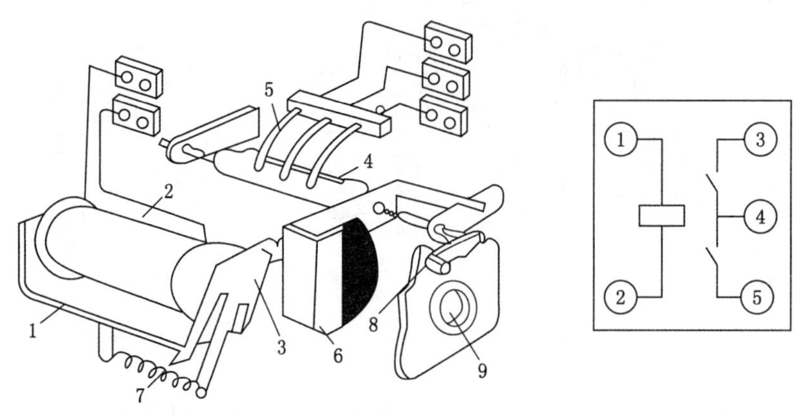

1—电磁铁;2—线圈;3—衔铁;4—动触点;5—静触点;

6—信号掉牌;7—弹簧;8—复归把手;9—观察窗。

图 2-44　DX-11 型信号继电器的结构及内部接线

时吸入电磁线圈中,依附在衔铁上的杠杆被释放,在弹簧的作用下,使扇形齿轮顺时针方向旋转,并带动齿轮、动触点及与其同轴的摩擦离合器一起逆时针旋转,通过主齿轮传动钟表机构,钟表机构按整定的时间接通动触点,从而实现定时。当加在线圈上的电压消失后,在返回弹簧的作用下,杠杆立即使扇形齿轮恢复原位,动触点轴顺时针方向旋转,摩擦离合器与传动齿轮脱开,此时钟表机构不参加工作,接点瞬时返回。

(6) 电流互感器

电流互感器是依据电磁感应原理将一次侧大电流转换成二次侧小电流来测量的仪器。原理如图 2-46 所示。它由闭合的铁芯和绕组组成,一次侧绕组匝数很少,串在需要测量电流的线路中,因此它经常有线路的全部电流流过,二次侧绕组匝数比较多,串接在测量仪表和保护回路中,电流互感器在工作时,它的二次侧回路始终是闭合的,因此测量仪表和保护

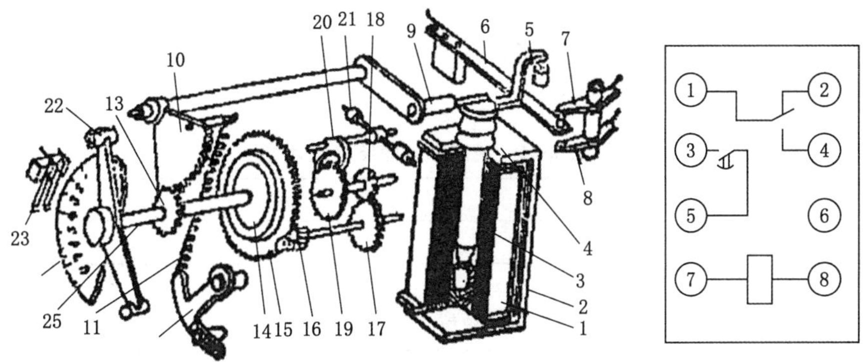

1—线圈；2—磁导体；3—衔铁；4—返回弹簧；5—切换接点压头；6—瞬时动触点；
7—瞬时常闭触点；8—瞬时常开触点；9—扇形齿曲臂；10—扇形齿；11—钟表弹簧；
12—钟表弹簧调整器；13—传动齿轮；14—摩擦离合器；15—主传动齿轮；
16—传动齿轮；17—中间齿轮；18—摆齿轮；19—钟摆；20—摆锤；
21—延时动触点；22—延时静触点；23—时间刻度盘；24—动触点轴。

图 2-45　DS-22C 型时间继电器的结构及内部接线

回路串联线圈的阻抗很小，电流互感器的工作状态接近短路。

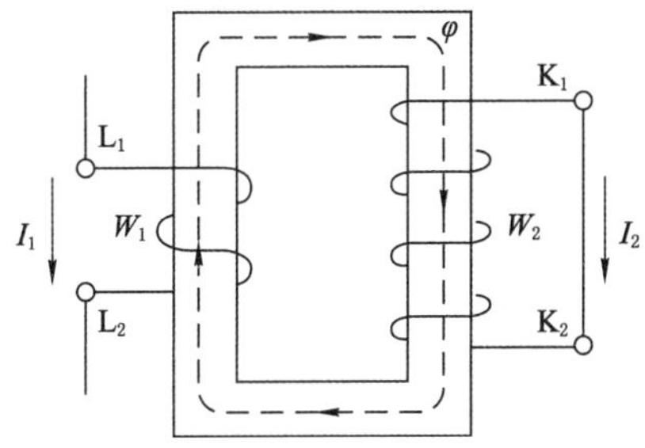

图 2-46　电流互感器原理图

（三）实验步骤

1. 实验参数

如图 2-47 所示，线路 $R=0.4\ \Omega/\mathrm{km}$，$K'_{rel}=1.2$，$K''_{rel}=1.15$，$K'''_{rel}=1.25$，$K_{re}=0.85$，$K_{ast}=1.5$，线路长度 $L_{ab}=30\ \mathrm{km}$，$L_{bc}=30\ \mathrm{km}$，阻抗 $Z_s=0\ \Omega$，$I_{Lmax}=2.5\ \mathrm{A}$，电流互感器变比 $k=20/5$。

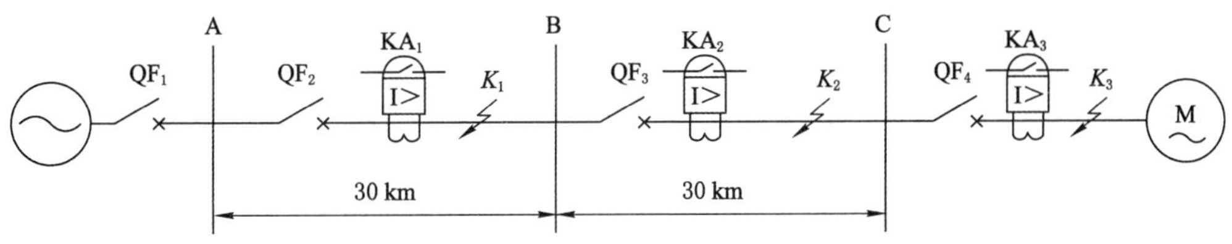

图 2-47　实验线路图

2. 根据实验参数进行短路计算

根据实验所得参数对线路末端、保护第Ⅰ段、保护第Ⅱ段、保护第Ⅲ段的短路电流进行计算，结果填入表 2-21～表 2-25 中。

表 2-21　线路末端短路电流计算

I_{fBmax}/A	I_{fBmin}/A	I_{fCmax}/A	I_{fBCmin}/A

表 2-22　保护第Ⅰ段短路电流计算

第Ⅰ段电流整定值/A	灵敏度校验

表 2-23　保护第Ⅱ段短路电流计算

第Ⅱ段电流整定值/A	灵敏度校验	动作时限/s

表 2-24　保护第Ⅱ段不满足灵敏度校验短路电流计算

第Ⅱ段电流整定值/A	动作时限/s

表 2-25　保护第Ⅲ段短路电流计算

第Ⅲ段电流整定值/A	动作时限/s	近后备灵敏度校验	远后备灵敏度校验

3. 各元件按照计算值进行参数校验

(1) 电流互感器变比校验。根据计算，电流互感器采用变比为 20/5 的互感器，由于互感器精度不能保证，因此需要在实验台当中进行进一步校验。通过改变互感器匝数来调整变比，其中 A_1 选用 30 A 电流表，A_2 选用 5 A 电流表。通过表的读数调整匝数，从而得到理想变比。测试电路如图 2-48 所示。

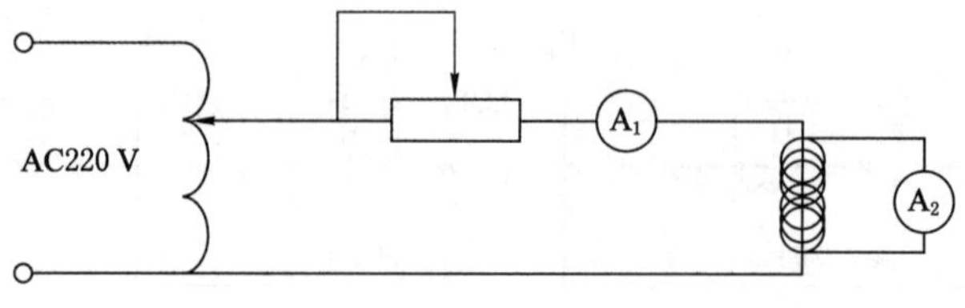

图 2-48　电流互感器校验电路图

(2) 电流继电器校验。依照三段式短路电流计算原则，依次计算出电流保护整定值，将六个电流继电器两两一组，按照整定值大小调节好串联或并联接线，先手动拨动指针到大致位置，再接入实验台上进行电流值校验。

电流瞬时速断保护的整定计算值通常较大，因此电流继电器的接线常采用线圈并联接线，按照图 2-49 将电流继电器接入电路，检查无误后调节滑动变阻器，观察交流电流表是否在预定电流值时继电器动作，若能够在规定电流值时使得继电器动作，指示灯亮起，说明继电器校验成功。同理，将限时速断保护的整定值和过电流保护整定值按照上述方法依次进行整定，当校验电流值小于继电器拨盘最大电流 3 A 时，电流继电器的线圈接成串联的方式。

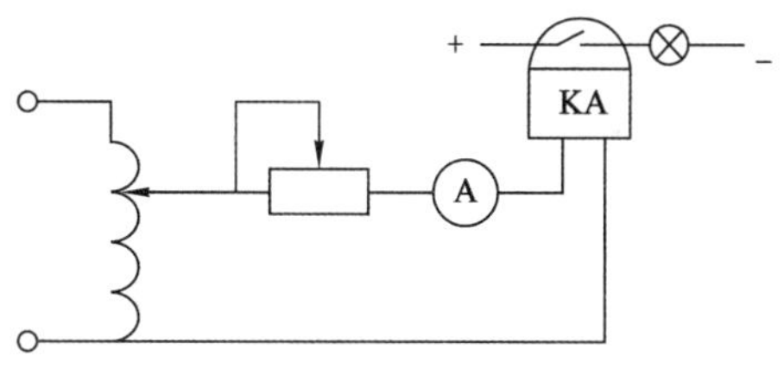

图 2-49　电流继电器校验电路图

(3) 时间继电器校验。第Ⅱ段和第Ⅲ段动作时间需要延时，系统选用时间继电器采用许继 DS-22C 型号，由于使用频繁，定时不是很准确，需要通过毫秒表进行校验，使其能够满足定时要求。时间继电器时间整定，按照图 2-50 在实验台中进行接线，利用毫秒表读出时间继电器延时的长短；不符合时限要求整定时间继电器的螺丝进行调节，以至达到时间延时符合整定的 0.5 s 和 1 s。

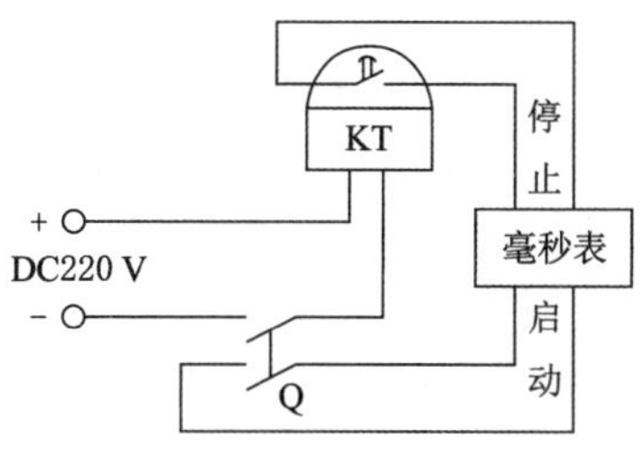

图 2-50　时间继电器校验电路图

(4) 绘制实验原理图。如图 2-51 所示，系统一次回路由进线断路器控制，负载采用分段电阻器，可以通过阻值调整改变三相短路电流大小，从而模拟线路的短路电流。采用不完全星形接法，二次回路经过 2 个电流互感器，分别接在 A、C 相，采集电流送入 6 个电流继电器，这 6 个继电器分别是Ⅰ段、Ⅱ段和Ⅲ段电流继电器。其中，Ⅰ段和Ⅱ段采用线圈并联接法，Ⅲ段采用串联接法，Ⅰ段直接送入信号继电器，Ⅱ段和Ⅲ段继电器触点信号送给时间继电器，经过延时，然后分别送入信号继电器和中间继电器。通过中间继电器触点信号控制交流接触器的通断，从而控制断路器的跳闸与否，起到了继电保护的功能。通过对电流表的读数，可以直观读出保护动作电流的大小。

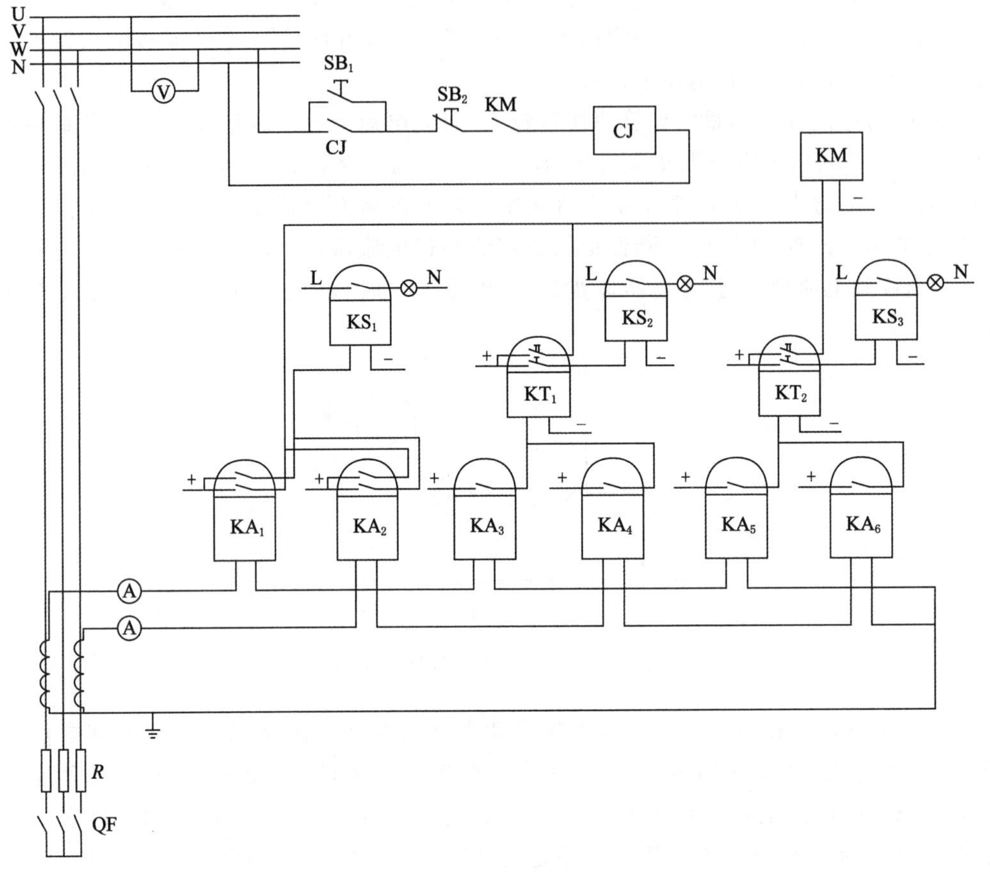

图 2-51　实验原理图

(5) 设计实验接线图。如图 2-52 所示,实验在三相电源的 U 相和 W 相上装有电流互感器,将二次侧电流引入电流继电器当中,一旦电流互感器二次侧电流达到继电器动作电流,电流继电器将＋24 V 电压经过时间继电器、信号继电器后接入中间继电器,中间继电器线圈得电动作后将电能送入交流接触器线圈当中,使得交流接触器闭合或断开,模拟短路故障。按钮、指示灯属于交流 220 V 器件,需要由三相电源中的一相以及 N 相来构成交流通路。

(6) 制造短路电流。将交流电源的三相分别经过电阻器组后引出,三条引出线最终都接至刀闸,一旦将刀闸合上,相当于造成三相短路故障。通过调节串接在线路中的电阻阻值,可以实现短路电流大小的调节,观察实验板当中的电表示数、继电器动作以及指示灯亮灭情况,可以直观地反映出线路中产生不同短路电流时的保护动作情况,以及各段保护的配合情况。由于三相短路所产生的短路电流最为严重,因此闭合刀闸的时间不能过长,若保护未能动作,应立即人为分开刀闸,防止损坏设备及线路。

(7) 记录各种情况下保护动作时的电流,与设计短路电流比较,有无拒动和误动现象,分析原因。

(四) 实验注意事项

(1) 计算短路电流,设计实验线路,经教师检查后进行实验。

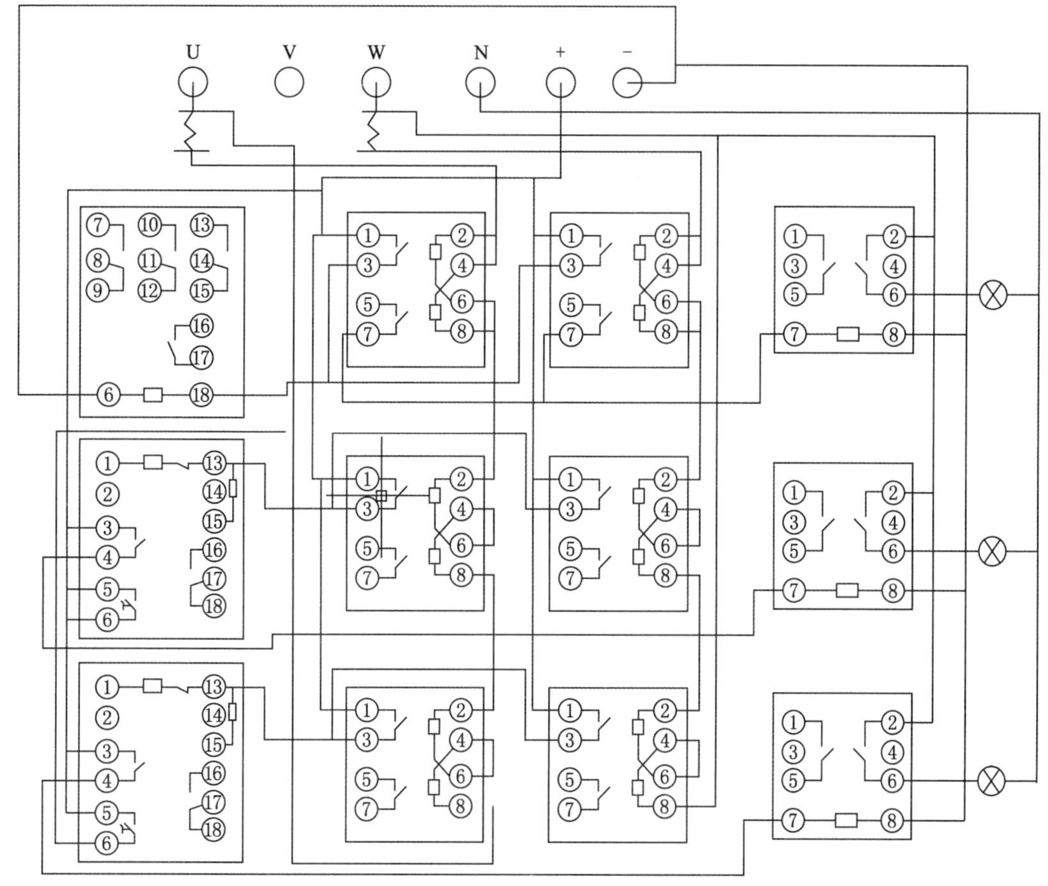

图 2-52　实验接线图

(2) 自行接线、调试，要求布线整齐。注意：首先，各段保护动作时，均应以中间继电器为出口执行元件。其次，各段保护动作时，故障指示信号要求准确无误。最后，短路模拟电流不大于线路绝缘承受的最大电流值。

(3) 通电调试时，先调试直流回路，再调试交流回路，确认无误后，通电进行整个系统调试。

(五) 实验报告要求

(1) 每人上交一份实验报告。

(2) 写出短路电流计算过程、用 CAD 画出设计原理图及接线图。

(3) 写出实验步骤。

(4) 测出实验数据并分析实验结果。

(5) 分析设计中出现的问题，以及实验中出现的故障，原因何在？你是如何认识和解决这些问题的？

(6) 写出你对本实验的体会，并说明你对本实验有什么意见和看法。

第三章　110 kV 变电站仿真实验

第一节　仿真变电站软件概述

仿真软件主要由四部分构成，分别为电气主接线、监控图、三维模型、综合管理，主要结构如图 3-1 所示。

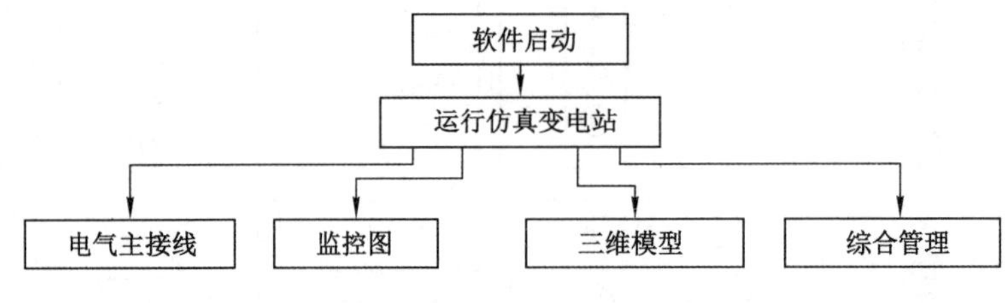

图 3-1　仿真软件主要结构

一、电气主接线控制台

电气主接线控制台可以对整个变电站进行控制，如图 3-2 所示，可操作变电站的运行及停止、运行方式、设置故障及故障清除。

仿真变电站一次设备共分为三个电压等级，分别为 110 kV、35 kV 和 10 kV。110 kV、35 kV 和 10 kV 均采用单母线两分段接线方式。正常情况下 110 kV 为单母线分段，左侧Ⅰ号母线上连接 1 号主变、金安Ⅰ线、马隆线；右侧Ⅱ号母线上连接 2 号主变、金安Ⅱ线、定隆线，分段断路器 100 在合上位置，两母线并列运行；110 kV 的中性接地点设在 1 号主变。35 kV为单母线分段，左侧Ⅰ号母线上连接 1 号主变、隆那线、备用Ⅲ线、隆雁线；右侧Ⅱ号母线上连接 2 号主变、隆罗线、隆乔线、隆南线、1 号所变，分段断路器 300 在合上位置，两母线并列运行；35 kV 的中性接地点经消弧线圈运行在 2 号主变。10 kV 为单母线分段，Ⅰ号母线上连接 1 号主变、微波线、铁路线、砖厂线、2 号所用变、1 号电容，Ⅱ号母线上连接玻璃线、城厢线、农贸线、隆水线、2 号电容、3 号电容。

二、监控台

监控台的主要功能是对整个变电站运行情况进行实时监测，并对变电站各线路及设备运行时的状态和数据进行判断，一旦偏离预定范围就发出报警信号，以便提醒相关运行人员能够及时掌握变电站运行时的异常情况。监控窗口主要用于监测断路器、隔离开关、变压器分切开关等设备的状态变化，以及各段母线的电压馈线的电流及功率、主变的油温、绕组温度及直流电源电压等。在这些监控窗口中，可以直观地监视和查看系统出现的故障、进行的操作等情况。当电力系统发生故障时，与之相关联的开关跳闸，保护动作，报警信号灯闪烁，如图 3-3 所示。

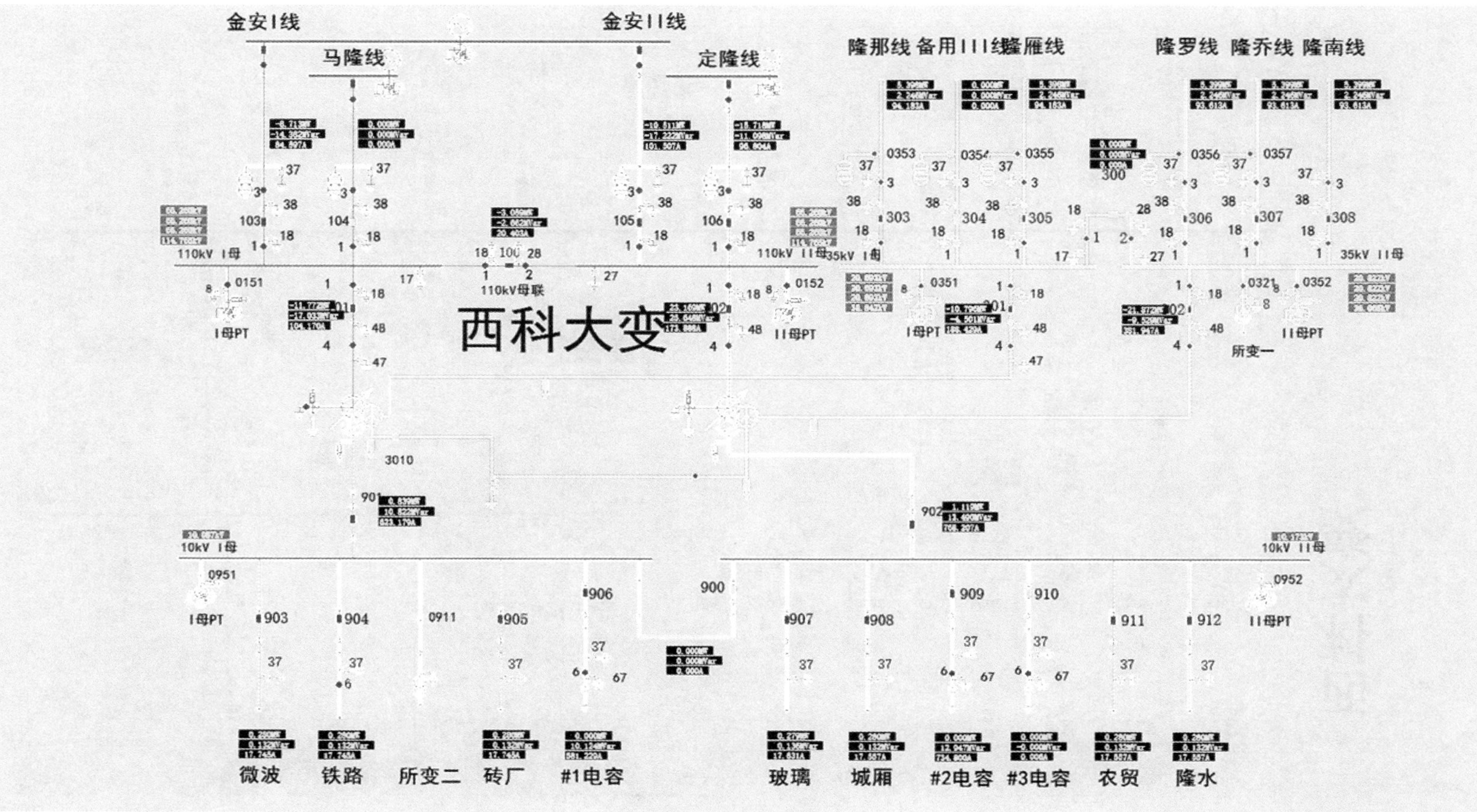
金安I线
马隆线
金安II线
定隆线
隆那线 备用III线蠡雁线
隆罗线 隆乔线 隆南线
110kV I母
110kV II母
110kV母联
35kV I母
35kV II母
I母PT
II母PT
西科大变
所变一
10kV I母
10kV II母
微波
铁路
所变二
砖厂
#1电容
玻璃
城厢
#2电容
#3电容
农贸
隆水

图 3-2　电气主接线图

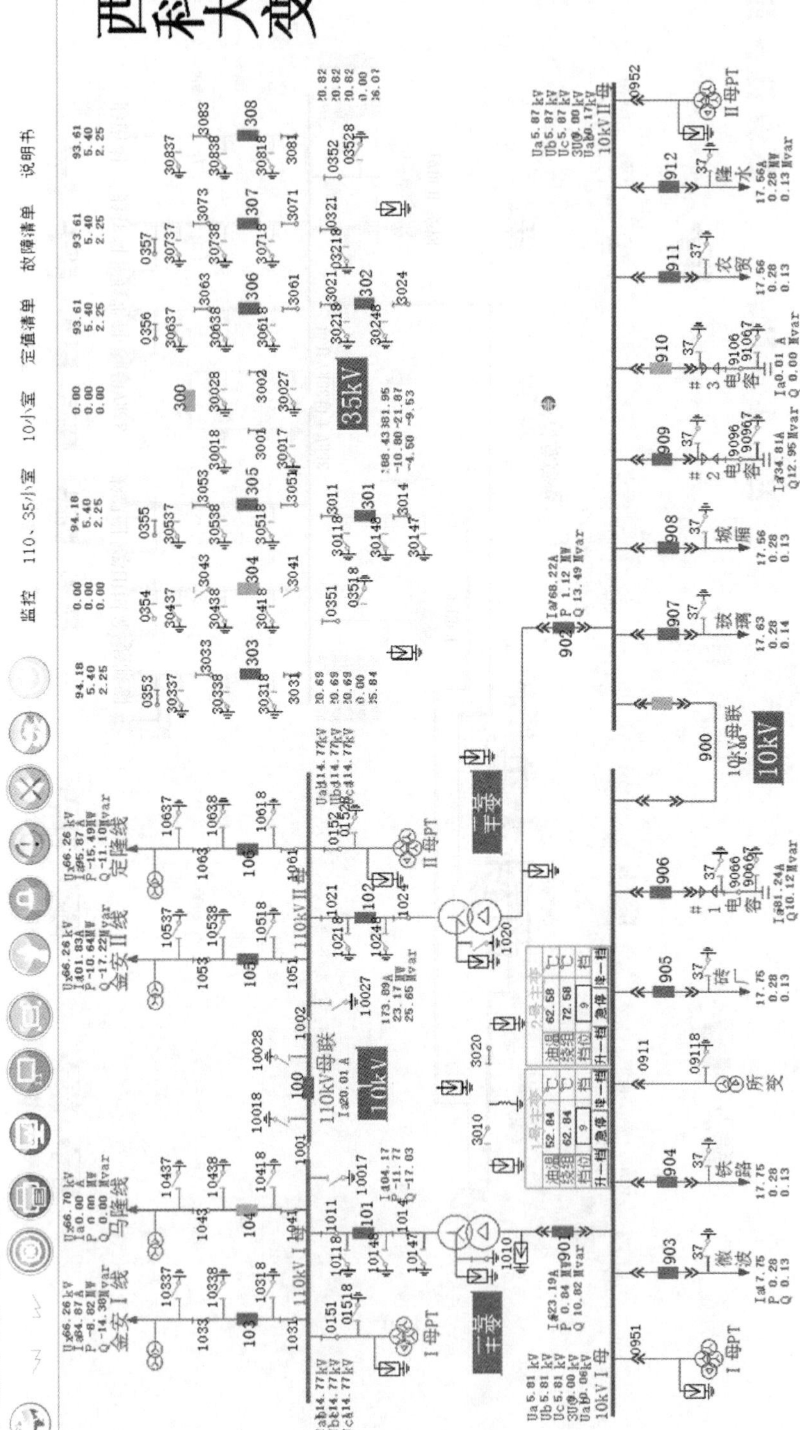
西科大变
监控
110、35小室
10小室
定值清单
故障清单
说明书
35kV
10kV
110kV母联
10kV母联
110kV I 母
110kV II 母
10kV I 母
10kV II 母
I 母PT
II 母PT
金安 I 线
金安 II 线
马隆线
定隆线
1号主变
2号主变

图 3-3　监控台

同时通过监控台还可查看 110 kV、35 kV、10 kV 电压分图，一号、二号变压器分图，各线路分图，各电压级监控小室。通过各图之间的任意切换，可得到设备正常运行的各项参数、刀闸及开关的位置及状态、变压器的内外部状态等信息。

通过各电压级分图可以观测到各开关的状态为断开或闭合，正常运行或出现故障，对各线路各相电流、电压、功率进行实时监测，若线路内部出现故障或有保护动作，有与之相对应的信号灯闪烁提示。

三、三维模型操作台

三维操作现场是利用 3D 技术将一次设备的外形、内部结构及操控机构完全仿真。根据现场一次设备的外形，建造相对应的模型，形成完整的变电站视图，并且可以对设备进行操作、巡视，使学生感觉置身于真实的变电站中，如图 3-4 所示。同时它应用影像、图像、声音等多媒体手段，使仿真效果更加真实。三维部分操作简单、直观，基本实现了对变电站现场一次设备的巡检、操作及实时监控。

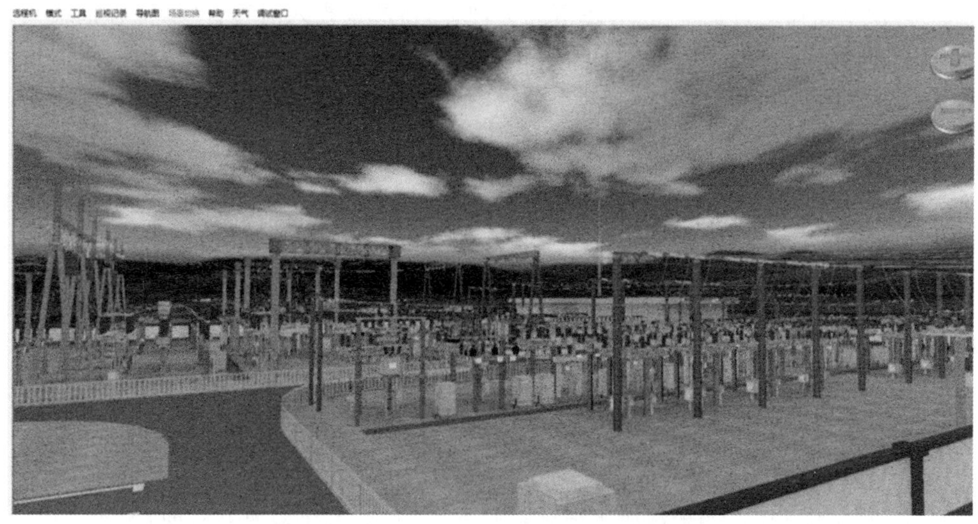

图 3-4　三维视图

第二节　变电站电气开关的运行

一、断路器的运行与操作

（一）实验目的

（1）熟悉断路器的使用规范、安全操作要点及注意事项。

（2）熟悉断路器的巡查项目。

（二）实验原理

1. 断路器运行规范

在电网运行过程中，高压断路器的操作和动作较为繁复。为使断路器能安全可靠运行，保证其性能，在仿真模拟系统中，对断路器的使用和操作都有严格的要求。

（1）在正常运行时，断路器的工作电流、最大工作电压和断流容量不得超过额定值。

（2）在满足上述要求的情况下，断路器的瓷件、机构等部分均应处于良好状态。

（3）运行中的断路器，机构的接地应可靠，防止因接触部位过热而引起断路器事故。

（4）运行中与断路器相连接的汇流排，接触必须良好可靠，防止因接触部位过热而引起断路器事故。

（5）运行中断路器本体、相位漆及分合闸机械指示等应完好无缺，机构箱及电缆孔洞使用耐火材料封堵。

（6）断路器绝对不允许在带有工作电压时手动合闸，或手动就地操作按钮合闸，以避免合于故障时引起断路器爆炸进而危及人身安全。

（7）远方和电动操作的断路器禁止使用手动分闸。

（8）明确断路器的允许分、合闸次数，以便很快地决定计划外检修。断路器每次故障跳闸后应进行外部检查，并做记录。

（9）为使断路器运行正常，在下述情况下，断路器严禁投入运行：严禁将有拒跳或合闸不可靠的断路器投入运行；严禁将严重缺油、漏气、漏油及绝缘介质不合格的断路器投入运行；严禁将动作速度、同期、跳合闸时间不合格的断路器投入运行；断路器合闸后，由于某种原因，一相未合闸，应立即拉开断路器，查明原因。缺陷消除前，一般不可进行第二次合闸操作。

（10）对采用空气操作的断路器，其气压应保持在允许的范围内。

（11）多油式断路器的油箱或外壳应有可靠的接地。

（12）少油式断路器外壳均带有工作电压，故相关运行人员不得任意打开断路器室的门或网状遮栏。

2. 断路器的巡视检查项目

（1）瓷套检查：检查断路器的瓷套应清洁，无裂纹、破损和放电痕迹。

（2）表计观察：液压机构上都装有压力表，压力表的指示值过低，说明漏氮气，压力过高则是高压油窜入氮气中。如果液压机构频繁起泵，又看不出什么地方渗油，说明为内渗，即高压油渗入到低压油内。这种情况的处理办法，一是停电进行处理，二是采取措施后带电处理。气动机构一般也有表计监视，机构正常时指示值应在正常范围内。

（3）断路器导电回路和机构部分的检查：检查导电回路应良好，软铜片连接部分应无断片、断股现象。与断路器连接的接头接触应良好，无过热现象。机构部分的紧固件应紧固，转动、传动部分应有润滑油，分、合闸位置指示器应正确。

（4）操动机构的性能在很大程度上决定了断路器的性能及质量优劣，因此对于断路器来说，操动机构是非常重要的。巡视检查中，必须重视对操动机构的检查。主要检查项目有：正常运行时，断路器的操动机构动作应良好，断路器分、合闸位置与机构指示器及红、绿灯应相符；机构箱门开启灵活，关闭紧密、良好；断路器在分闸状态时，分闸连杆应复归，分闸锁扣到位，合闸弹簧应在储能位置；辅助开关触点应光滑平整，位置正确；各不同型号机构，应定时记录油泵（气泵）启动次数及打泵时间，以监视有无渗漏现象引起的频繁启动。

（5）在系统或线路发生事故使断路器跳闸后，应对断路器进行下列检查：检查各部分有无松动、损坏，瓷件是否断裂等；检查各引线接点有无发热、熔化等。

(6) 高峰负荷时应检查各发热部分是否发热变色、示温片是否熔化脱落。当天气突变、气温骤降时，应检查油位是否正常、连接导线是否紧密等。

(7) 真空断路器是利用真空的高介质强度灭弧，真空度必须保持在 1.3×10^{-4} Pa 以上，才能可靠地运行，若低于此真空度，则不能灭弧。正常巡视检查时要注意玻璃屏蔽罩的颜色应无异常。

(8) SF6 断路器系统有漏气现象、SF6 密度继电器失灵、SF6 断路器气压异常等均有可能造成 SF6 断路器有气压报警或气压闭锁信号发出。巡视检查时应注意内部异声情况（漏气声、振动声）及异臭味。

（三）实验步骤

1. 现场操作断路器

在导航图（图 3-5）中左击 5048 断路器，相机导航到“金安Ⅰ线 103 开关”处，双击开箱门，将“远方就地切换旋钮”切换至就地位，左击分闸按钮，分 103 开关，以待检修。

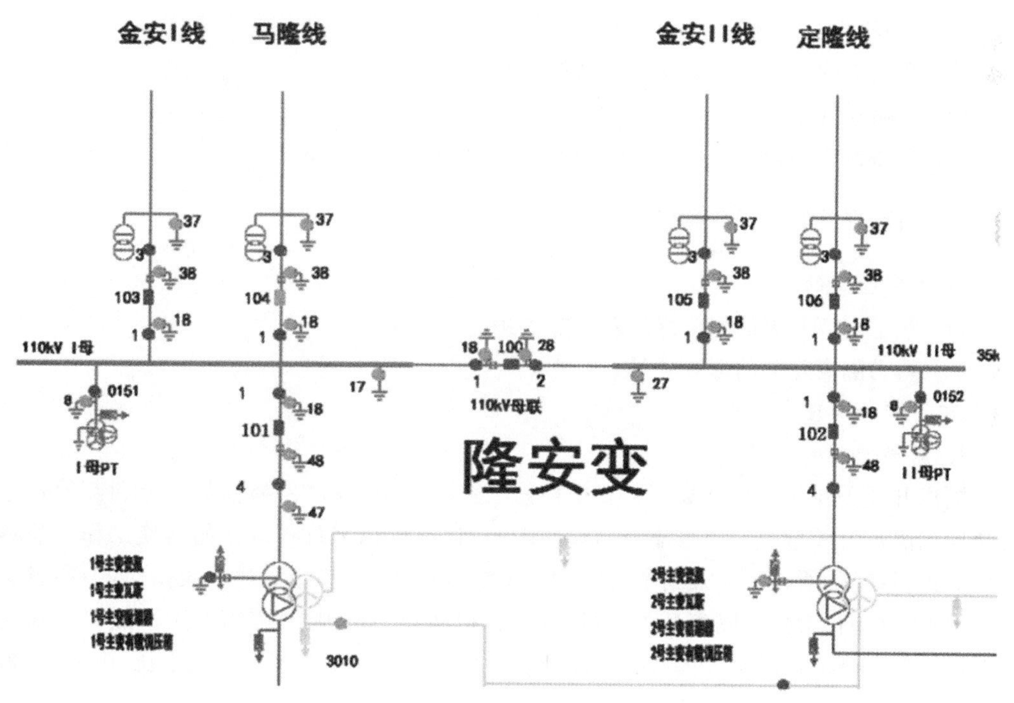

图 3-5　导航图

2. 在三维场景下对断路器的巡视

(1) 将鼠标移动到断路器分合闸指示标牌处，右击，在设备现象处选择相对应的现象即可，如图 3-6 所示。

(2) 将鼠标移动到 SF6 压力表处，右击，在弹出的设备现象中查看并确认压力示数是否正常。

(3) 将鼠标移动到瓷瓶处，右击，在弹出的设备现象中查看并确定瓷瓶、油位是否正常。

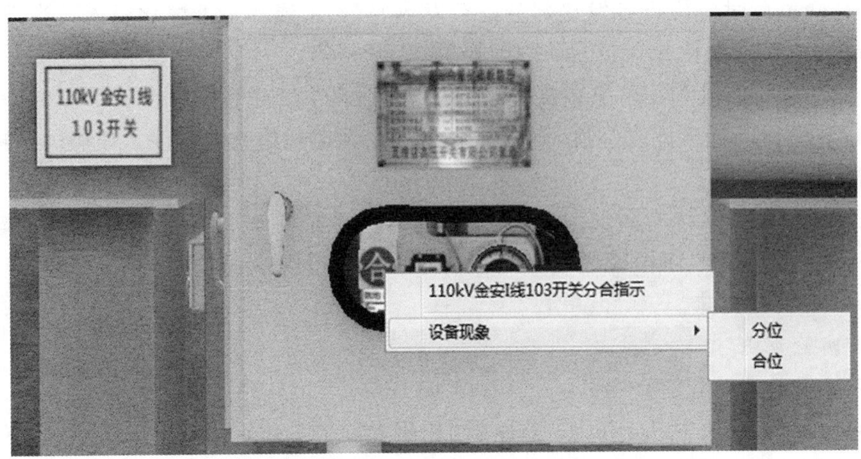

图 3-6　金安Ⅰ线 103 开关

（四）实验报告要求

（1）断路器的工作原理是什么？其作用是什么？

（2）断路器的分类有哪些？

（3）断路器的巡查检查项目有哪些？在三维场景下如何实现？

二、隔离开关的运行与操作

（一）实验目的

（1）熟悉隔离开关的安全操作及注意事项。

（2）熟悉隔离开关的巡查项目。

（二）实验原理

1. 隔离开关的应用

隔离开关的作用是保证高压装置中检修工作的安全，在需要检修的部分和其他带电部分之间用隔离开关形成一个可靠且明显的断开点，还可用来进行电路的切换工作。隔离开关没有灭弧装置，所以不能开断负荷电流和短路电流，否则将造成严重误操作，会在触头间形成电弧，这不仅会损坏隔离开关，而且可引起相间短路。因此，隔离开关一般只有在电路已被断路器断开的情况下才能接通或断开。高压隔离开关的选择要考虑电压、电流、机械荷载等参数，以及动稳定电流、热稳定电流和持续时间。

2. 隔离开关的操作规范

（1）严禁用隔离开关拉合带负荷设备及带负荷线路；隔离开关与断路器或母线回路停送电操作时，应遵循断路器或母线操作的一般原则。对于分相操作机构的隔离开关，在合闸操作时应先合 U、W 相，最后合 V 相；在分闸操作时应先拉开 V 相，再拉开其他两相。装有微机“五防”闭锁的隔离开关操作时，应使用微机防误闭锁装置，禁止随意解锁进行操作。

（2）操作隔离开关时，断路器必须在分闸位置，并核对编号无误后，方可操作。手动操作隔离开关前，应先拔出操动机构的定位销子再进行分闸；操作后应及时检查销子已销牢，以防止隔离开关自动分合闸而造成事故；电动操作隔离开关以前，应先合上该隔离开关的控制电源，操作后应及时断开，以防止隔离开关自动分合闸而造成事故。若电动操作失灵而改为手动操作时，应在手动操作前断开该隔离开关的控制电源。

(3) 隔离开关分闸时，如动触头刚离开静触头时就发生弧光，应迅速合上并停止操作，检查是否为误操作而引起的电弧。操作人员在操作隔离开关前，应先判断拉开该隔离开关时是否会产生弧光，切断环流或充电电流时产生的弧光是正常现象。隔离开关合闸操作时，当合到底时发现有弧光或为误合时，不准再将隔离开关拉开，以免由于误操作而发生带负荷拉隔离开关，扩大事故。

(4) 隔离开关操作后，应检查操作是否良好：合闸时检查三相同期且接触良好；分闸时检查三相断口张开角度或拉开距离符合要求。正常后及时加锁，以防止误操作。用绝缘棒拉合隔离开关或经传动机构拉合隔离开关时，均应戴绝缘手套；雨天操作室外高压设备时，绝缘棒应有防雨罩，还应穿绝缘靴。隔离开关与接地开关之间的机械闭锁应灵活可靠。

3. 隔离开关的巡视检查项目

(1) 隔离开关本体检查：检查隔离开关合闸状况是否完好，有无合不到位或错位现象。

(2) 绝缘子检查：检查隔离开关绝缘子是否清洁完整，有无裂纹、放电现象和闪络痕迹。

(3) 触头检查：检查触头接触面有无脏污、变形锈蚀，触头是否倾斜；检查触头弹簧或弹簧片有无折断现象；检查隔离开关触头是否由于接触不良引起发热、发红。夜巡时应特别留意，看触头是否烧红，严重时会烧焊在一起，使隔离开关无法拉开。

(4) 操动机构检查：检查操作连杆及机械部分有无锈蚀、损坏，各机件是否紧固，有无歪斜、松动、脱落等不正常现象。

(5) 底座检查：检查隔离开关底座连接轴上的开口销是否断裂、脱落；法兰螺栓是否紧固、有无松动现象；底座法兰有无裂纹；等等。

(6) 接地部分检查：对于接地的隔离开关，应检查接地刀口是否严密，接地是否良好，接地体可见部分是否有断裂现象。

(7) 防误闭锁装置检查：检查防误闭锁装置是否良好；在隔离开关拉、合后，检查电磁锁或机械锁是否锁牢。

(三) 实验步骤

1. 三维场景下操作刀闸

在导航图中左击 1033 刀闸，相机导航到“110 kV 金安Ⅰ线线路侧 1033 刀闸”处，如图 3-7所示，单击解锁，双击开箱门，切换至就地，分 1033 刀闸，同样操作分 1031 刀闸。在导航图中左击 10318 接地刀闸，相机导航到“110 kV 金安Ⅰ先开关侧 10318 接地刀闸”处，单击解锁，双击开箱门，切换至就地，点合闸按钮，合 10318 接地刀闸。

在导航图中左击 301 刀闸，相机导航到“35 kV 母联Ⅰ段开关母线侧 3001 刀闸”处，如图 3-8 所示，单击解锁，双击打开箱门，将电动切换至手动，单击左方摇杆，将其插入遥控，单击摇杆，刀闸便从合至分，合闸操作同理，如此便可手动进行分合闸操作，并可在三维场景中查看接地刀闸处于分闸还是合闸状态。

2. 在三维场景下对隔离开关的巡视

将鼠标移动到断路器分合闸指示标牌处，右击，在设备现象处选择刀闸对应的现象状态即可，如图 3-9 所示。

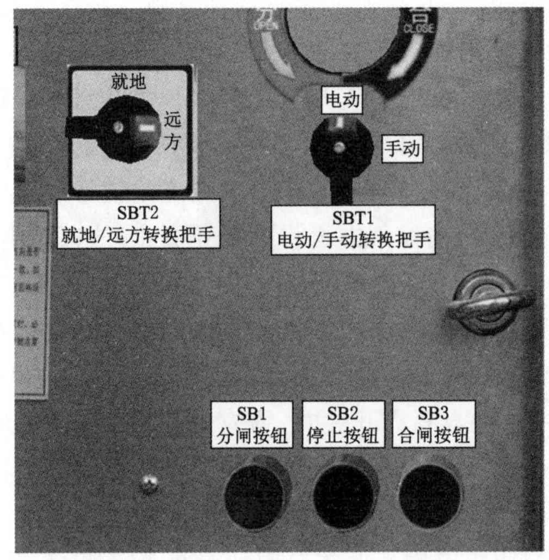

图 3-7　110 kV 金安Ⅰ线线路侧 1033 刀闸

图 3-8　刀闸箱

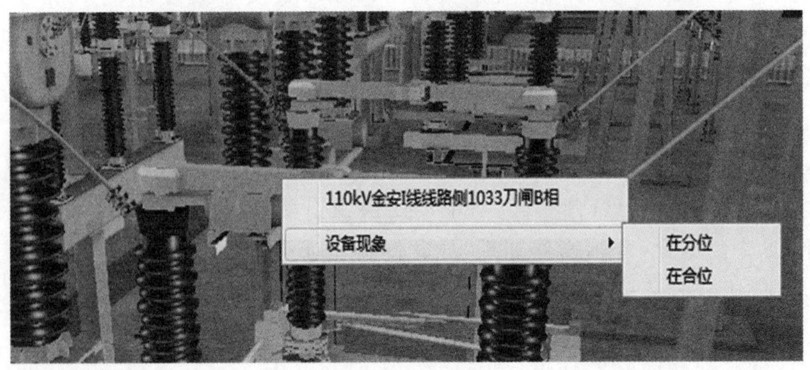

图 3-9　刀闸巡视图

（四）实验报告要求

（1）阐述隔离开关的工作原理是什么？其作用是什么？

（2）隔离开关和断路器二者的区别是什么？

（3）图文结合叙述隔离开关的电气操作规范及巡视检查项目。

第三节　电气设备的投运与操作

一、变压器的投运与操作

（一）实验目的

（1）熟悉变压器的安全操作及注意事项。

（2）熟悉变压器的巡查项目。

（二）实验原理

1. 变压器的选择及要求

为保证供电可靠性，变电站一般装设两台主变压器，当只有一个电源或变电站可由低压侧电网取得备用电源给重要负荷供电时，可装设一台。本变电站有两回电源进线，且低压侧电源只能由这两回进线取得，故选择两台主变压器。在 330 kV 及以下的变电站中，一般都选用三相式变压器。因为一台三相式变压器较同容量的三台单相式变压器投资小、占地少、损耗小，同时配电装置结构较简单，运行维护较方便。在受到制造、运输等条件限制时，可选用两台容量较小的三相变压器。变压器绕组连接方式必须和系统电压相位一致，否则不能并列运行。电力系统采用的绕组连接方式有星形接法和三角形接法，高、中、低三侧绕组如何组合要根据具体工程来确定。我国 110 kV 及以上电压，变压器绕组都采用星形接法，中性点直接接地。35 kV 也采用星形接法，其中性点多通过消弧线圈接地。35 kV 以下电压，变压器绕组都采用三角形接法。

本实验有两台变压器，1 号主变为 31.5 MV・A，2 号主变为 50 MV・A，三侧电压等级为 110 kV、35 kV、10 kV。110 kV 有出线四回，35 kV 有出线五回，10 kV 有出线七回，共接有三组电容静止补偿装置，一台 35 kV 所变、一台 10 kV 所变供站内用电。

在变压器运行时需注意以下几点：

（1）变压器正常运行时，会发出均匀的“嗡嗡”声，若产生不均匀声或者其他响声，都属于不正常现象。

（2）变压器油位异常分为本体或套管油位过低或油位过高。

（3）主变运行温度的规定，上层油温主变不得超过 85 ℃，最高不得超过 95 ℃。上层油温升不得超过 55 ℃，绕组温升不得超过 65 ℃。当冷却系统故障切除全部冷却器时，上层油温未达到 65 ℃，则允许带额定负荷运行。

（4）变压器的许多故障都伴有过热现象，使得某些部件或局部过热，会引起相关部件的颜色发生变化或产生特殊气味。变压器颜色、气味异常包括内壁故障引起的油色异常，引接线头处过热变色，呼吸器硅胶变色，套管或绝缘子电晕、闪络或有焦糊味等。

（5）变压器外观异常包括防爆管防爆膜破裂、压力释放阀异常、套管闪络放电、渗漏油等。

(6) 在检查变压器时,如发现变压器有载调压油箱上部有放电声,电流表发生摆动,有载分接开关瓦斯保护可能发出信号,此时可初步判断为分接开关故障。分接开关的故障还包括调压时拒动、滑挡、反方向动作和切换不到位等。

(7) 在正常情况下,变压器输出电压应维持在一定范围内,偏低或偏高都属于电气故障。

(8) 变压器过负荷运行是电流超过正常值,过负荷保护动作发出过负荷信号。过负荷分为正常过负荷和事故过负荷两种。

(9) 变压器内部有轻微故障产生气体,变压器内部聚集空气,外部发生穿越性短路故障造成变压器油过热气化,油温降低或油面降低等情况下均有可能造成轻瓦斯保护动作。

2. 变压器的投运与停运及操作顺序

投运前应做的准备有以下几方面:

(1) 对新投运的变压器以及长期停运或大修的变压器,在投运之前,应重新按《电气设备预防性实验规程》进行必要的实验。绝缘实验应合格,并符合基本要求的规定后,值班人员还应仔细检查并确定变压器在完好状态,应具备带电运行条件,有载开关或无载开关处于规定位置,且三相一致;各保护部件、过电压保护及继电保护系统处于正常可靠状态。

(2) 新投运的变压器必须在额定电压下做冲击合闸,冲击 5 次;大修或更换改造部分绕组的变压器则冲击三次。在有条件的情况下,冲击前变压器最好从零开始升压,而后再进行正式冲击。

变压器投运、停运操作顺序应在运行规程中加以规定并必须遵守:

(1) 强迫油循环风冷式变压器投入运行时,应先逐台投入冷却装置并按负载情况控制投入的台数;变压器停运时,要先停变压器,冷却装置继续运行一段时间,待油温不再上升后再停。

(2) 变压器的充电应当由装设有保护装置的电源侧的断路器进行,并要考虑到其他侧是否会发生超过绝缘允许电压的过电压现象。

(3) 在 110 kV 及以上中性点直接接地系统中投运和停运变压器时,在操作前必须将中性点接地,操作完毕可按系统需要决定中性点是否断开。

(4) 装有储油柜的变压器带电前应排尽套管升高座、散热器及净油器内上部的残留空气,对强迫油循环变压器,应开启油泵,使油循环一定时间后将空气排尽。开启油泵时,变压器各侧绕组均应接地。

(5) 运行中的备用变压器应随时可以投入运行,长期停运者应定期充电,同时投入冷却装置。

(三) 实验步骤

1. 三维场景下对主变压器的巡视

在导航图中左击一号主变压器,相机导航到如图 3-10 所示位置,即可见主变压器完整外观。

利用键盘控制视角上下左右移动及旋转,对主变压器各部分进行巡视。将鼠标移动到主变压器处,右击,在弹出的设备现象中选择相对应的现象。

(1) 对主变压器整体的状态进行巡视,如图 3-11 所示。

(2) 对主变压器本体瓦斯继电器、本体吸潮器、风扇、绕组温度计、油枕油位及有载调压机构进行巡视,查看并确定相应的设备状态,如图 3-12 所示。

图 3-10　主变压器

图 3-11　主变压器状态巡视

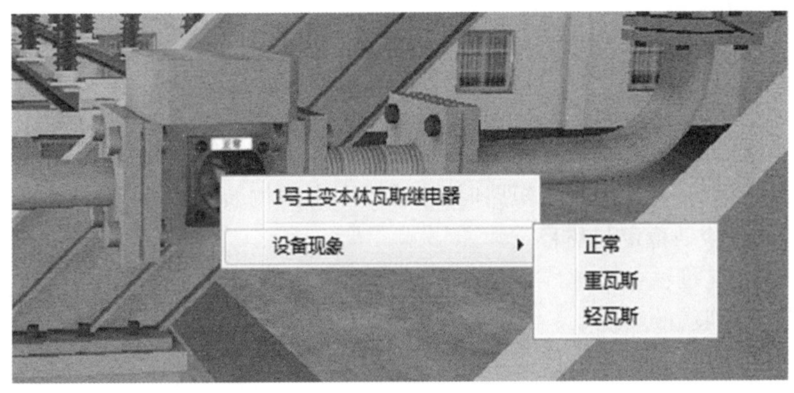

图 3-12　主变本体瓦斯继电器状态巡视

（四）实验报告要求

（1）阐述变压器绕组的接法有哪些？

（2）图文结合叙述变压器的电气操作规范及巡视检查项目。

二、互感器的投运与操作

（一）实验目的

（1）熟悉互感器的安全操作及注意事项。

（2）熟悉互感器的巡查项目。

（二）实验原理

1. 电流互感器的配置原则及注意事项

（1）通常配置：每条支路的电源均应装设足够数量的电流互感器，供该支路测量、保护使用；变压器出线配置一组电流互感器供变压器差动使用，相数、变比、接线方式与变压器的要求相符合；差动保护的元件应在元件各端口配置电流互感器。各端口属于同一电压级时，互感器变比应相同，接线方式相同。一般应将保护与测量用的电流互感器分开，尽可能将电能计量仪表互感器与一般测量用互感器分开，前者必须使用 0.5 级互感器，并应使正常工作电流与电流互感器额定电流相差不大。正常工作条件，应考虑参数一次回路电压、一次回路电流、二次回路电流、二次侧负荷、暂态特性、准确度等级、机械荷载等。

（2）注意事项：电流互感器二次侧不允许开路。若二次侧开路，一次侧电流全部成为磁化电流，会造成铁芯过度饱和和磁化，引起发热严重乃至烧毁线圈。此外，电流互感器正常工作时，二次侧近似短路；若突然开路，则励磁电动势由数值很小的值突变为很大的值，这会导致二次侧绕组在磁通过零时感应出很高的电压，危及仪表的绝缘性能及工作人员安全。

2. 电压互感器的配置原则及注意事项

（1）通常配置：6～220 kV 电压级的每组主母线的三相应装设电压互感器，旁路母线则视各回路出线外侧装设电压互感器的需要而确定；需要监视和检测线路断路器外侧有无电压，供同期和自动重合闸使用，该侧装一台单相电压互感器，用于 100％定子接地保护；电机一般在出口处装两组，一组（△/Y 接线）用于自动调整励磁装置，一组供测量仪表、同期和继电保护使用。

（2）注意事项：电压互感器的正常运行状态是指在规定条件下运行，其热稳定和动稳定不被破坏；二次电压在额定运行值时，电压互感器能达到规定的准确度等级。运行中的电压互感器各级熔断器应配置适当，二次回路不得短路，并有可靠接地。在正常工作条件下应考虑的参数有一次回路电压、二次电压、二次负荷、准确度等级、机械荷载等。由于电压互感器是与电路并联连接的，当系统发生短路时，互感器本身两侧装有断路器，并不受短路电流的作用，因此不需校验动稳定与热稳定。

3. 互感器的巡视检查项目

（1）接线无断股、散股现象。

（2）套管无破损、放电现象。

（3）无异常声音、气味。

（4）SF6 压力表无破损，压力表与本体连接管道无松脱。

（5）本体油位正常、无渗漏油，油位观察孔内油色清晰，无杂质；油位指示不低于 1/3 。

(6) 大风时或雷雨后，检查互感器有无闪络放电现象。大雾、潮湿天气时应检查互感器各相套管有无电晕和污闪放电现象。高温天气及线路过负荷运行时，应检查互感器有无异响，油位计油位指示变化情况，用红外线测温仪测试有无发热现象。发生地震后，检查互感器外部有无震裂、倾斜。

(三) 实验步骤

(1) 三维场景下对互感器的巡视：将鼠标移动到互感器的瓷瓶处，右击，在弹出的设备现象中选择并确认互感器瓷瓶状态是否完好，如图 3-13 所示。

(2) 熟悉互感器的巡视检查项目。

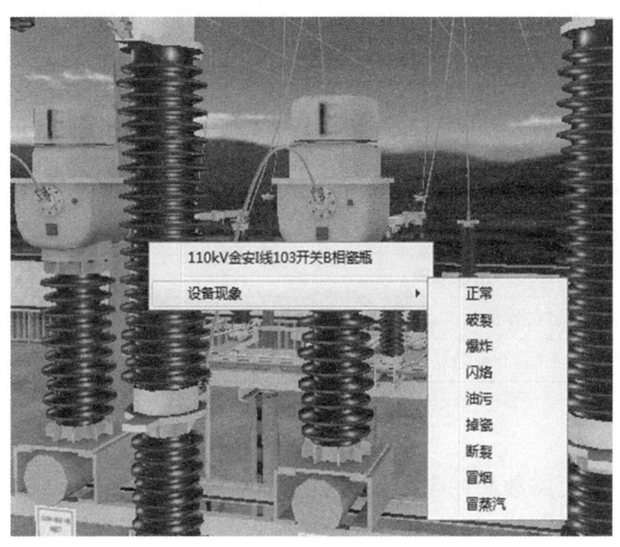

图 3-13　瓷瓶巡视

(四) 实验报告要求

(1) 阐述互感器的工作原理，并说明其作用。

(2) 图文结合叙述互感器的电气操作规范及巡查项目的内容。

第四节　故障仿真及故障解决

一、主变压器故障

(一) 实验目的

(1) 熟悉变压器的故障现象。

(2) 通过软件熟悉故障的处理方法。

(二) 实验原理

主变压器故障清单如表 3-1 所示。

表 3-1　主变压器(简称主变)故障清单

1号主变	
本体	本体重瓦斯、本体轻瓦斯、压力释放、冷控失电、吸潮器受潮
	主变油温高、主变油温超高、本体油位高、本体油位低
	绕组温度高、主变油阀漏油、主变变压器漏油
	主变差动保护装置闭锁、高中低后备保护装置闭锁
	主变着火
瓷瓶	高压侧 A/B/C 瓷瓶油位高、油位低
	高压侧 A 相瓷瓶爆炸、B 相瓷瓶冒烟、C 相瓷瓶闪络、中性点瓷瓶破裂
	中压侧 A 相瓷瓶破裂、B 相瓷瓶爆炸、C 相瓷瓶冒烟、中性点瓷瓶油污
	低压侧 A/B/C 相瓷瓶闪络
触头	高压侧 A/B/C 相触头发热,中性点触头发热
	低压侧 A/B/C 相触头发热,中性点触头发热
扁铁	主变扁铁断裂
出线	主变 A/B/C 相出线故障
避雷器	中性点避雷器泄漏电流过大
有载	有载重瓦斯、有载轻瓦斯、有载油位高、有载油位低

(三) 实验步骤

模拟＃1 主变内部短路故障的事故处理实验。

(1) 运行仿真变电站软件,切换至主接线控制台界面,右击主变压器,选择设置故障,即可对主变压器进行控制,如图 3-14 所示。

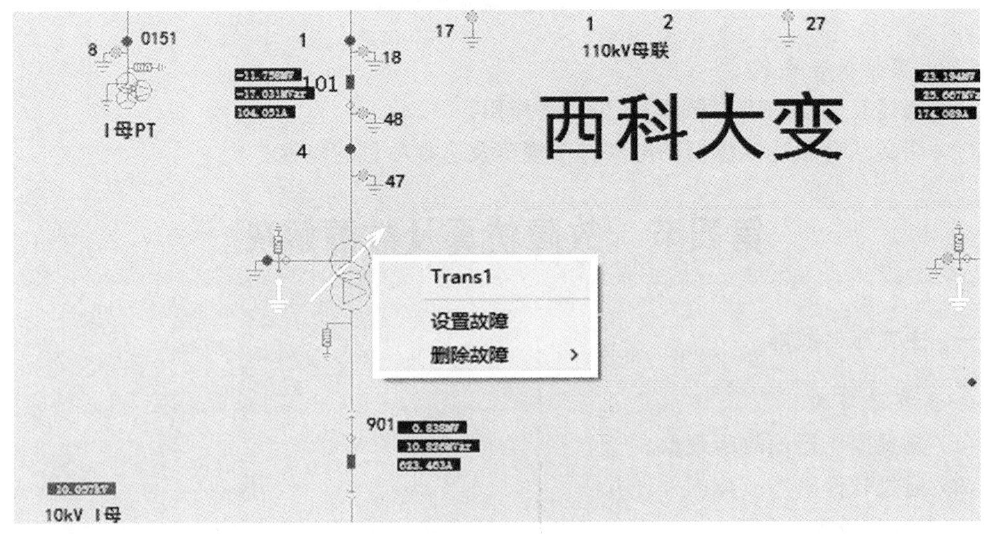

图 3-14　主接线控制台

(2) 设置故障,单击确定表示事故发生,如图 3-15 所示。

(3) 进入监控台界面观察现象:进入＃1 主变监控台检查,可以发现＃1 主变三侧断路

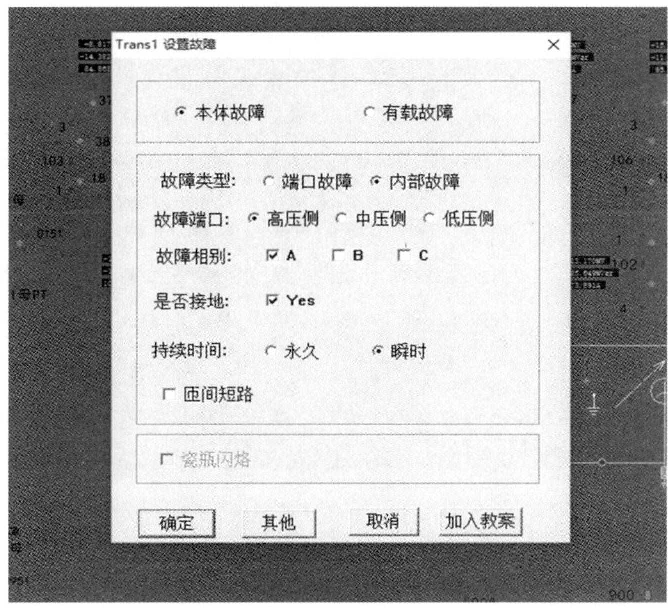

图 3-15　设置故障

器跳闸,901 开关事故总信号灯闪烁,301 开关事故总信号灯闪烁,101 开关事故总信号灯闪烁;#1 主变 110 kV 侧 101 开关分闸,#1 主变 35 kV 侧 301 开关分闸,#1 主变低压侧 901 开关分闸,如图 3-16 所示。

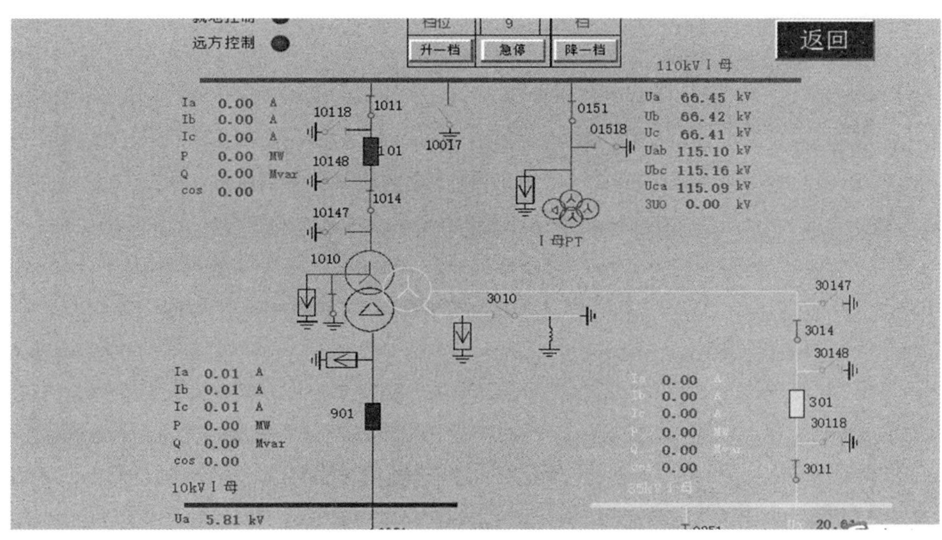

图 3-16　监控台监测示意图

进入 10 kV 母线监控台进行检查:10 kV#1 电容事故总信号报警,10 kV#1 电容装置报警,10 kV#1 电容低电压动作,901 开关事故总信号报警,10 kV#1 电容 906 开关分闸,10 kV 母联 900 开关合闸,900 弹簧未储能,901 开关事故总信号复归,10 kV 母联 900 开关弹簧未储能复归,900 弹簧未储能复归,如图 3-17 所示。

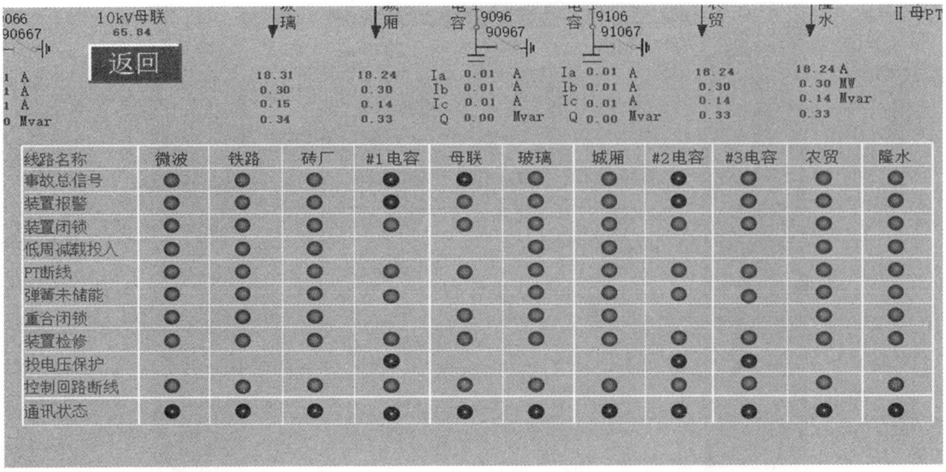

图 3-17　10 kV 监控图

进入 35 kV 母线监控台进行检查：35 kV 备自投保护装置动作，301 开关事故总信号报警，35 kV 母联 300 开关合闸，35 kV 母联弹簧未储能，301 开关事故总信号复归，35 kV 母联 300 开关弹簧未储能复归，35 kV 母联弹簧未储能复归，35 kV 母联装置报警，35 kV 母联事故总信号报警。

(4) 在监控界面中，进入 110/35 控制小室，点击“＃1 主变微机保护测控屏”，观察现象：差动保护和瓦斯保护动作，如图 3-18 所示。由此判断＃1 主变油箱内发生故障。

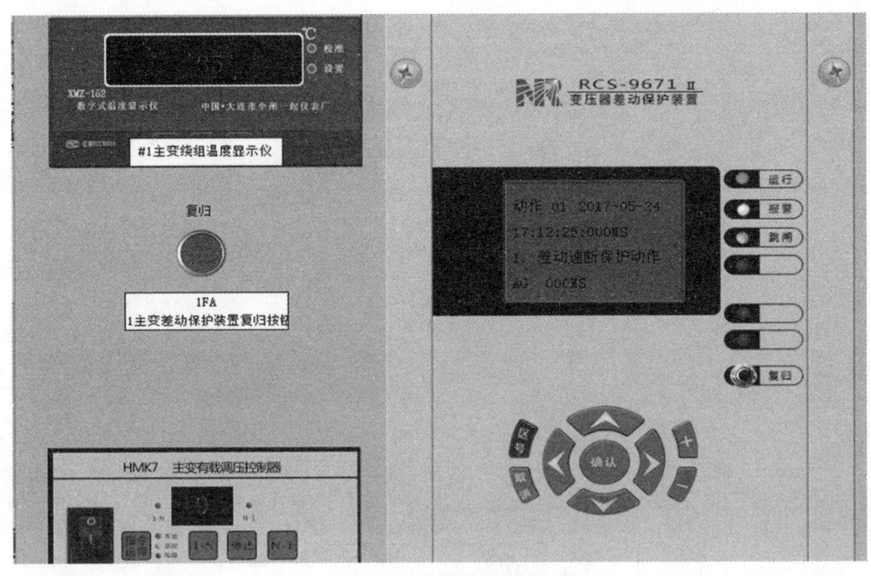

图 3-18　保护测控屏

(5) 按操作规程，退出＃1 主变保护；到设备区进入＃1 主变现场，按规程操作三侧断路器和隔离开关，隔离故障设备。同时清铃、清闪。处理完毕，报告调度。

(6) 若要恢复＃1 主变送电，倒闸操作如下：再次进入主接线操作界面，清除“＃1 主变内部短路故障”，表示事故排除。进入 11、35 保护小室，按操作规程，投入♯1 主变相关保护。进入三维设备区，导航图进入♯1 主变现场，投入隔离开关、断路器操作电源，撤出接地线等投入主变的准备工作。进入综自系统，分别合上 1♯ 主变各侧开关。处理完毕，报告调度。

（四）实验报告要求

（1）结合软件，图文结合表述变压器的故障及对应的现象。

（2）图文结合叙述变压器故障巡查的方法。

二、互感器故障

（一）实验目的

（1）熟悉互感器的故障现象。

（2）通过软件熟悉故障的处理方法。

（二）实验原理

互感器及刀闸故障清单如表 3-2 所示。

表 3-2　互感器及刀闸故障清单

110 kV I 母电压互感器 0151 刀闸	
瓷瓶	A 相瓷瓶油污、B 相瓷瓶破裂、C 相瓷瓶爆炸
触头	A/B/C 相触头发热
扁铁	A 相扁铁断裂、C 相扁铁生锈
110 kV I 母电压互感器	
瓷瓶	A 相瓷瓶油污、B 相瓷瓶破裂、C 相瓷瓶爆炸
触头	A/B/C 相触头发热
扁铁	A 相扁铁断裂、C 相扁铁生锈

（三）实验步骤

以 110 kV 金安 I 线线路侧 1033 刀闸为例，阐明故障巡视及故障解决。

（1）运行仿真变电站软件，切换至主接线控制台界面，选择金安 I 线线路侧 1033 刀闸，选择设置故障，即可对刀闸进行控制。

（2）设置故障，单击“确定”表示事故发生，如图 3-19 所示。

（3）进入主监控台。110 kV 金安 I 线保护动作，110 kV 金安 I 线事故总信号报警，110 kV 金安 I 线差动动作，110 kV 金安 I 线 103 开关分闸，110 kV 金安 I 线重合闸动作，110 kV 金安 I 线 103 开关合闸，110 kV 金安 I 线过流过时故障报警，110 kV 金安 I 线断路器合闸弹簧未储能，110 kV 金安 I 线零序加速保护动作，110 kV 金安 I 线 103 开关弹簧未储能复归，110 kV 金安 I 线 103 开关分闸，110 kV 金安 I 线过流过时故障报警复归，110 kV 金安 I 线断路器合闸弹簧未储能复归，如图 3-20 所示。

（4）按操作规程，停电拉闸操作应先断开断路器，再断开负荷侧隔离开关，最后断开电源侧隔离开关。送电时合闸操作顺序与断电操作顺序相反。要注意的是严禁带负荷拉合隔离开关。

（5）再次进入主接线操作界面，清除“1033 刀闸故障”，表示事故排除。

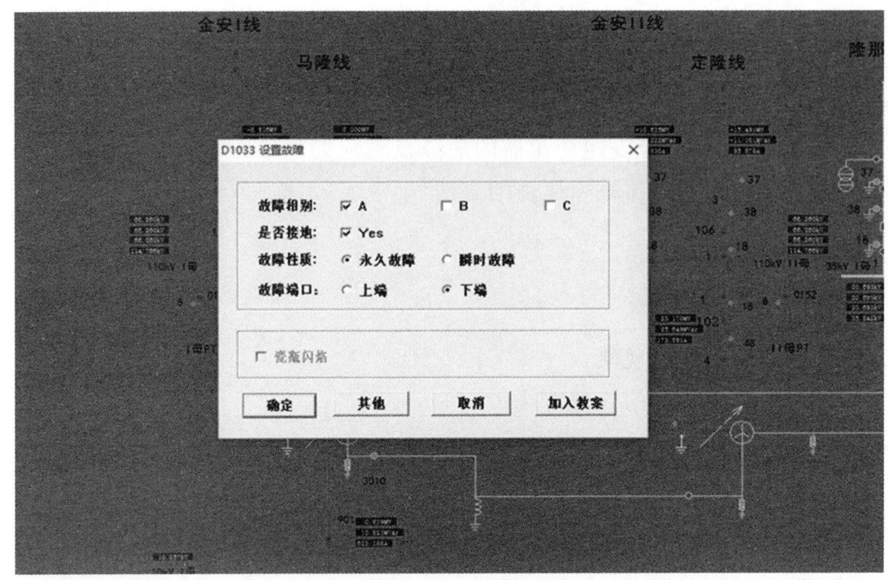

图 3-19　设置故障

马隆线信号	金安Ⅰ线信号	
110kV马隆线重合闸动作	金安Ⅰ线保护动作	金安Ⅱ线开关SF6气压低报警
110kV马隆线保护跳闸	金安Ⅰ线重合闸动作	金安Ⅱ线开关储能过流过时故障
110kV马隆线保护装置异常	金安Ⅰ线装置告警	金安Ⅱ线开关控制电源跳闸故障
110kV马隆线保护装置闭锁	金安Ⅰ线PT断线	金安Ⅱ线开关加热器电源故障
110kV马隆线控制回路断线	呼唤信号	金安Ⅱ线开关电机回路电源故障
110kV马隆线事故总信号	金安Ⅰ线装置直流失电	金安Ⅱ线开关SF6低气压闭锁
电机储能过流过时故障	金安Ⅰ线控制回路断线	金安Ⅱ线开关弹簧未储能
机构控制电源跳闸	金安Ⅰ线事故总信号	金安Ⅱ线开关储能电机运转
加热器电源故障	金安Ⅰ线开关SF6低气压报警	金安Ⅱ线开关远方操作
电机回路电源故障	金安Ⅰ线过流过时故障报警	110kV备自投信号
SF6低气压闭锁	金安Ⅰ线开关加热器电源故障	110kV备自投闭锁自投方式
弹簧未储能	金安Ⅰ线开关电机回路电源故障	110kV备自投闭锁自投方式
储能电机运转	金安Ⅰ线开关SF6低气压闭锁	110kV备自投闭锁自投方式
开关就地控制	金安Ⅰ线开关合闸弹簧未储能	110kV备自投闭锁自投方式
SF6低气压报警	金安Ⅰ线开关储能电机运转	110kV备自投闭锁自投方式
马隆测控通讯状态	金安Ⅰ线开关就地控制	110kV备自投开关104
马隆保护通讯状态	金安Ⅰ线线路PT空开跳	110kV备自投开关103
定隆线信号	金安Ⅰ线测控通讯状态	110kV备自投桥开关
110kV定隆线重合闸动作	金安Ⅰ线保护通讯状态	110kV备自投装
110kV定隆线保护跳闸	金安Ⅱ线信号	110kV备自投装置闭锁
110kV定隆线保护装置异常	金安Ⅱ线保护动作	110kV备自投装置报警
110kV定隆线压力低禁止跳闸	金安Ⅱ线重合闸动作	110kV备自投充电
110kV定隆线压力低禁止合闸	金安Ⅱ线装置告警	110kV备自投通讯
110kV定隆线保护装置闭锁	金安Ⅱ线PT断线	

图 3-20　110 kV 分图

（四）实验报告要求

(1) 结合软件，图文结合表述互感器及刀闸的故障及对应的现象。

(2) 图文结合叙述互感器及刀闸故障巡查的方法。

三、断路器开关故障

（一）实验目的

(1) 熟悉断路器的故障现象。

(2) 通过软件熟悉故障的处理方法。

（二）实验原理

断路器故障清单如表 3-3 所示。

表 3-3　断路器故障清单

<table>
<tr><th colspan="3">金安Ⅰ线</th></tr>
<tr><td rowspan="5">103
开关</td><td rowspan="2">机构</td><td>开关分闸拒动、开关合闸拒动、储能电机故障</td></tr>
<tr><td>SF6 气体压力低、SF6 气体压力低闭锁</td></tr>
<tr><td>触头</td><td>A/B/C 相触头发热</td></tr>
<tr><td>瓷瓶</td><td>A 相瓷瓶破裂、C 相瓷瓶爆炸</td></tr>
<tr><td>扁铁</td><td>A 相扁铁生锈、C 相扁铁断裂</td></tr>
</table>

（三）实验过程

断路器故障设置及故障巡视一般流程如下：

(1) 运行仿真变电站软件，切换至主接线控制台界面，选择金安Ⅰ线 103 断路器开关，选择设置故障，即可对断路器进行控制。

(2) 设置故障，单击确定表示事故发生，如图 3-21 所示。

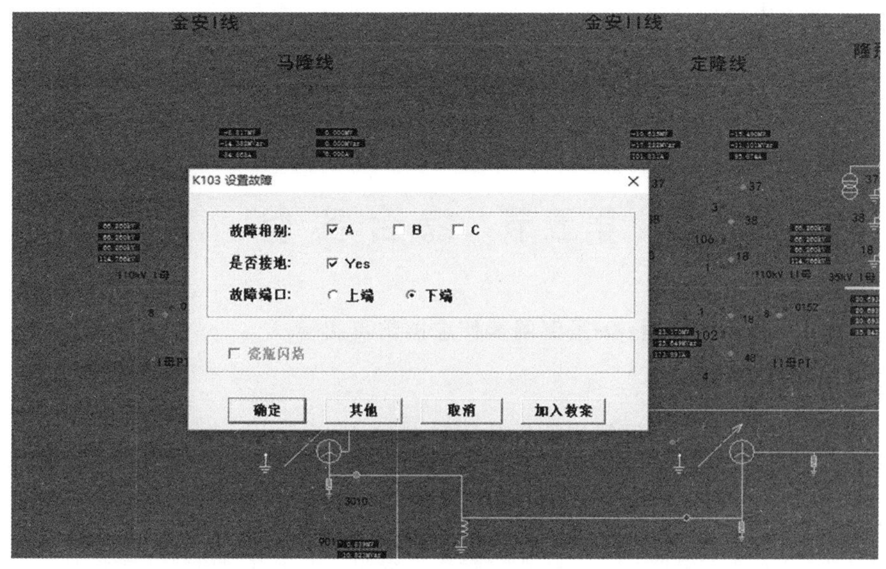

图 3-21　设置故障

(3) 进入 110 kV 监控台进行监测。110 kV 母线保护动作,110 kV 母联事故总信号报警,101 开关事故总信号报警,110 kV 母线分段 100 开关分闸,#1 主变 110 kV 侧 101 开关分闸,110 kV 金安Ⅰ线 103 开关分闸,101 开关事故总信号复归。

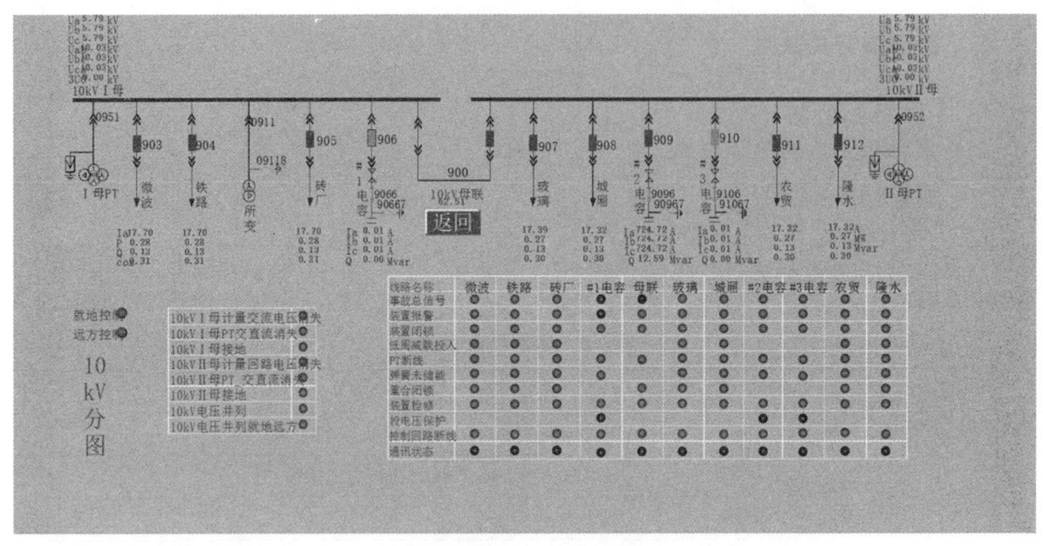

图 3-22　10 kV 分图

10 kV 监控图中:10 kV#1 电容事故总信号报警,10 kV#1 电容装置报警,10 kV#1 电容低电压动作,10 kV#1 电容 906 开关分闸,#1 主变低压侧 901 开关分闸,10 kV 母联事故总信号报警,10 kV 母联 900 开关合闸。

35 kV 监控图中:35 kV 备自投保护装置动作,301 开关事故总信号报警,#1 主变 35 kV 侧 301 开关分闸,35 kV 母联 300 开关合闸,35 kV 母联弹簧未储能,35 kV 母联 300 开关弹簧未储能复归,35 kV 母联弹簧未储能复归,35 kV 母联装置报警,35 kV 母联事故总信号报警。开关由合到分。

(四) 实验报告

(1) 图文结合表述断路器故障对应的现象。

(2) 图文结合叙述断路器故障设置及巡查的方法。

第五节　综合实验

一、110 kV 高压线路运-检-运倒闸操作虚拟仿真实验

(一) 实验目的

(1) 掌握高压设备进行倒闸操作的顺序和方式。

(2) 掌握高压设备操作安全组织措施和技术措施。

(二) 实验原理

(1) 实验由两部分组成:① 运行到检修状态操作;② 检修到运行状态操作。

以西科大 110 kV 变电站四燕线为例,对 173 断路器由运行转检修,检修完成后转运行。

具体操作框图如图 3-23 所示。

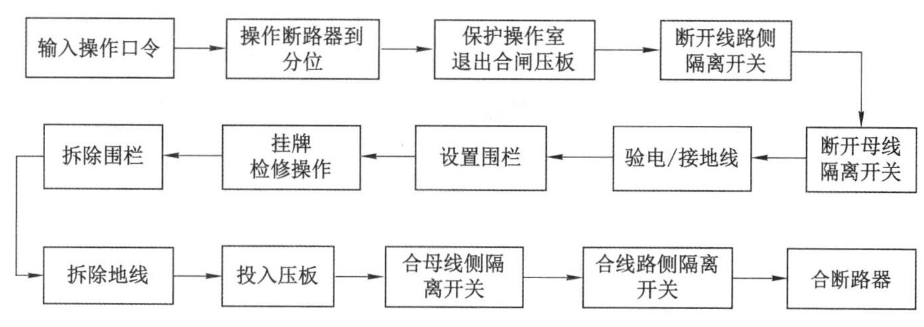

图 3-23 实验操作框图

(2) 电气设备状态分为运行、备用、检修三种。将设备由一种状态转变为另一种状态的过程叫倒闸，所进行的操作称为倒闸操作。

(3) 倒闸操作的基本原则：严禁带负荷拉、合隔离开关，不能带电合接地刀闸或带电装设接地线。对倒闸操作具体有以下几点要求：

① 停电操作必须按照“断开断路器→断开负荷侧隔离开关→断开电源侧隔离开关”的顺序进行。

② 送电操作必须按照“闭合电源侧隔离开关→闭合负荷侧隔离开关→合上断路器”的顺序进行。

③ 拉(合)隔离开关前，应检查断路器位置正确。设备送电前必须将有关继电保护投入运行，没有继电保护或不能自动跳闸的断路器不准送电。

④ 隔离开关机构故障时，不得强行拉(合)。

⑤ 装有自投装置的母联断路器在合闸前，应将该自投装置退出运行。

⑥ 倒闸操作中严禁通过电压互感器、站用变压器的低压线圈向高压线圈送电。

⑦ 设备检修后合闸送电前，检查确认送电范围内的接地刀闸已拉开，接地线已拆除。

(4) 对全部停电或部分停电的电气设备需要完成下列措施：

① 停电。将检修设备停电，必须把有关的电源完全断开，即断开断路器，拉开两侧的隔离开关，形成明显的断开点，并锁住操作把手。

② 验电。停电后，必须检验已经停电设备无电压，以防止出现带电装设接地线或带电合接地刀闸等事故发生。

③ 在使用仿真变电站软件操作时，首先点击模式出现下拉菜单，左键点击选择验电模式，前面出现“√”即切换到了验电模式。移动到验电设备上，单击即可验电，图 3-24 所示是验电 66 kV 2211 断路器线侧端口，带电情况下验电棒上红色灯亮且有铃响，不带电情况下验电棒上红色灯不亮，且没有铃响。

④ 接地线。当验明设备无电压后，可以将待检修设备进行接地操作。接地线必须使用专业的线夹固定在导体上。

注意在使用仿真变电站软件挂地线时，需用左键进行操作，按照电力系统运行规则，左键先解“五防锁”后，再点下端，后点上端，然后挂锁；拆除地线时用右键进行操作，左键先解锁，右键先点上面，后点下端，然后挂锁。操作过程中，只有在鼠标变成手的形状时，操作才

图 3-24　带电情况

有效。

⑤ 设置围栏、挂警示牌。在停电区域应设置临时围栏，用于隔离带电设备，并限制工作人员的活动范围，防止检修人员靠近高压带电设备。工作人员在验电和装设接地线后，应在工作地点悬挂“禁止合闸，有人工作！”的标示牌。

使用软件设置围栏时，首先在模式菜单下切换到设围栏模式。将鼠标移动到预设值围栏处，左键单击，出现对话框，选择对应的开关或刀闸，通过 W、A、S、D、↑、↓、←、→的旋转，在要设置的地面位置，即可设置围栏，如图 3-25 所示，围栏设置结束时点右键结束。

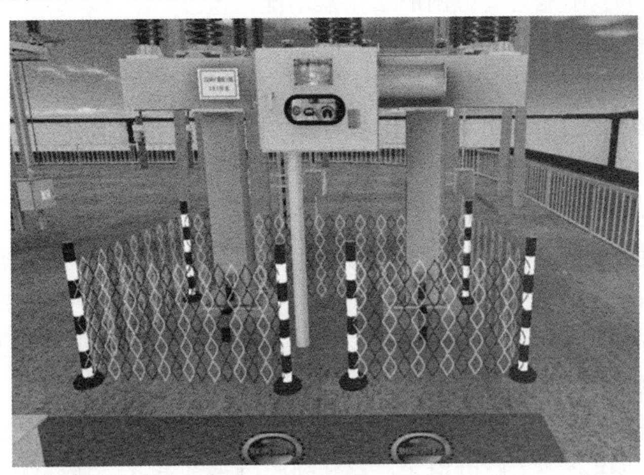

图 3-25　设置围栏

在三维场景中进行挂牌，鼠标右键点击要挂牌的位置，一般在操作箱把手、操作杆、端子箱内保险进行挂牌。右击要挂牌的刀闸或开关，在弹出的挂牌选项中，选择要挂的牌。

（三）实验过程

1. 由运行到检修的实验过程

(1) 进入主接线画面。输入操作口令，进入主接线画面，如图 3-26 所示。

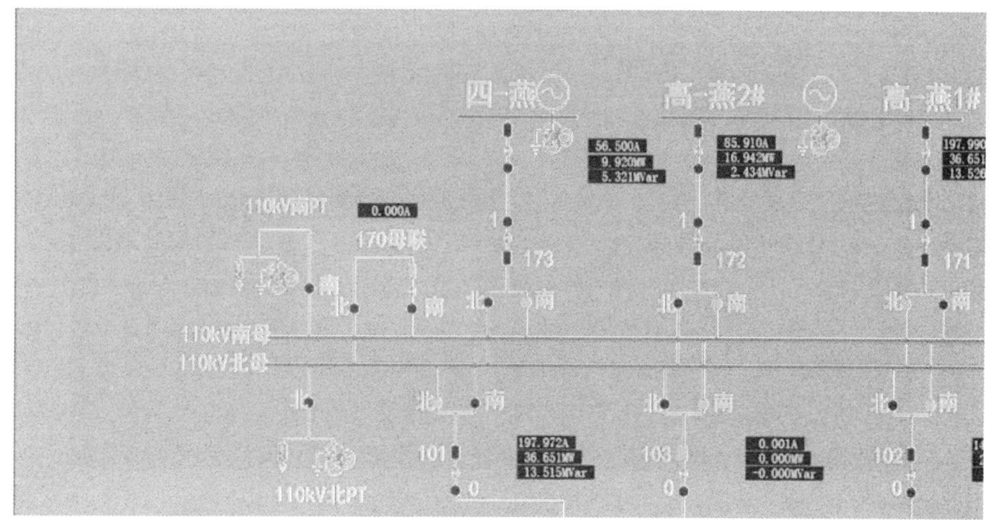

图 3-26　系统主接线图

在监控图当中，左击 173 断路器，输入用户密码 1，监护人密码 2。输入密码是让学生能够知道在工业生产中，改变设备运行参数或者操作设备，是有权限要求的，不能越权操作，否则承担一定责任后果。具体如图 3-27 所示。

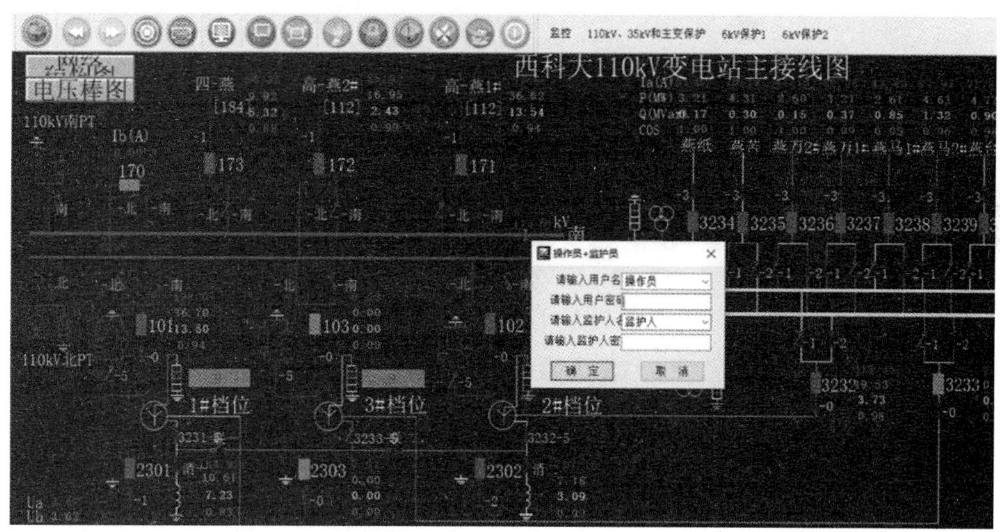

图 3-27　操作权限指令输入画面

(2) 分断路器。在进行操作之前，判断断路器目前工作状态，具体画面如图 3-28 所示：操作选择分，之后确认。在简报信息窗中，可以看到 173 开关监控分并且断路器分闸。

(3) 退出 173 线路合闸压板。单击 110 kV、35 kV 和主变保护室，选择数字式高压线路保护柜，如图 3-29 所示。

双击开柜门，左击退出保护合闸压板，右击对硬压板的状态巡视，点击退出，之后确认，操作画面如图 3-30 所示。

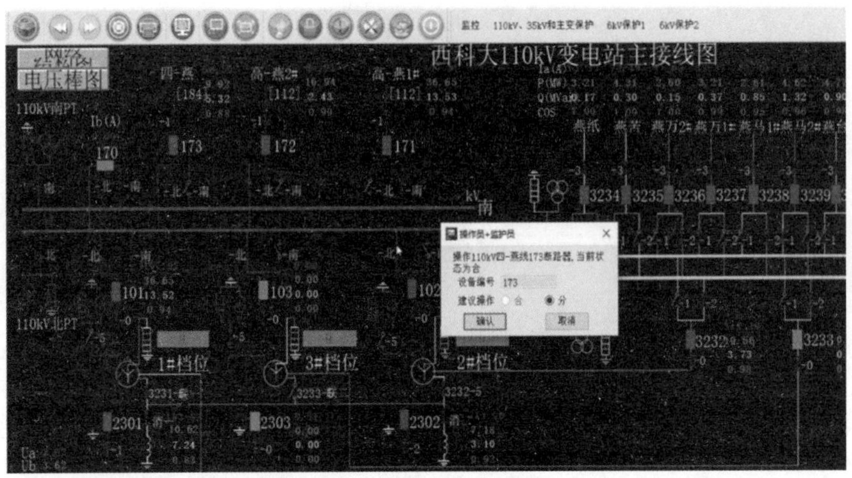

图 3-28　断路器分合状态

图 3-29　110 kV 继电保护屏

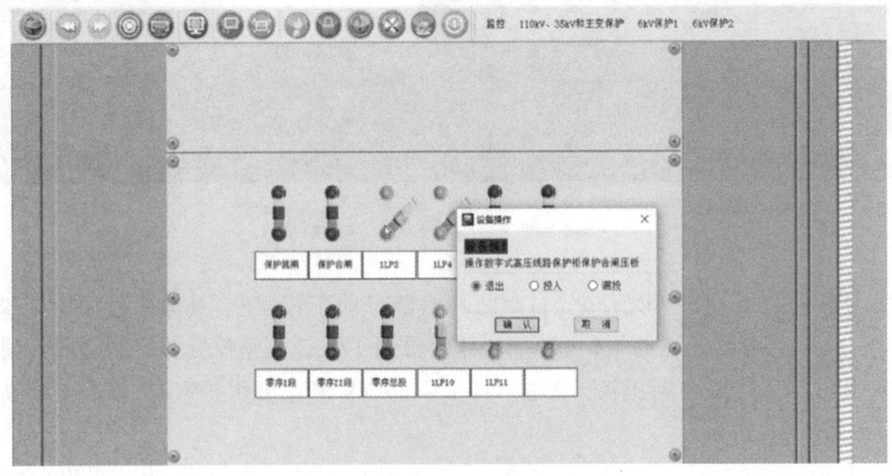

图 3-30　退出合闸硬压板

(4) 巡视高压断路器状态。返回到三维场景中，单击导航图，左击 173 断路器，操作画面如图 3-31 所示。

图 3-31　173 断路器三维场景导航图

对 173 断路器的分合状态进行巡视，选择在分位。当前断路器已经从运行转至为热备用状态，操作画面如图 3-32 所示。

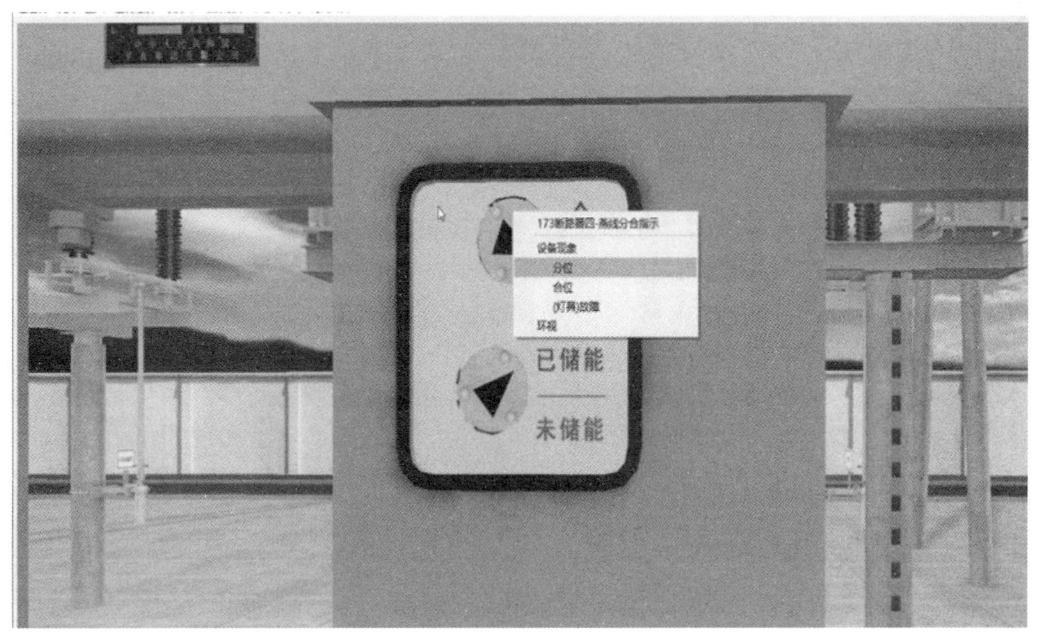

图 3-32　分高压断路器

(5) 分线路侧隔离开关。操作线路侧隔离开关，选择 173-1。左击解锁，左击摇把，挂锁，按 Q 键上升。对线路侧的 A/B/C 刀闸进行巡视，选择在分位，操作画面如图 3-33 所示。

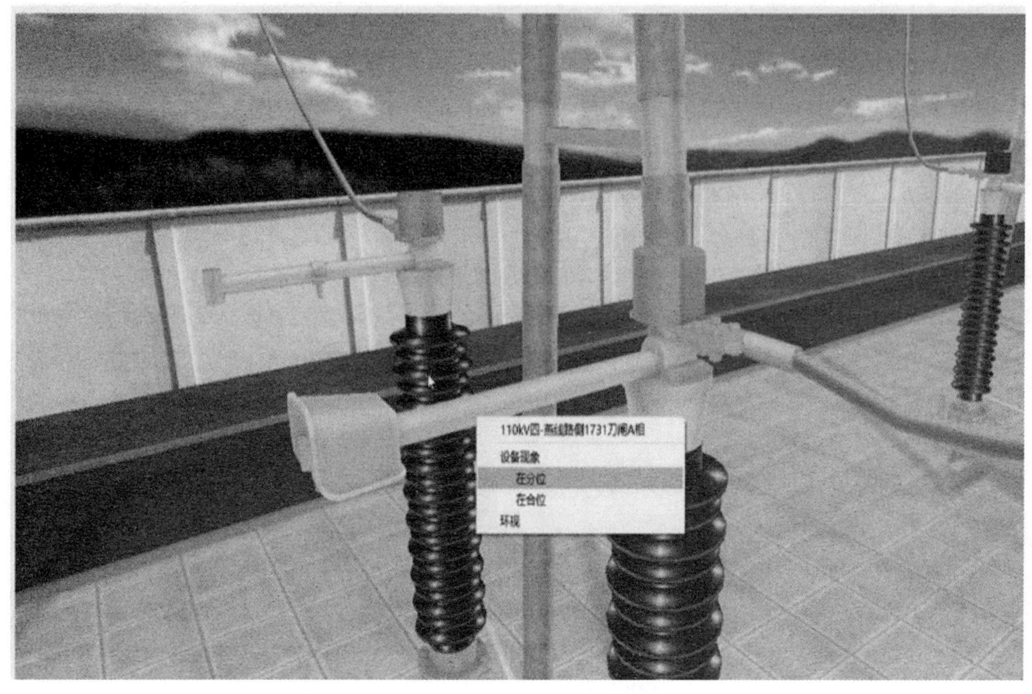

图 3-33　分线路侧隔离开关

(6) 分母线侧隔离开关。在导航图中找到母线侧隔离开关 173-北。左击解锁，左击摇把，挂锁，按 Q 键上升。对 A/B/C 三相刀闸进行巡视，选择在分位。现已将 173 断路器由运行转为冷备用状态，操作画面如图 3-34 所示。

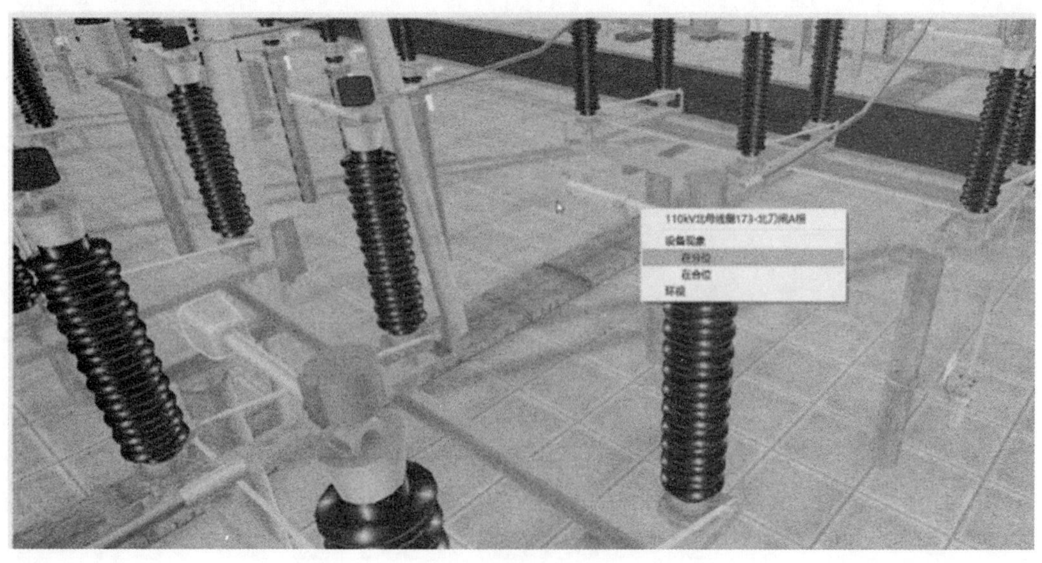

图 3-34　分母线侧隔离开关

(7) 选取各种安全器具。因为要检修断路器,所以要对断路器两侧进行验电和挂地线的操作。找到 173 断路器,首先对断路器两侧进行验电,工具选择安全帽、绝缘手套、接地线、110 kV 验电棒,选择画面如图 3-35 所示。

图 3-35　安全器具和地线的选择

(8) 断路器两侧验电器验电。模式选择为验电模式,对断路器两侧进行验电操作,操作画面如图 3-36 所示。

图 3-36　验电器验电操作

在简报信息窗中可以看到验明断路器两侧没有电压，简报窗口如图 3-37 所示。

图 3-37　验电操作简报窗口

(9) 断路器与 CT 间挂接地线。模式切换为挂地线，找到接地桩，如图 3-38 所示。

图 3-38　CT 接地桩位置图

左击解锁，左击锁孔，按 Q 键上升，左击设备端挂地线，这是断路器与 CT 之间的地线，如图 3-39 所示。

图 3-39 断路器和 CT 间接地

(10) 断路器与母线侧隔离开关间挂接地线。模式切换为挂地线，找到其接地桩，如图 3-40所示。

图 3-40 母线隔离开关接地桩位置

解锁，左击锁孔，左击设备，断路器与母线侧隔离开关的接地如图 3-41 所示。

图 3-41　断路器和母线侧隔离开关间接地示意图

(11) 断路器与母线侧隔离开关间挂接地线。挂完地线之后，模式选择为设围栏。左击空白，开关，编号选择 173，点“添加”后单击“确定”，添加围栏界面如图 3-42 所示。

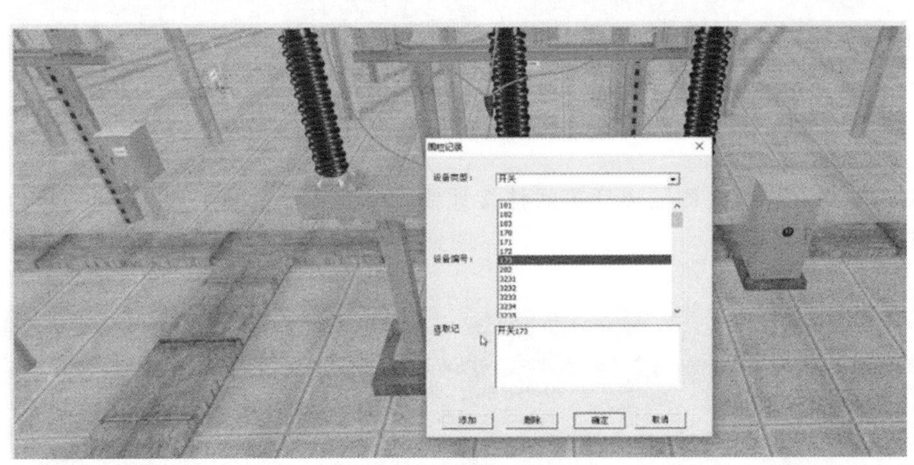

图 3-42　添加围栏界面

将 173 断路器围起来。右击空白处停止设围栏，右击围栏选择“挂牌-止步高压”。安装完成后的围栏如图 3-43 所示。

(12) 安全警示牌挂设。在断路器的操作箱上选择“禁止合闸有人工作”。挂设后如图 3-44所示。

通过上述操作，实现了断路器由运行到检修状态的操作。

2. 由检修状态到运行的实验过程

在对断路器检修完毕后，断路器的工作状态需要转至正常运行，需要进行下述操作。

(1) 拆除安全警示牌和围栏。模式选择为设围栏模式。单击挂牌选择摘牌。单击围栏选择删除围栏，围栏消失，如图 3-45 所示。

图 3-43　围栏安装

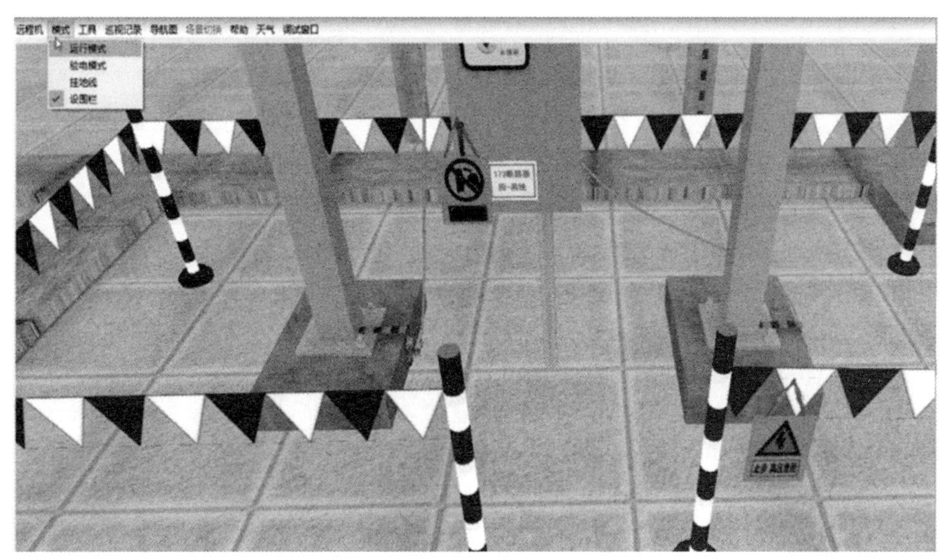

图 3-44　警示牌挂设

(2) 拆除地线。选择模式为接地线模式，未完成拆除时画面如图 3-46 所示。

按 Q 键上升，右键接地设备，之后按 E 键下降，右击锁孔，挂锁，地线消失，完成地线拆除，如图 3-47 所示。同样操作拆除断路器与母线侧的地线。右击设备，按 E 键下降，右击锁孔，挂锁，拆除地线完成。

(3) 合母线侧隔离开关。选择模式为运行模式。单击导航图，找到 173，解锁，操作，刀闸由分到合，挂锁。对 173-北刀闸进行巡视，选择在合位，操作画面如图 3-48 所示。

图 3-45　拆除安全警示牌和围栏

图 3-46　未完成拆除地线

图 3-47　完成拆除地线

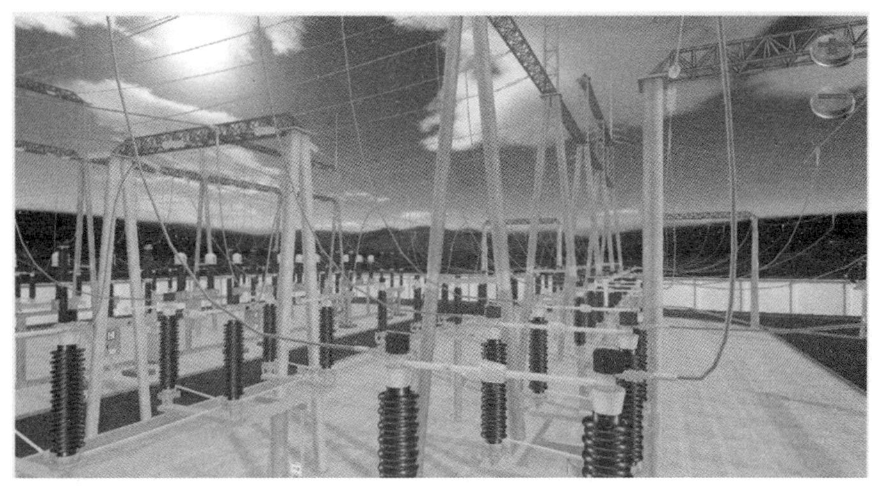

图 3-48　合母线侧隔离开关操作

④ 合线路侧隔离开关。操作 173-1 刀闸，单击导航图，找到 173-1，解锁，操作，刀闸由分到合，挂锁。对 173-1 刀闸进行巡视，选择在合位，具体操作画面如图 3-49 所示。

图 3-49　合母线侧隔离开关操作

将画面切换至监控图中，观察四燕线，目前 173 断路器处于热备用状态。

(5) 投入合闸压板。点击 110 kV、35 kV 和主变保护，找到数字式高压线路保护。双击开柜门，将保护合闸压板切换至合位，左击保护合闸，选择投入，操作画面如图 3-50 所示。

右击巡视，保护跳闸压板目前在投入状态，双击关柜门，如图 3-51 所示。

(6) 完成断路器合闸。切换当前画面至监控状态，左击 173 断路器，输入用户密码 1，监护人密码 2。选择确认在合位，点击“执行—OK”。目前四燕线由检修转运行状态完成，操作画面如图 3-52 所示。

(四) 实验报告

(1) 通过仿真软件完成 172 断路器运-检-运倒闸操作，并以图文加以叙述。

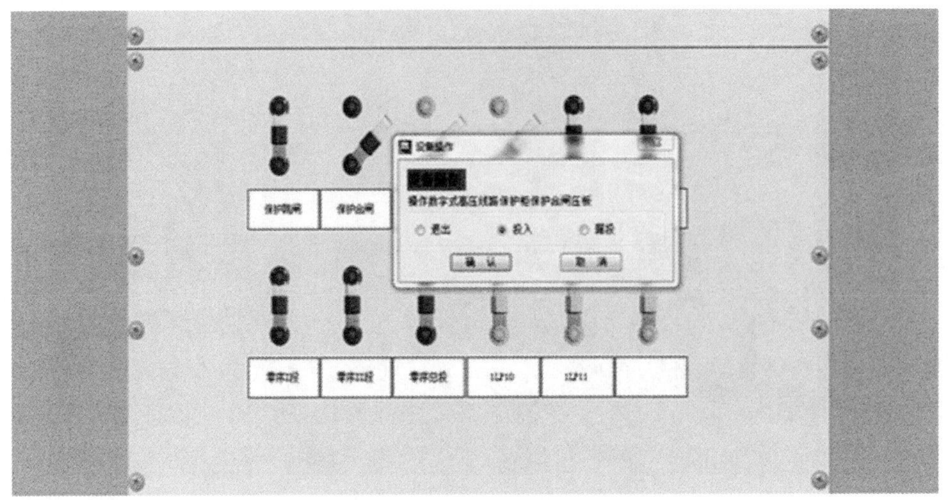

图 3-50　投入合闸压板操作画面

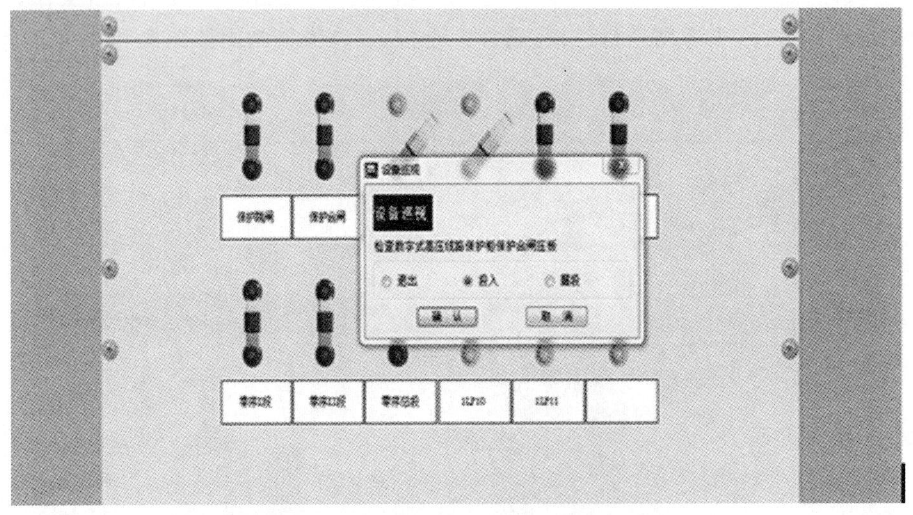

图 3-51　合闸压板投入巡视画面

(2) 表述电气设备的热备用和冷备用状态。

二、10 kV 小车的运行-检修实验

(一) 实验目的

(1) 掌握开关柜的基本结构。

(2) 掌握开关柜的检修操作流程。

(二) 实验原理

1. 开关柜的结构

开关柜由固定的柜体和可移开的真空断路器手车组成。其中固定的开关柜柜体分为四个小室,即继电器室、断路器室、母线室和电缆室。

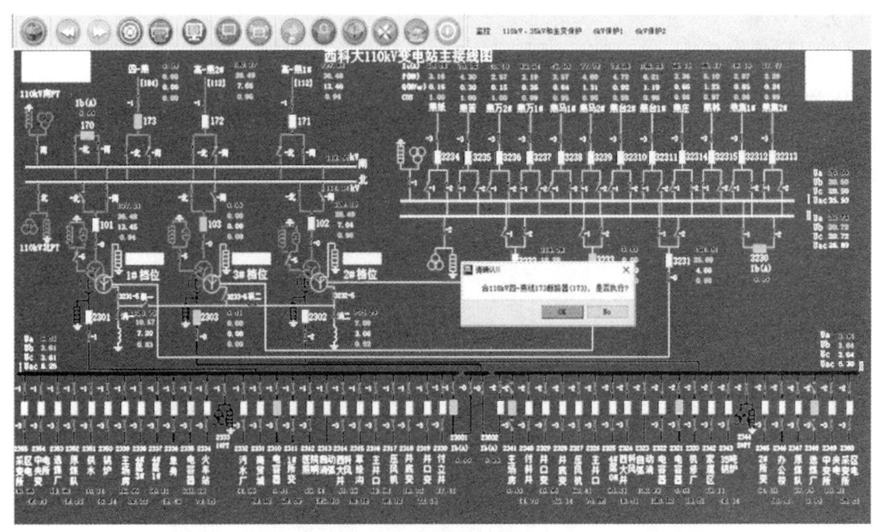

图 3-52　断路器合闸画面

(1) 继电器室。位于柜体上方，包含微机保护测控装置、保护出口压板、指示灯、切换开关等。其室内有微机保护测控装置作为电源开关、储能电机电源开关、控制回路电源开关和端子排等。

(2) 断路器室。位于柜体的前中部，下部两侧安装了供断路器底盘车滑行的导轨，上部右前方安装了航空插件。断路器手车可以沿导轨在实验位置和工作位置之间移动。当断路器手车从实验位置向工作位置移动时，通过断路器两侧的活门导轨与柜体活门中装配的上下滚轮联锁，上、下活门自动打开；当手车从工作位置向实验位置移动时，活门自动闭合，将安装在母线室和电缆室内的静触头盒封闭起来，隔离静触头。上、下活门不联动，检修时可锁定带电侧活门，从而保证检修人员不触及带电体。

断路器操作机构的接线经航空插件与继电器室的端子排连接。只有当手车在实验位置时，才能插拔航空插件的动触头。当手车处于工作位置时，由于机械联锁，航空插件的动触头被锁定，不能插拔。

(3) 母线室。位于柜体后上部，室内装有主母线、穿墙套管和静触头盒，以及压力释放装置。当某个高压隔室故障产生燃弧气体时，可通过各自独立的泄压通道泄压，释放燃弧气体。

(4) 电缆室。位于柜体的后下部，根据运行要求室内可安装电流互感器、电压互感器、快速接地开关等。一次电缆穿过可变径密封圈，连接至出线母排上。接地开关与断路器手车、柜后封板之间配有机械闭锁装置。只有手车处于实验位置且柜后封板封闭后，才能合上接地开关。

2. 开关柜的“五防”联锁

“五防”是指：防止误分、合断路器；防止带负荷推入、拉出手车隔离插头；防止带电合接地；防止带电接地开关合闸；防止误入带电间隔。

开关柜的“五防”联锁是通过手车底盘联锁系统、接地刀闸联锁系统、断路器手车与航空插头之间的联锁实现的。

（三）实验步骤

（1）在监控图中找到 908 断路器，在导航图中单击 908 断路器，系统导航到“10 kV 城厢线 908 开关”处，先单击解锁，单击挡片，单击摇把孔插入摇把，单击摇把以转动摇把，小车拉至实验位，右键摘摇把，单击柜门锁，单击锁孔解锁，双击开柜门，如图 3-53 所示。

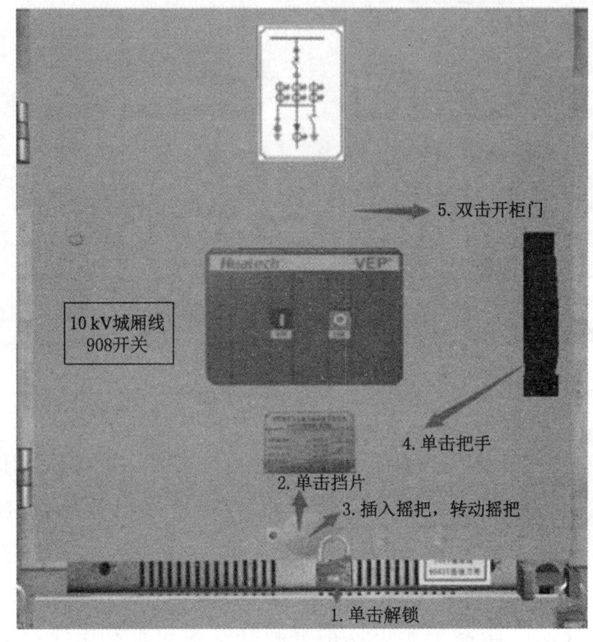

图 3-53　开关柜示图

（2）柜门打开之后，拔下航空插头，单击“点此出小车”，如图 3-54 所示。

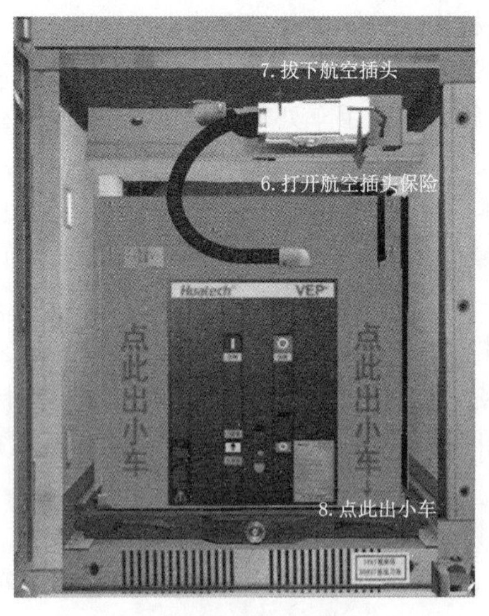

图 3-54　打开柜门

(3) 单击拉杆,固定小车,单击断路器拉手,拉出断路器至检修位,如图 3-55 所示。

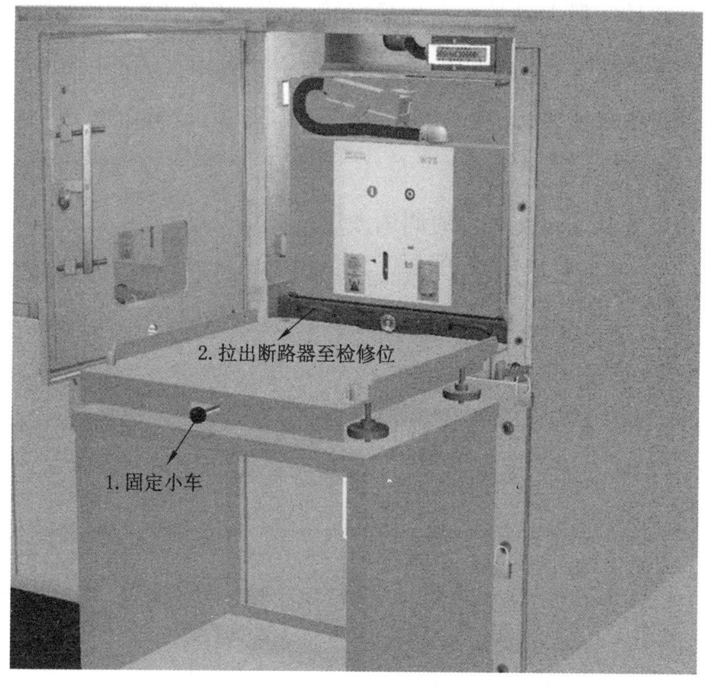

图 3-55　断路器拉出至检修位

(4) 合小车接地刀闸,单击解锁,单击挡片,拨下弹簧片,插入摇把,转动摇把合地刀,右击摘摇把,如图 3-56 所示。

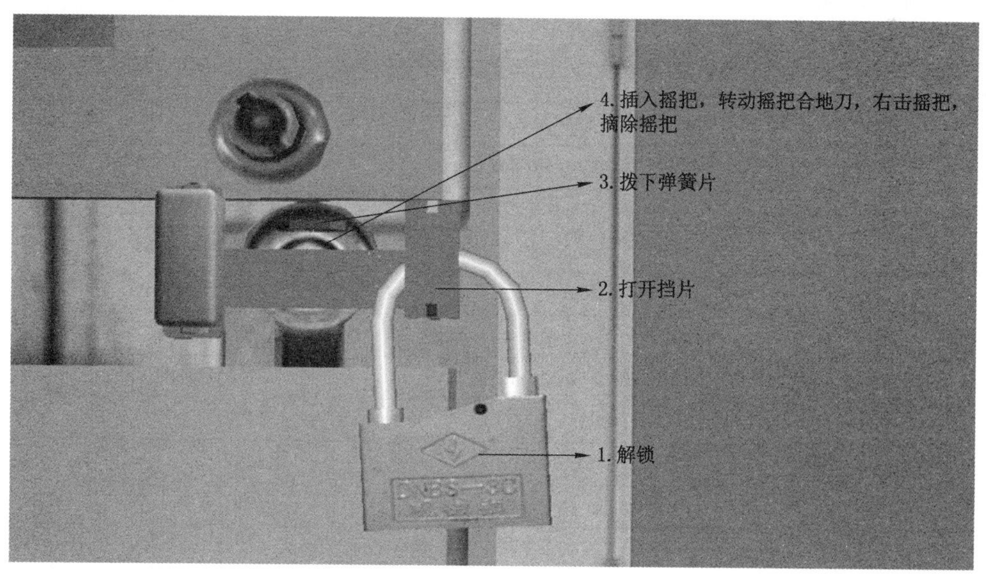

图 3-56　合接地刀闸

以上步骤即为小车运行转检修的操作过程。

（四）实验报告

（1）通过仿真软件实现10 kV小车由检修转运行的工作流程。

（2）阐述开关柜是如何实现“五防”联锁的。

三、备用电源自动投切实验

（一）实验目的

（1）掌握备用电源自动投切平台的调试方法及参数设置。

（2）掌握STEP7编程软件，能够编程实现备用电源自动投切动作。

（二）实验原理

1. 备用电源自动投入装置

备用电源自动投入（简称备自投）装置是指电力系统故障或其他原因导致工作电源断开后，能迅速将备用电源或备用设备或其他正常工作的电源投入工作，能迅速恢复供电的一种自动化设备。备用电源自动投入是保证电力系统连续可靠供电的重要措施，是变电站综合自动化系统的基本功能之一。

2. 装置硬件设备

主要包含：三相异步电机、真空开关、电动操作机构、热继电器、小型断路器、按钮、指示灯、电位器若干、导线若干，其具体型号和数量如表3-4所示。

表3-4 元件列表

名称	型号	作用	数量
小型断路器	NXB-634P C20A	过载、短路、失压保护	2个
小型断路器	DZ47-60 C10	过载、短路、失压保护	1个
熔断器	RT18-32	过载和短路保护	2个
电机操动机构	CDM3-100/M	模拟断路器	3个
变压器	DB-5VA	采集三相电压	6个
中间继电器	MY2N-J 20VAC	检无压	6个
中间继电器	MY2N-J 24VDC	控制电机操动机构	6个
接触器	CJX2-09	失电保护	2个
热继电器	JRS1-09-25	电机过载保护	2个
开关电源	50W-24V/2.1A	为指示灯等元件供电	1个
按钮	SHAD LA38/LA39	控制电机的启停	4个
指示灯	LD11-22D/41	指示元件的状态	6个
三相异步电动机	YS6314	模拟负荷	2个
导线		连接作用	若干

3. 硬件设计原理

实验采用单母线分段接线，工作电压为380 V（交流），当工作电源断开时，中间继电器将失压信号传到PLC的CPU模块，由PLC的程序控制电机操动机构动作，断开进线断路器并控制母联断路器QF5合闸，将备用电源自动投入，恢复系统的供电。采用三相异步电动机作为备自投装置的负荷，当电机不停电运转时，则认为备自投的备用电源投入成功。

(1) 主接线设计

备自投装置的主接线如图 3-57 所示。两路电源进线 XL_1 和 XL_2 互为备用，备用电源自动投入装置装设在单母线分段断路器 QF_5 上。正常运行时，分段断路器 QF_5 是断开的，两电源分别给两路负载供电，当任何一个工作电源发生故障被切后，QF_3 或 QF_4 迅速断开，母线分段断路器 QF_5 迅速吸合，由正常工作电源通过 QF_5 给另一路故障电源供电，完成备自投装置动作。正常工作时，两路进线分别给两段母线供电，进线断路器 QF_3 和 QF_4 均处于合闸状态，分段断路器 QF_5 处于分闸状态。

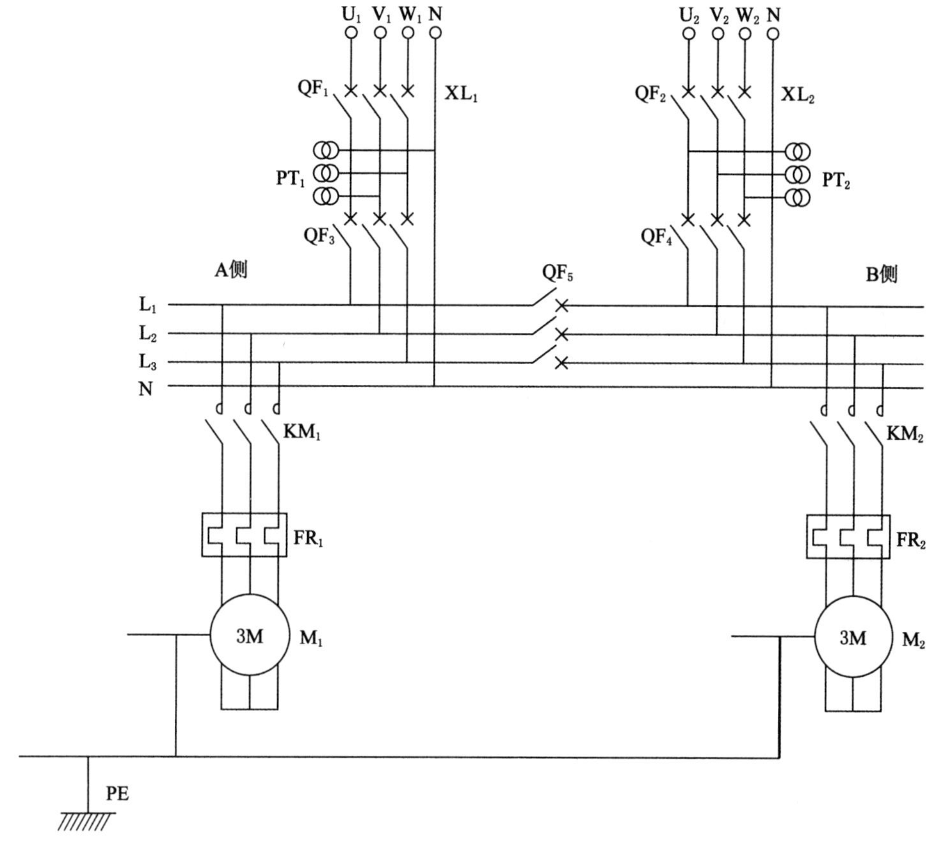

图 3-57　备自投装置的主接线图

(2) 备自投的动作逻辑

正常工作时，母联断路器 QF_5 处于断开状态，XL_1 和 XL_2 互为备用电源，母线Ⅰ段和母线Ⅱ段分别由 XL_1 和 XL_2 两条进线供电，即 QF_1、QF_2、QF_3、QF_4 处于合闸状态。当工作电源断开时(QF_1 处于断开状态)，检测到工作电源无压、无电流，PLC 动作使 QF_3 断开，在确定已经跳开断路器 QF_1、QF_3，QF_2、QF_4 处于合闸状态，此时才可以合上 QF_5，这样的动作逻辑是为了防止某一个断路器没有断开，导致电源侧发生短路事故；当 QF_2 处于断开状态时，变压器检测到工作电源无压、无电流，PLC 动作使 QF_4 断开，在确定已经跳开断路器 QF_2、QF_4，QF_1、QF_3 处于合闸状态，再将 QF_5 合闸。QF_5 合闸动作逻辑示意图如图 3-58 所示。

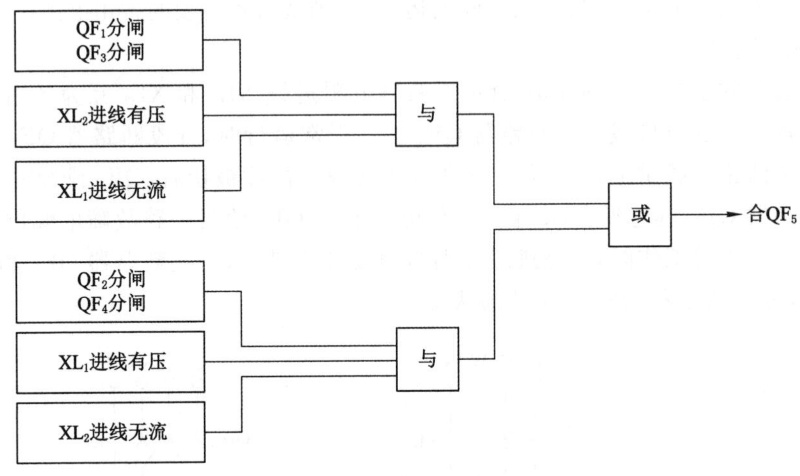

图 3-58　QF5 合闸动作逻辑示意图

(3) PLC 接线设计

实验设计 PLC 的输入信号应有 7 个，均为开关量，其中有 6 个是中间继电器的常开触点，1 个是母联断路器 QF_5 的辅助常闭触点；输出信号有 6 个，均为电机操动机构。实验使用的是德国西门子的 PLC S7-200，CPU 226CN 模块。PLC 的 CPU 模块、存储器、输入输出单元、电源都封装在同一塑料壳中，是一种整体式 PLC。它的工作电压为交流 220 V，直流数字量输入，数字量输出。该 CPU 有 24 个数字量输入点，16 个数字量输出点，接线图如图 3-59所示。

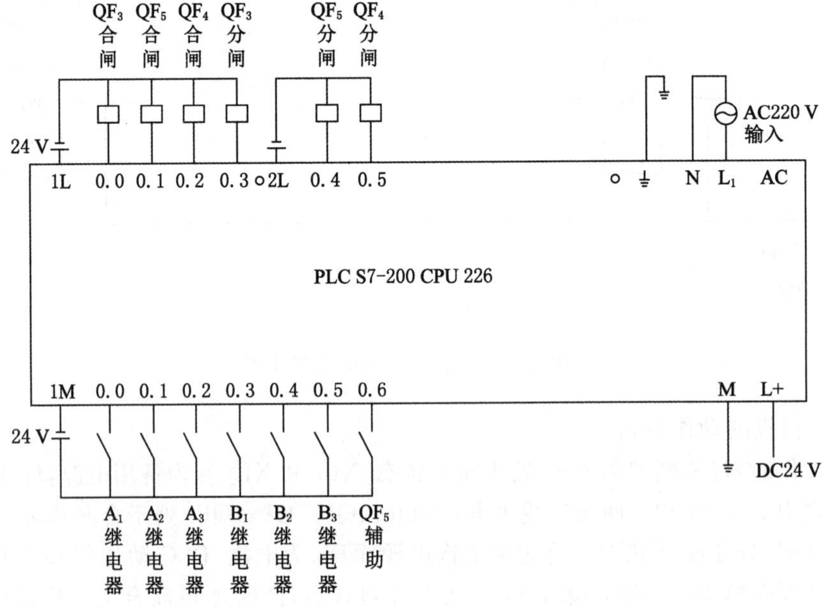

图 3-59　PLC 接线图

4. 软件设计

(1) 主程序

备自投装置在动作之前处于初始状态，也就是暗备用的工作状态，当备自投装置供电后，进入上电检测子程序，检测各断路器是否处于初始化的状态。当 A 侧或者 B 侧的工作电源断开后，执行故障切换子程序，此时检查备用电源有电且断开 QF_3 或 QF_4 后，再合上断路器 QF_5，将备用电源投入。如果此时恢复工作电源的供电，故障切换子程序会返回到原主程序，执行恢复子程序，使断路器 QF_5 断开，合上 QF_3 或 QF_4，使断路器的状态恢复到初始状态。主程序的流程图如图 3-60 所示。

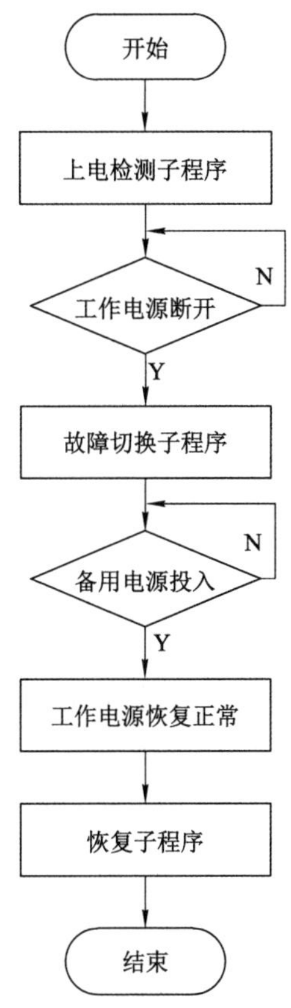

图 3-60　主程序流程图

(2) 上电检测子程序

当备自投装置的断路器处于初始状态时将执行上电检测子程序，检测 QF_1 是否为合闸状态，如果 A 侧有电压，QF_5 处于分闸状态，QF_3 合闸，C_3 计数器当前值开始加 1，当达到预置值 1 时，T_{37} 开始计时，同时 C_5 计数器当前值开始加 1，当达到预置值 1 时，C_5 的常开触点闭合，3 s 后 T_{37} 定时器的常开触点闭合，使 C_3 计数器复位，C_3 的值为 0，同时 C_5 计数器复位，状态清零。当下一次执行子程序时，计数器 C_3、C_5 重新开始计数。上电检测子程序流程图如图 3-61 所示。

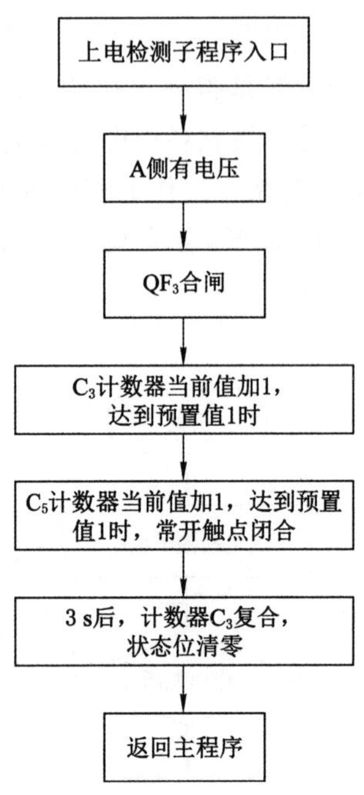

图 3-61　上电检测子程序流程图(A 侧)

(3) 故障切换子程序

执行完上电检测子程序后,断路器的状态为初始状态。当 A 侧或 B 侧的工作电源失电后,将执行故障切换子程序,该子程序的目的是检测备用电源是否有电压并将备用电源投入到装置中来恢复供电。当 A 侧失去电压时,A 侧 6 个中间继电器的常闭触点处于闭合状态,当 B 侧有电压时,B 侧的 6 个中间继电器的常开触点闭合,QF_5 分闸时常闭触点闭合,此时 T_{33} 开始计时,1 s 之后 QF_3 分闸,当 QF_3 分闸后 T_{36} 开始计时,1 s 后 QF_5 合闸。先断开 QF_3,再合上 QF_5,是为了防止电源侧发生短路。QF_3 分闸后,C_1 计数器开始计数,当达到预置值 1 时,断开定时器,当下一次执行子程序时,定时器重新开始计数。B 侧失压时,与上述逻辑相同,故障切换子程序的流程图如图 3-62 所示。

(4) 恢复子程序

执行完故障切换子程序后,如果工作电源恢复正常供电,则将执行恢复子程序。如果 QF_1 合闸、QF_3 分闸,则 T_{39} 定时器开始计时,1 s 后使 T_{40} 定时器开始计时,1 s 后使 QF_5 分闸。QF_5 分闸后 T_{43} 开始计时,1 s 后 QF_3 合闸,同时定时器 T_{99} 开始计时,1 s 后使 T_{99} 断开 T_{40}、T_{43} 定时器,当下次调用恢复子程序时,定时器重新定时。恢复子程序的流程图如图 3-63所示。

5. 备用电源自动投入装置 I/O 分配

备用电源自动投入装置 I/O 分配如表 3-5 所示。

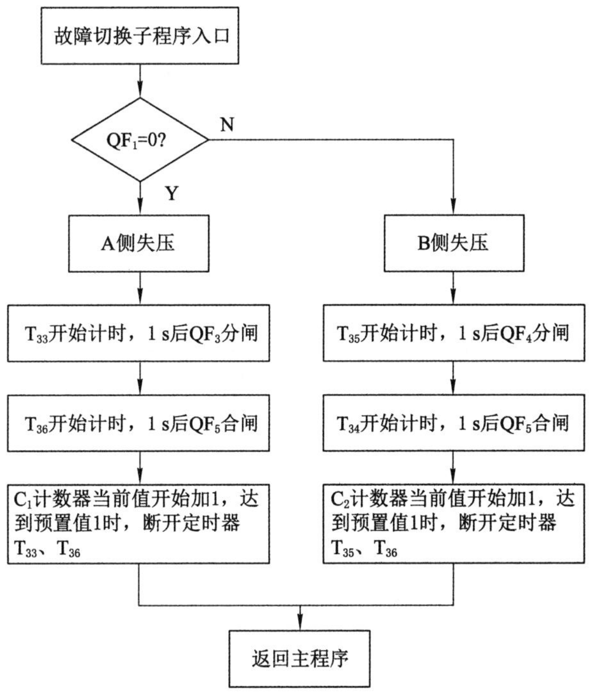

图 3-62　故障切换子程序流程图

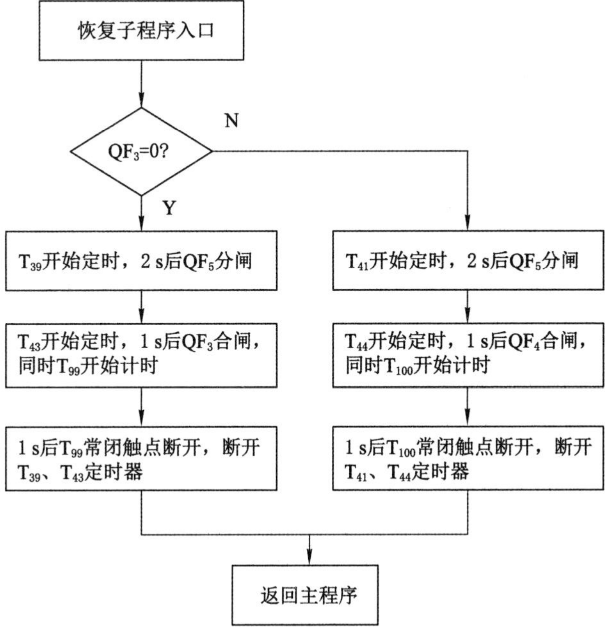

图 3-63　恢复子程序流程图

表 3-5　I/O 分配表

输入量		输出量	
A_1 继电器	I0.0	QF_3 合闸	Q0.0
A_2 继电器	I0.1	QF_5 合闸	Q0.1
A_3 继电器	I0.2	QF_4 合闸	Q0.2
B_1 继电器	I0.3	QF_3 分闸	Q0.3
B_2 继电器	I0.4	QF_5 分闸	Q0.4
B_3 继电器	I0.5	QF_4 分闸	Q0.5
QF_5 辅助	I0.6		

注：变压器二次侧接 A_1、A_2、A_3、B_1、B_2、B_3 继电器的线圈，当线圈得电时，继电器的常开触点闭合。

6. STEP7 软件操作

(1) 点击左侧浏览条中的通信，双击刷新，将 PLC 与电脑进行通信，如图 3-64 所示。

图 3-64　PLC 通信

(2) 点击下载程序。

(3) 点击状态监控按钮，即可对梯形图中各触点、线圈等的状态进行监控，黑体部分表示当前状态为 ON，否则为 OFF。

(4) 将光标放在 M7.5，右键写入 ON，再写入 OFF。

(5) 主回路供电(断路器 QF_1、QF_2 送电)。

(6) 将光标放在 M12.0，右键写入 ON 后将 QF_1 或 QF_2 断开。

(7) 实验完成后，将光标放在 M12.0，右键写入 OFF。

(8) 断开 PLC 的电源。

（三）实验步骤

(1) 按照原理图连接电路，并确认连线无误。

(2) 注意 I/O 地址分布及具体对应关系。

(3) 编写程序并下载至 PLC 中。

(4) 硬件调试，实现备用电源自动投切动作。

（四）实验报告

(1) 结合硬件电路，阐述备用电源自动投切装置的工作原理。

(2) 当线路发生故障时各个断路器如何工作？其主电路中触点先后动作顺序怎样？

(3) 分析备用电源自动投入装置在供电系统中的优缺点。

(4) 基于 PLC 实现备用电源自动投切的功能编程。

第四章　高电压与电气设备绝缘实验

第一节　高电压技术实验

一、直流泄漏电流测试实验

(一) 实验说明

泄漏电流是指电器在正常工作时,其火线与零线之间产生的极为微小的电流,相当于一般电器的静电,测试时用泄漏电流测试仪,主要测试其 L 极与 N 极。绝缘体是不导电的,但实际上几乎没有一种绝缘材料是绝对不导电的。在任何一种绝缘材料两端施加电压,总会有一定电流通过,这种电流的有功分量叫做泄漏电流,而这种现象也叫做绝缘体的泄漏。测量泄漏电流的原理与测量绝缘电阻基本相同,测量绝缘电阻实际上也是测量泄漏电流,只不过是以电阻形式表示出来的。正规测量泄漏电流施加的是交流电压,因而,在泄漏电流的成分中包含了容性分量的电流。

(二) 实验目的

(1) 了解产生直流高压的基本方法和原理;

(2) 熟悉直流高压发生器的原理与操作;

(3) 学习测量直流泄漏电流;

(4) 了解泄漏电流的危害,思考如何防止泄漏电流。

(三) 实验器材及简介

本实验采用了 ZGF 型直流高压发生器产生直流高压。该发生器采用中频倍压电路,应用 PWM 脉宽调制技术和大功率 IGBT 器件。采用电压大反馈,输出电压稳定度高,纹波系数<1%。全量程平滑调压,电压调节精度好,调节精度<0.5%,稳定度<1%,电压误差±(1.0%读数±0.2 kV),电流误差±(1.0%读数±2)。升压电位器零起升压。0.75 UDC1mA 功能按钮,方便氧化锌避雷器实验,精度≤1.0%。过压保护采用拨码设定,一目了然,电气性能好,防潮能力强。ZGF-Ⅱ产品符合 DL/T848.1—2004 技术要求,并经电力部电气设备质量检测测试中心型式实验。直流高压发生器主要技术参数如表 4-1 所示。

表 4-1　直流高压发生器主要技术参数

参数	60/2	60/3	60/5	120/1	120/2	120/3
额定电压/kV	60	60	60	120	120	120
额定电流/mA	2	3	5	2	3	5

表 4-1(续)

参数	60/2	60/3	60/5	120/1	120/2	120/3
额定功率/W	120	180	300	120	240	360
电压测量精度	数显表±(1.0%读数±0.2 kV)					
电流测量精度	数显表±(1.0%读数±2)					
纹波系数	≤0.5%					
电源	单相交流 50 Hz　220 V±10%					
工作方式	间断使用					
	一次连续工作时间最多为 10 min					

(1) 直流高压发生器工作原理如图 4-1 所示。

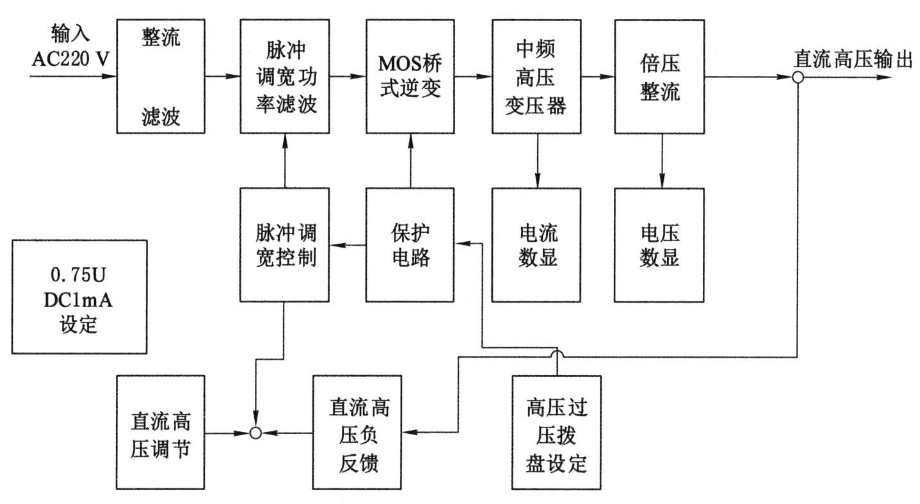

图 4-1　直流高压发生器工作原理框图

(2) 控制箱面板示意图如图 4-2 所示。

① 控制箱接地端子 1:控制箱接地端子与倍压筒接地端子及试品接地端子连接为一点后再与接地网相连。

② 中频及测量电缆快速插座 2:用于机箱与倍压部分的连接。连接时只需将电缆插头顺时针方向转动到位,拆线时只需逆时针转动电缆插头。

③ 过压整定拨盘开关 3:用于设定过电压保护值。拨盘开关所显示单位为 kV,设定值为实验电压的 1.1 倍。

④ 电源输入插座 4:将随机配置的电源线与电源输入插座相连(交流 220 V±10%,插座内自带保险管)。

⑤ 数显电压表 5:数字显示直流高压输出电压。

⑥ 数显电流表 6:数字显示直流高压输出电流。

⑦ 电源开关 7:向前按下,电源接通,红灯亮。反之为关断。

⑧ 黄灯按钮 8:此功能是专门为氧化锌避雷器快速测量 0.75UDC1mA 用,绿灯亮时有

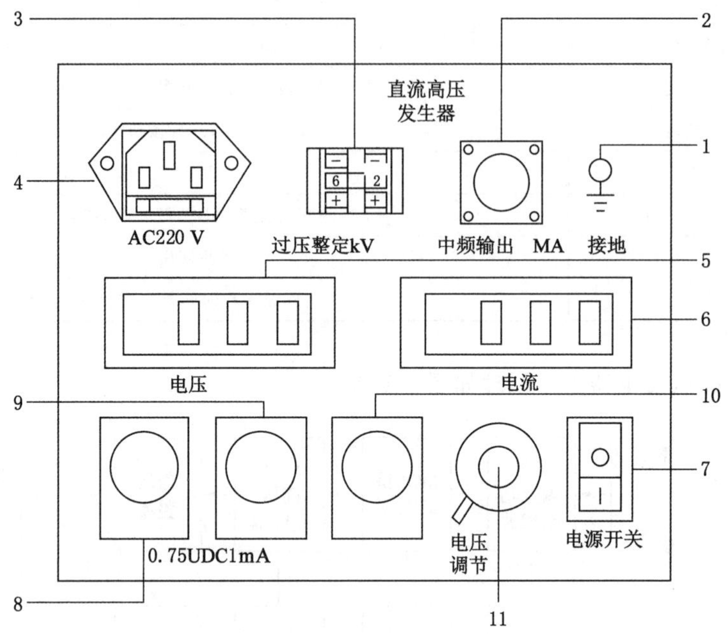

图 4-2 控制箱面板示意图

效。当按下黄色按钮后黄灯亮,输出高压降至原来的 0.75 倍,并保持此状态。按下红色按钮,红灯、绿灯均灭,高压切断并退出 0.75 倍状态。

⑨ 绿灯按钮 9:高压接通按钮、高压指示灯。在红灯亮的状态下,按下绿色按钮后,绿灯亮红灯灭,表示高压回路接通,此时可升压。此按钮须在电压调节电位器回零状态下才有效。如按下绿色按钮,绿灯亮红灯仍亮,但松开按钮绿灯灭红灯亮,表示机内保护电路已工作。

⑩ 红灯按钮 10:红灯亮,表示电源已接通及高压断开。在绿灯亮状态下按下红色按钮,绿灯灭红灯亮,高压回路切断。

⑪ 电压调节电位器 11:该电位器为多圈电位器。顺时针旋转为升压,反之为降压。此电位器具备控制电子零位保护功能,因此升压前必须先回零。

实验接线图如图 4-3 所示。

(四)实验原理

在直流电压作用下测量泄漏电流实际上也是测量绝缘电阻。经验表明:当所加直流电压不高时。由泄漏电流换算出的绝缘电阻值与兆欧表所测的值极为接近。但当用较高的电压来测泄漏电流时,就有可能发现兆欧表所不能发现的绝缘损坏或弱点。

用直流高压装置来测量绝缘的泄漏电流时,与用兆欧表相比有以下优点:

(1) 实验电压高且可任意调节实验电压值,对一定电压等级的试品加以相应的实验电压,可使绝缘本身的弱点更容易显示出来,同时在升压过程中可随时监视微安表的指示以了解绝缘状况:如绝缘良好,泄漏电流与电压的关系应是按正比例增大;如绝缘有缺陷或受潮

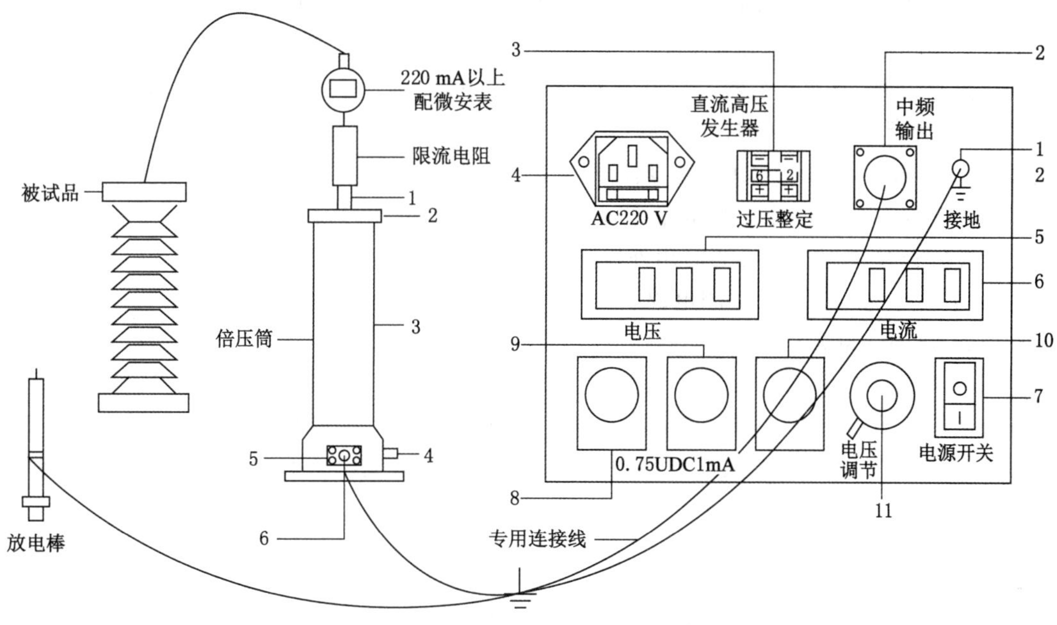

图 4-3　直流泄漏电流测试实验接线图

时，泄漏电流的增长比电压增长快，且电压较高时，泄漏电流急剧增大，还会有一些不正常现象。

（2）微安表的测量精度比兆欧表高。

（3）测量泄漏电流和直流耐压可以同时进行。

实验中，为了避免测到绝缘的吸收电流，应在加压 1 min 后读取泄漏电流的数值。

（五）实验步骤

（1）实验器在使用前应检查其完好性，连接电缆不应有断路和短路，设备无破裂等损坏。

（2）将机箱、倍压筒放置到合适位置分别连接好电源线、电缆线和接地线，保护接地线与工作接地线以及放电棒的接地线均应单独接到试品的地线上（即一点接地）。严禁各接地线相互串联，为此，应使用专用接地线。

（3）电源开关放在关断位置并检查调压电位器应在零位。过电压保护整定值一般为实验电压的 1.1 倍。

（4）空载升压验证过电压保护整定是否灵敏。

（5）接通电源开关，此时红灯亮，表示电源接通。

（6）按绿色按钮，则绿灯亮，表示高压接通。

（7）沿顺时针方向平缓调节调压电位器，输出端即从零开始升压，升至所需电压后，按规定时间记录电流表读数，并检查控制箱及高压输出线有无异常现象及声响。

（8）降压，将调压电位器回零后，随即按红色按钮，切断高压并关闭电源开关。

（9）对试品进行泄漏及直流耐压实验。在进行检查实验确认实验器无异常情况后，即可开始进行试品的泄漏及直流耐压实验。将试品、地线等连接好，检查无误后即打开电源。

（10）升压至所需电压或电流。升压速度以每秒 3～5 kV 实验电压为宜。对于大电容试品升压时还需监视电流表充电电流，使其不超过实验器的最大充电电流。对小电容试品如氧化锌避雷器、磁吹避雷器等先升至所需电压（电流）的 95%，再缓慢仔细升至所需的电压（电流），然后从数显表上读出电压（电流）值。如需对氧化锌避雷器进行 0.75UDC1mA 测量时，先升至 UDC1mA 电压值，然后按下黄色按钮，此时电压即降至原来的 75%，并保持此状态。此时可读取电流。测量完毕后，调压电位器逆时针回到零，按下红色按钮。需再次升压时按红色按钮即可。必要时用外接高压分压器比对控制箱上的电压。

（11）实验完毕，降压，关闭电源。

（12）几种测量方法：

① 一般测量时，当接好线后，先把连接试品的线悬空，升到实验电压后读取空试时的电晕和杂散电流 I，然后接上试品升到实验电压读取总电流 I_1。试品泄漏电流 $I_0=I-I_1$。

② 当需要精确测量被试品泄漏电流时，则应在高压侧串入高压微安表，其接线图如图 4-4所示。

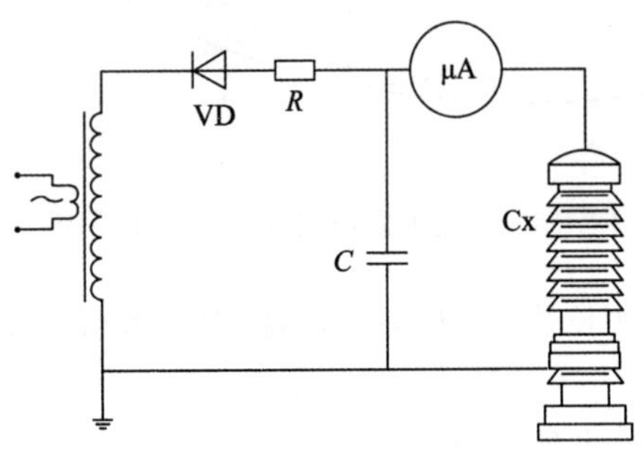

图 4-4　微安表接入试品 Cx 高压侧接线图

微安表必须有金属屏蔽，应采用屏蔽线与试品连接。高压引线的屏蔽引出应与仪表端的屏蔽紧密连接。如果试品表面脏污，要排除其对试品表面泄漏电流的影响，可在试品高电位端用裸金属软线紧密绕几圈后与高压引线的屏蔽相连接，如图 4-5 所示。

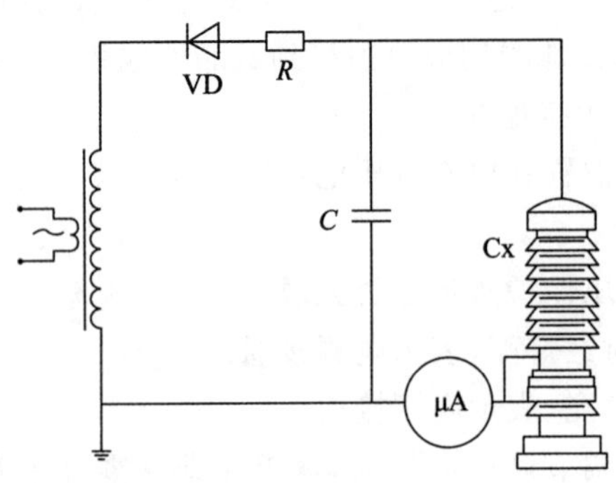

图 4-5　排除试品 Cx 表面影响接线图

③ 对氧化锌、磁吹避雷器等试品接地端可拆开的情况下，也可采用在试品的底部（地电位侧）串入电流表进行测量的方式。当要排除试品表面脏污对泄漏电流的影响时，可用软的裸铜线在试品地电位端绕上几圈并与屏蔽线的屏蔽相连接，如图 4-6 所示。

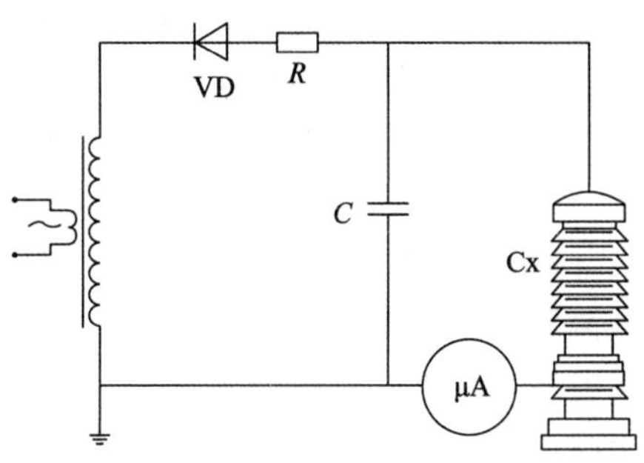

图 4-6　微安表接入试品 Cx 底部的接线图

（13）对于氧化锌避雷器等小电容试品一般通过测压电阻放电，放电时间很短。而对电缆等大电容试品一般先要自放电，待试品电压至实验电压的 20％以下时，再通过配套的放电棒进行放电。试品充分放电后挂好接地线，才允许进行高压引线拆除和更换接线工作。

（14）保护动作后的操作。在使用过程中发现绿灯灭、红灯亮，电压下降，即为有关保护动作。此时应关闭电源开关，面板指示灯均不亮。将调压电位器退回零位，1 min 后待机内低压电容器充分放电后才允许再次打开电源开关，重新进行空载实验并查明情况后可再次升压实验。

（15）故障检查及处理。几种常见故障现象及其产生原因和处理方法如表 4-2 所示。

表 4-2　几种常见故障现象及其产生原因和处理方法

	故障现象	产生原因	处理方法
1	电源开关接通后红灯不亮	电源线开路或电源线保险丝熔断	更换电源线 更换保险丝
2	按绿色按钮绿灯不亮	调压电位未回零	调压电位回零
3	按绿色按钮绿灯亮，一升压绿灯灭、红灯亮	高压输出端塔地试品短路	检查输出电缆 检查试品
4	升压过程中绿灯灭、红灯亮	试品放电或击穿， 过压或过流保护动作	检查试品 重新设定整定值

（六）注意事项

使用本仪器必须遵守《电力安全工作规程》的规定，并在工作电源进入实验器前加装两个明显断开点，当更换试品和接线时应先将两个电源断开点明显断开。

实验前请检查实验器控制箱、倍压筒和试品的接地线是否接好。实验回路接地线应按说明书所示一点接地。对大电容试品的放电应经 100 Ω /V 放电电阻棒对试品放电。放电时不能将放电棒立即接触试品，应先将放电棒逐渐接近试品，至一定距离空气间隙开始游离放电有嘶嘶声。当无声音时可用放电棒放电，最后直接接地线放电。

如做容性负载实验时，一定要接限流电阻。

直流高压在 200 kV 及以上时，尽管实验人员穿绝缘鞋且处在安全距离以外区域，但由于高压直流离子空间电场分布的影响，会使几个邻近站立的人体上带有不同的直流电位。实验人员不要互相握手或用手接触接地体等，否则会有轻微电击现象，此现象在干燥地区和冬季较为明显，但由于能量较小一般不会对人造成伤害。

实验完毕必须将接地线挂至高压输出端方可拆除高压引线。

(七) 问题与思考

(1) 与测量绝缘电阻相比，测量泄漏电流有何特点?

(2) 为何要采用负极性直流高压进行泄漏电流测量?

(3) 分析实验电压下泄漏电流周期性摆动的原因。

(4) 根据测得数据画出泄漏电流与所加电压的关系曲线，并判断试品的绝缘状况。

(5) 通过本次实验，有哪些收获、体会和建议?

二、交流球隙放电测试实验

(一) 实验说明

在高电压的学习中，学习了气体放电过程，了解到球隙放电最易发生。球隙放电原理在电力行业中应用广泛，其过程也时常发生。如利用球隙制作的测压器对试品进行耐压实验。本次实验是学生通过老师指导、自己动手、仔细观察，学习球隙的实时放电过程。

(二) 实验目的

(1) 掌握升压箱的使用方法。

(2) 了解球隙放电过程和放电原理。

(3) 观察球隙放电的现象。

(4) 学会对球隙放电的应用。

(三) 实验设备

高压实验变压器、控制台、调压器、球隙器、水电阻和试品。

(四) 实验原理

通过对高电压技术的学习，我们了解到气体放电的方式有多种，球隙放电是其中特殊的一种。球隙放电是稍不均匀场的典型代表，在同一间隙的情况下，其平均击穿电场强度比不均匀电场高出许多，主要原因是：稍不均匀电场中，每一点的电场强度基本相等，只有当加在电极两端的电压较高时，间隙才能击穿。当两球对称布置测量对地对称直流电压时，无极性效应。但通常都是一球接地的情况，此时两球虽然完全相同但由于大地的影响电场分布并不均匀。

电压放电球隙测压器是一对直径相同的球形电极，当其与高压实验变压器、控制台、调压器、水电阻等组成成套测试设备后，可在工频高压实验时用于高压测量及保护被试物品之用。

当大气条件与标准情况不同时由表 4-3 和表 4-4 查得数值进行校正，应将此数值乘以校正系数 K，校正系数 K 直接由空气相对密度 δ 决定，它们间的关系如表 4-5 所示。

表 4-3　一球接地的球隙适用于交流电压、负极性的雷电冲击电压和长波尾冲击及两种极性的直流电压(峰值)　单位:kV

球隙距离/cm	球直径/cm					
	5	6.25	10	12.5	15	25
0.20	8.0					
0.25	9.6					
0.30	11.2					
0.40	14.3	14.2				
0.50	17.4	17.2	16.8	16.8	16.8	
0.60	20.4	20.2	19.9	19.9	19.9	
0.70	23.4	23.7	23.0	23.0	23.0	
0.80	26.3	26.2	26.0	26.0	26.0	
0.90	29.2	29.1	28.9	28.9	28.9	
1.0	32.0	31.9	31.7	31.7	31.7	31.7
1.2	37.6	37.5	37.4	37.4	37.4	37.4
1.4	42.9	42.9	42.9	42.9	42.9	42.9
1.5	45.5	45.5	45.5	45.5	45.5	45.5
1.6	48.1	48.1	48.1	48.1	48.1	48.1
1.8	53.0	53.5	53.5	53.5	53.5	53.5
2.0	57.5	56.5	59.0	59.0	59.0	59.0
2.2	61.5	63.0	64.5	64.5	64.5	64.5
2.4	65.5	67.5	69.5	70.0	70.0	70.0
2.6	(69.0)	72.0	74.5	75.0	75.5	75.5
2.8	(72.5)	76.0	79.5	80.0	80.5	81.0
3.0	(32.5)	79.5	84.5	85.0	85.5	86.5
3.5	(88.5)	(87.5)	95.5	97.0	98.0	99.0
4.0		(95.0)	10.5	108	110	112
4.5		(101)	150	119	122	125
5.0		(107)	123	129	133	137
5.5			(131)	138	143	149
6.0			(138)	146	152	161
6.5			(144)	(154)	161	173
7.0			(150)	(161)	169	184
7.5			(155)	(168)	177	195
8.0				(174)	(185)	206
9.0				(185)	(198)	226
10				(195)	(209)	244
11					(219)	261
12					(229)	273

表 4-4 一球接地的球隙适用于正极性的雷电冲击电压和长波尾冲击电压(峰值)

单位:kV

球隙距离/cm	球直径/cm					
	5	6.25	10	12.5	15	25
0.30	11.2					
0.40	14.3	14.2				
0.50	17.4	17.2	16.8	16.8	16.8	
0.60	20.4	20.2	19.9	19.9	19.9	
0.70	23.4	23.2	23.0	23.0	23.0	
0.80	26.3	26.2	26.0	26.0	26.0	
0.90	29.2	29.1	28.9	28.9	28.9	
1.0	32.0	31.9	31.7	31.7	31.7	31.7
1.2	37.8	37.6	37.4	37.4	37.4	37.4
1.4	43.3	43.2	42.9	42.9	42.9	42.9
1.5	46.2	45.9	45.5	45.5	45.5	45.5
1.6	49.0	48.6	48.1	48.1	48.1	48.1
1.8	54.5	59.0	59.0	59.0	59.0	59.0
2.0	59.5	59.0	59.0	59.0	59.0	59.0
2.2	64.5	64.0	64.5	64.5	64.5	64.5
2.4	69.0	69.0	70.0	70.0	70.0	70.0
2.6	(73.0)	73.5	75.5	75.5	75.5	75.5
2.8	(77.0)	78.0	80.5	80.5	80.5	80.5
3.0	(81.0)	82.0	85.5	85.5	85.8	86.0
3.5	(90.0)	(91.5)	97.5	98.0	98.5	99.0
4.0	(97.5)	(101)	109	110	111	112
4.5		(108)	120	122	124	125
5.0		(115)	130	134	136	138
5.5			(139)	145	147	151
6.0			(148)	155	158	163
6.5			(156)	(164)	168	175
7.0			(163)	(173)	178	187
7.5			(170)	(181)	187	199
8.0				(189)	(196)	211
9.0				(203)	(212)	233
10				(215)	(226)	254
11					(238)	273
12					(249)	291

表 4-5　空气相对密度与校正系数关系表

空气相对密度	0.70	0.75	0.80	0.85	0.90	0.95	1.00	1.05	1.10	1.15
校正系数	0.72	0.77	0.82	0.86	0.91	0.95	1.00	1.05	1.09	1.13

当 δ 值在 0.95 和 1.05 之间时，则校正系数等于空气相对密度。

空气相对密度 δ 按下式计算：

$$\delta = \frac{b}{1013} \cdot \frac{273+20}{273+t} = \frac{0.289b}{273+t}$$

式中　b——大气压力，mbar(1 mbar=100 Pa)；

t——摄氏温度，℃。

$$\delta = \frac{b}{760} \cdot \frac{273+20}{273+t} = \frac{0.386b}{273+t}$$

实验原理图如图 4-7 所示。

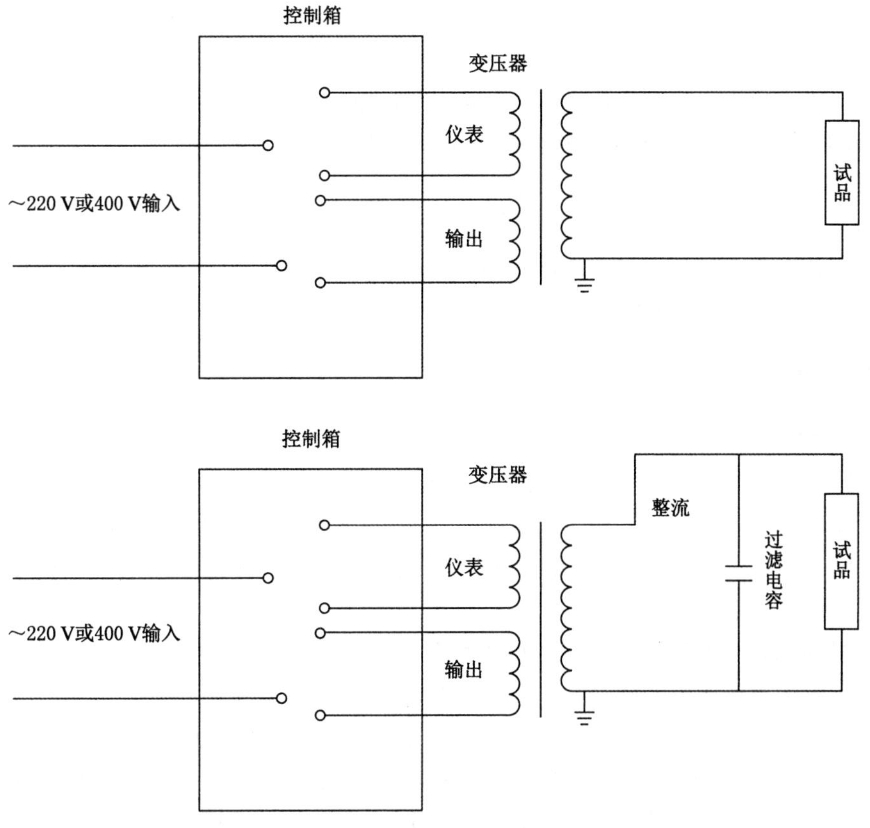

图 4-7　交流球隙放电实验原理图

在实验中利用升压变压器将电压升高，使得球隙之间的空气被击穿，发生放电现象。球隙器实物示意图如图 4-8 所示。

图 4-8　球隙器实物示意图

（五）实验步骤

（1）进入实验室，检查安全措施是否到位。如有不完善之处，尽快联系老师解决。

（2）使用接地棒将一端接地，手握绝缘部分探测两球，确保两球上所带电量为零。

（3）调整好两球距离，离开隔离栅。打开控制箱，缓慢调节上升电压。观察两球间隙的变化。

（4）看见闪过一道白光并伴随着声响，记录此时的电压。

（5）将电压调至零，关闭实验台。采用接地棒放电。

（6）重复上述步骤再做几次。

（六）问题与思考

（1）实验时，线路与墙和控制台的安全净距应如何考虑？

（2）球隙放电测高电压的条件是什么？

三、局部放电实验

（一）实验说明

工频电压、雷电冲击电压和操作冲击电压实验，其所施加的实验电压值，只是考核了产品能否经受住各种过电压的作用。但是，这种过电压值的实验与运行中长期工作电压的作用是有区别的，经受住了过电压实验的产品，能否在长期工作电压作用下保证安全运行，还需要进行局部放电实验。

所谓“局部”是指绝缘介质在其整个厚度上并非“贯穿”，只是在厚度的一个局部产生放电现象。由于局部放电的能量很小，一般仪表上不会显示出来。

局部放电发生的几个原因：① 电场过于集中于某点；② 固体介质有气泡，有害杂质未除净；③ 油中含水、含气、有悬浮微粒；④ 不同的介质组合中，在界面处有严重的电场畸变。

局部放电实验测量的基本电路有测量部分与试品串联、测量部分通过耦合电容器与试品并联和测量采用平衡电路三种。

局部放电测量作为可以避免破坏的实验项目，越来越受到大型电力变压器运行管理单位的重视，因为它是确定变压器绝缘系统结构可靠性的重要指标之一。局部放电测量的目的是证明变压器内部有没有破坏性的放电源存在，同时还可分析变压器内部是否存在介电强度过高的区域，因为这样的区域可能对变压器长期安全运行造成危害。

（二）实验目的

（1）了解局部放电产生的基本原理。

（2）学习局部放电的测量方法及仪器的正确使用方法。

（3）分析局部放电起始电压、视在放电量与设备绝缘质量的关系。

（4）了解各种局部放电信号的特点。

（三）实验器材及简介

1. 主要技术指标

（1）使用条件。

① 环境温度：(0～20) ℃±2 ℃。

② 相对湿度：70%以下。

③ 供电电源：220 V±22 V，50 Hz。

④ 无剧烈振动和机械冲击。

⑤ 空气中不含有足以腐蚀仪器的灰尘和杂质。

⑥ 不应受强的电磁场干扰。

⑦ 通风条件良好。

⑧ 接地要求：接地电阻<1 Ω 。

（2）可测试品的电容量范围：6 pF～250 μF。

（3）检测灵敏度如表 4-6 所示。

表 4-6　检测灵敏度

输入单元序号	调谐电容	单位	灵敏度/pC（不对称电路）
1	6-25-100	pF	0.02
2	25-100-400	pF	0.04
3	100-400-1500	pF	0.06
4	400-1500-6000	pF	0.1
5	1500-6000-25000	pF	0.2
6	0.006-0.025-0.1	μF	0.3
7	0.025-0.1-0.4	μF	0.5
8	0.1-0.4-1.5	μF	1
9	0.4-1.5-6.0	μF	1.5
10	1.5-6.0-25	μF	2.5
11	6.0-25-60	μF	5
12	25-60-250	μF	10
7R	电 阻	Ω	0.5

（4）放大器频带。

① 低端：10 kHz、20 kHz、40 kHz 任选；

② 高端:80 kHz、200 kHz、300 kHz 任选。

(5) 放大器增益调节:粗调六挡,挡间增益 20±1 db;细调范围>20 db。

(6) 时间窗。

① 时间窗显示为蓝色;

② 窗宽:可调范围 15°～150°;

③ 窗位置:每一窗可旋转 0°～170°;

④ 两个时间窗可分别开或同时开。

(7) 放电量表。

数字表头:以 3½LED 数字表显示 0～100.0,误差<±5%(以满刻度计)。

(8) 椭圆时基。

① 频率 50 Hz 和任意频率;

② 椭圆显示颜色为黄色;

③ 椭圆旋转:以 30°为一挡,可做 180°旋转;

④ 显示方式:椭圆-直线;

⑤ 高频时基椭圆输入电压<220 V,其摄取功率<1 V·A。

(9) 波形锁定:可以按所需锁定任意时间的波形,便于观察和分析。

(10) 实验电压表。

① 量程:100 kV(可扩展);

② 显示:3½数字电压表指示;

③ 精度:优于±5%(以满刻度计)。

(11) 内、外零标功能。

(12) 体积:450 mm×450 mm×190 mm(宽×深×高)。

(13) 质量:约 15 kg。

2. 结构说明

本仪器为标准机箱结构,仪器分前面板及后面板两部分,各调节元件的位置及功能见图 4-9、图 4-10 的说明。

3. JF2008-1 型校正脉冲发生器简介

JF2008-1 型校正脉冲发生器是一个小型、价廉、电池供电的局部放电校正器,体积小,重量轻,携带方便,适用于各种类型局部放电检测仪的定量校正。它的前沿<0.1 μs,完全符合 IEC60270 的规定。它可以四种放电量注入范围向试品两端注入 1.2 kHz 左右的校正脉冲。

由于它采用电池供电,可不接地。因此它既能对接地试品也能对不接地试品进行定量校正。

(1) 主要规格及技术参数。

① 尺寸:160 mm×120 mm×55 mm;

② 质量:约 0.5 kg;

③ 电池:6F229V;

④ 输出电荷量:5 pC、10 pC、50 pC、100 pC、500 pC;

⑤ 上升时间:<100 ns;

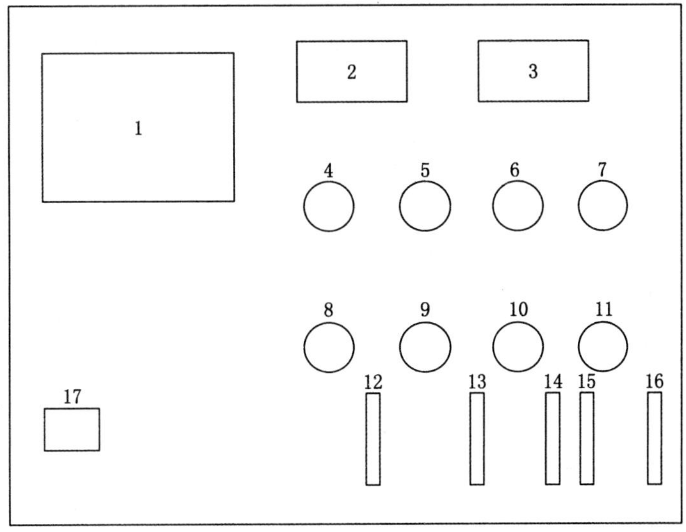

1—彩色液晶屏；2—3½数字表头显示放电量读数；3—3½数字表头显示实验电压读数；4—椭圆旋转；5—工频(50 Hz)、高频时基选择；6—窗位置调节；7—放大器增益粗调；8—椭圆直线转换；9—波形锁定；10—窗宽度调节；11—放大器增益细调；12—内、外零标通断；13—左窗通断；14—右窗通断；15—低频段选择(10,20,40 kHz)；16—高频段选择(80,200,300 kHz)；17—电源开关。

图 4-9　前面板示意图

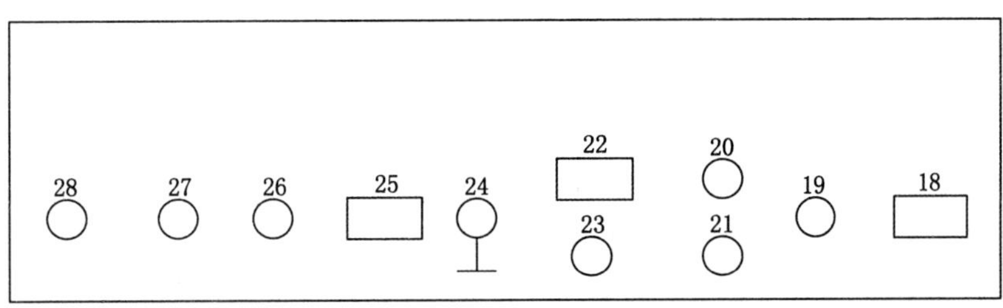

18—电源插座；19—220 V 保险丝；20—20 V 保险丝；21—20 V 保险丝；22—高频插座；23—高频保险丝；24—接地栓；25—VGA 接口(外接显示器)；26—电压微调；27—电压输入；28—信号输入(接输入单元的"至放大器")。

图 4-10　后面板示意图

⑥ 极性：正、负交替；

⑦ 重复频率：1.2 kHz；

⑧ 频率变化：>±100 Hz；

⑨ 注入电容：100 pF。

(2) 面板示意图及说明如图 4-11 所示。

(3) 原理框图如图 4-12 所示。

(4) 使用说明。

打开 JF2008-1 校正脉冲发生器的后盖板，装入电池并盖好盖板，将输出的红、黑两个端子接上导线。红端子上的导线尽量短且靠近试品的高压端，黑端子上的导线接试品的低压端，将倍率转换开关和校正电量开关置于合适的位置即可校正。调节频率微调旋钮，可使校正脉冲频率和实验电压频率成整数倍关系并使校正脉冲波形稳定。

面板上电压表指示的是机内电源的情况，一般指示在 8 V 以上才能保证正常工作，低于 8 V 则需调换电池。

* 用毕将校正电量开关置于关位，切断电源！

* 校正后切记将校正脉冲发生器取下！

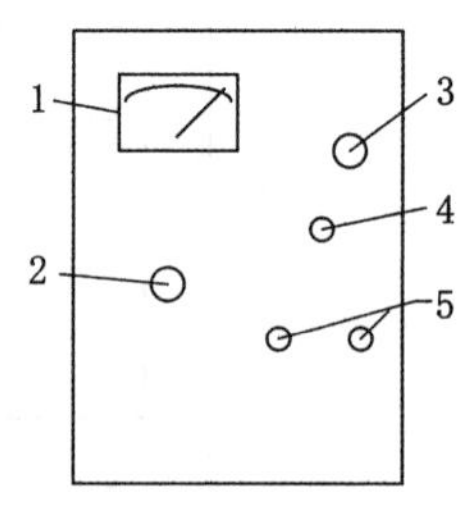

1—机内电池电压指示表头；2—频率微调；3—校正电量选择；4—校正电量倍率选择；5—输出。

图 4-11　面板示意图

(四) 实验原理

本机的局部放电测试原理是高频脉冲电流测量法(即 ERA 法)。

试品 C_a 在实验电压下产生局部放电时，放电脉冲信号经耦合电容 C_a 送入输入单元，由输入单元拾取得脉冲信号，经低噪声前置放大器放大、滤波放大器选择所需频带和主放大器放大(达到所需幅值与产生零标志脉冲)后，在示波屏的椭圆扫描基线上产生可见的放电脉冲，同时也送至脉冲峰值表显示其峰值。

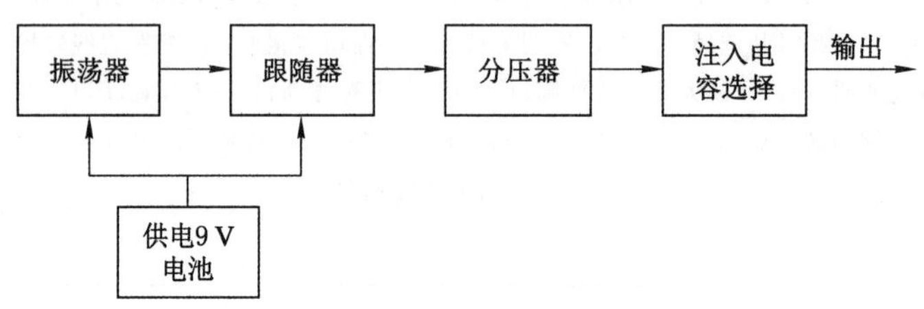

图 4-12　原理框图

时间窗单元控制实验电压每一周期内脉冲峰值表的工作时间，并在这段工作时间内将示波屏的相应显示区加亮，用它可以排除固定相位的干扰。

实验电压表经电容分压器产生实验电压过零标志信号，可在彩色液晶屏上显示零标脉冲，实验电压大小由数字电压表指示。

整个系统的工作原理可参看图 4-13。

(五) 实验步骤

1. 实验准备

(1) 检查实验场地的接地情况，将本仪器后部的接地螺栓 24 用粗铜线(最好用编织铜带)与实验场地的接地线妥善相接，输入单元的接地短路片也要妥善接地。如果使用输入单元的测量电压功能，必须记住不能将初级末端接地。

(2) 根据实验电容 C_a、耦合电容 C_k 的大小，选取合适序号的输入单元，表 4-6 中调谐电容量系指从输入单元初级绕组两端看到的电容(按 C_a 与 C_k 的串联粗略估算)。

输入单元应尽量靠近被测试品，输入单元插座经 8 m 长电缆与后面板上放大器输入插座“28”相接。

(3) 试品接入单元的主要方法如图 4-14 所示。

(4) 在高压端接上电压表电阻或电容分压器，其输出经测量电缆接到后面板实验电压输入插座 27。

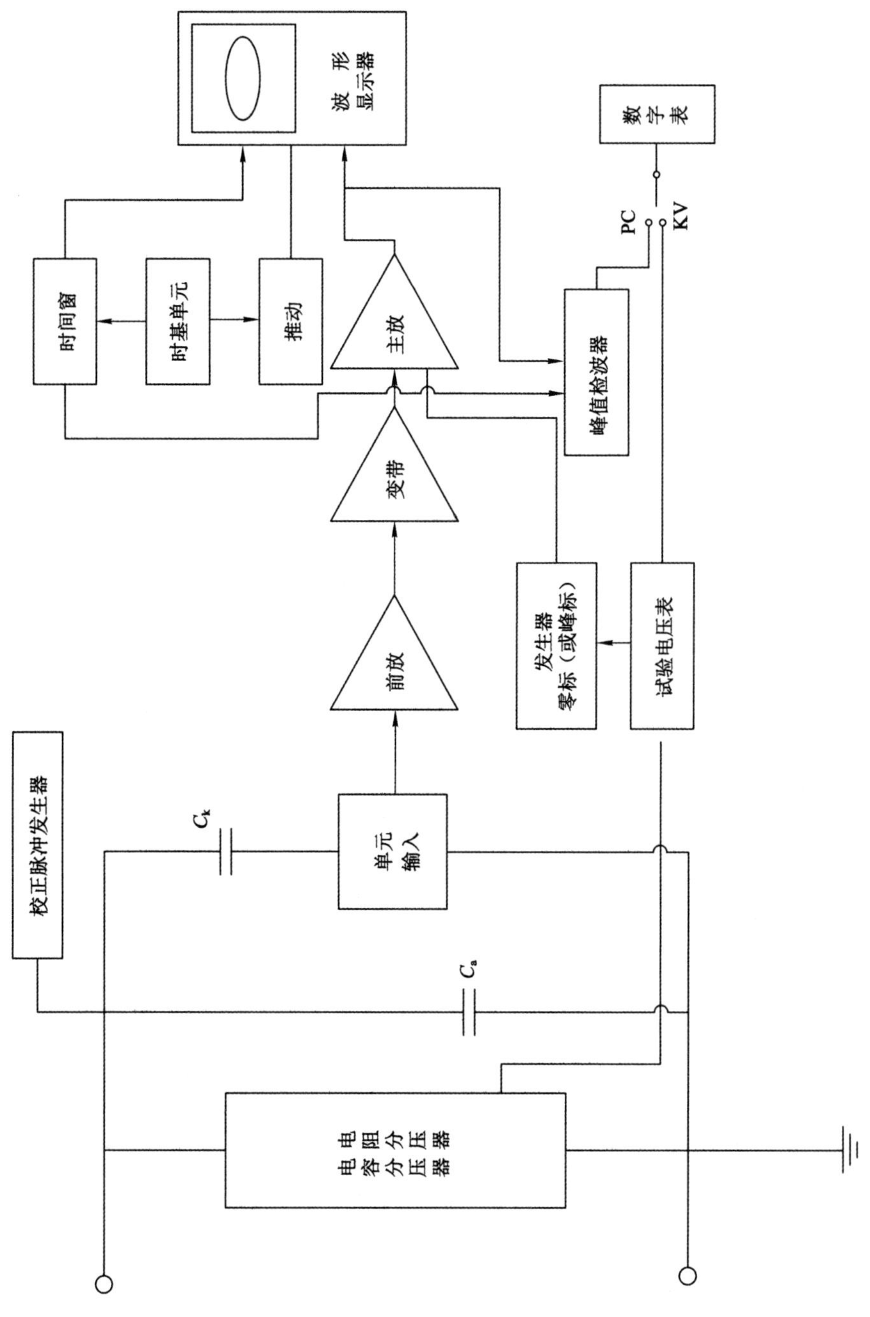

图4-13 局部放电检测仪方框原理图

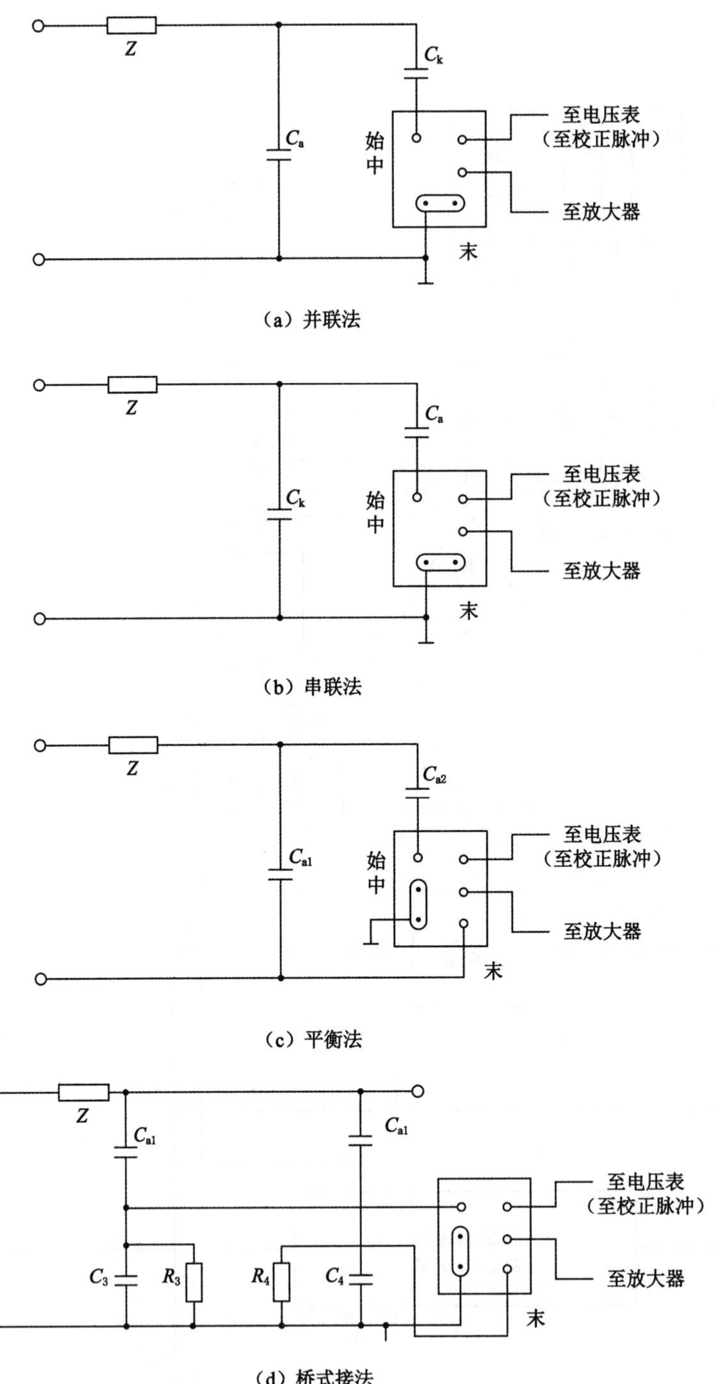

C_a—试品；C_k—耦合电容；Z—高压保护电阻；R_3、C_3、R_4、C_4—桥式接法中平衡调节阻抗。

图 4-14　试品接入单元接法

(5) 在未加实验电压的情况下，将 JF2008-1 校正脉冲发生器的输出接试品两端。

(6) 电流互感器的局部放电实验接线图(仅供参考)。

① 工频实验的接线图如图 4-15 所示。

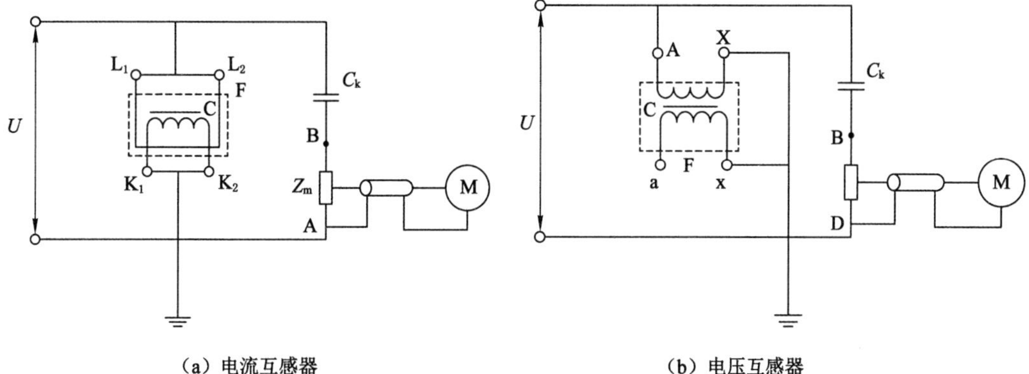

C_k—耦合电容器；C—铁芯；Z_m—测量阻抗；F—外壳；M—局放仪；

L_1、L_2—电流互感器一次绕组端子；K_1、K_2—电流互感器二次绕组端子；

A、X—电压互感器一次绕组端子；a、x—电压互感器二次绕组端子。

图 4-15　互感器局部放电实验的原理接线

感应局部放电实验的接线图如图 4-16 所示。

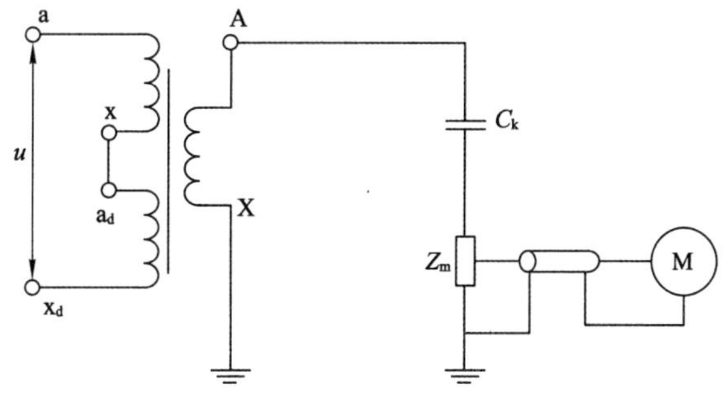

图 4-16　感应局部放电实验的接线图

2. 实验步骤

实验仪器的前、后面板示意图见图 4-9、图 4-10。

(1) 开机准备：将时基显示方式开关 8 置于“椭圆”，时基频率开关 5 置于 50 Hz(内)。

(2) 放电量校正：按图接好线后，在未加实验电压前用 JF2008-1 校正脉冲发生器予以校正(注意：测量盒应尽量靠近试品高压端)。然后，调节放大器增益调节 7、11，使该注入脉冲高度适当(示波屏上高度 2 cm 左右)，使数字电压表 3 读数值与注入已知电量相符(例如注入 100 pC 时，数字表应调到显示 100.0 pC)。调定后，放大器细调旋扭 11 的位置不能再改变，需保持与校正时相同。去掉校正脉冲发生器与实验回路的连接。

校正方波接线图如图 4-17 所示。

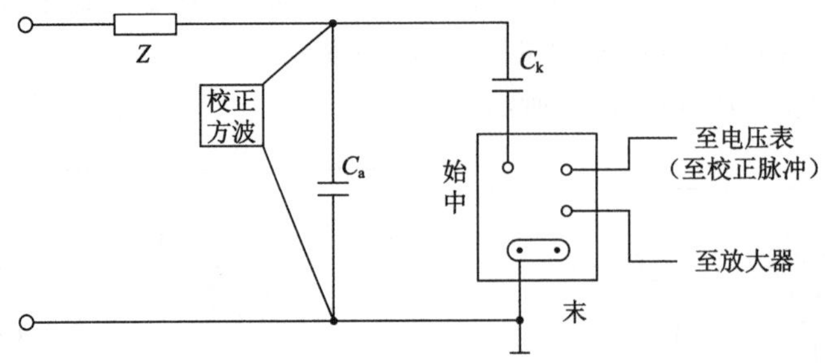

C_a—试品；C_k—耦合电容。

图 4-17 校正方波接线图

3. 测试操作

接通高压实验回路电源，零标开关至“通”位置，缓缓升高实验电压，椭圆上出现两个零标脉冲。实验读数时，记住让零标开关至“断”位置。

旋转椭圆旋转开关 4，使椭圆转到预期的放电处于最有利于观察之处（椭圆上部左侧及下部右侧之处），通常这个位置是与零标脉冲相差 90°左右，连续升高电压，注意第一次出现持续放电，此时的电压即为局部放电起始电压；将电压降低，放电脉冲熄灭时，此时的电压为局部放电熄灭电压。

在规定的实验电压下，观察到放电脉冲后，可调节放大器粗调开关 7（注意细调旋转 11 不可变动！）。此时数字表上的 PC 表读数的有效数字不能超过 100.0，如 PC 表的读数超过 100.0，则要通过增益粗调开关 7 换挡。

注意：

本仪器使用数字表头显示放电量，其满度值定为 100.0，超过该值即为过载，不能保证精度，超过该值需拨动增益粗调开关转换到低增益挡。例如，此时数字表上的读数为 100.0 pC，放大器粗调开关 7 在 3 挡上，如将放大器粗调开关 7 拨到 2 挡上时，此时数字表上读数为 10.0 pC，实际应为 100.0 pC，即 10.0 pC×10＝100.0 pC。如此时数字表上的读数为 10.0 pC，放大器粗调开关 7 在 3 挡上，如将放大器粗调开关 7 拨到 4 挡上时，此时数字表上读数为 100.0 pC，实际应为 10.0 pC，即 100.0 pC÷10＝10.0 pC。

测试中常会发现有各种干扰，对于固定相位的干扰，可用时间窗装置来避开。合上开关 13、14，用一个或两个时间窗并用电位器 6、10 来改变椭圆上蓝色区域的位置与宽度，使其避开干扰脉冲之处。用时间窗装置可以分别测量产生于两个或一个半波内的放电量。

4. 频率高于 50 Hz 的局部放电实验

当须进行高于 50 Hz 的局部放电实验时，可将频率选择开关 5 接于高频挡上，从高频实验电源中取 13～275 V 电压送入插座 22 上。

（六）注意事项

（1）在开始实验前，实验人员必须详细而全面地检查一遍线路，以免线路接错。检查检测设备接地线是否与接地体牢固连接，若连接不牢或在准备工作时接地线被脚踢断，将引起人身或设备事故。

（2）实验前，保证没有悬浮电位。

(3) 对高压端子实施屏蔽。

(4) 实验时，带电区域做好安全防护。

第二节　变电所设备高压实验

一、设备绝缘油耐压实验

(一) 实验说明

绝缘油是电气设备常用的绝缘、灭弧和冷却介质。为保证它在运行过程中具有良好的性能，必须定期对其进行各项实验，尤其是耐压实验。绝缘油的耐压实验是在专用的击穿电压实验器中进行的，实验器包括一个瓷质或玻璃油杯、两个直径 25 mm 的圆盘电极(应光滑，无烧焦痕迹)。实验时将取出的油样倒入油杯内，然后放入电极，使两个电极相距 2.5 mm。实验应在温度为 10～35 ℃和相对湿度不大于 75%的室内进行。

(二) 实验目的

(1) 测量绝缘油的电气强度主要是检查绝缘油被水分和杂质污染的程度。

(2) 耐压不合格的绝缘油，可以经过过滤和干燥处理，清除其中所含的水分和杂质，提高其绝缘强度。

(三) 实验设备

JYC-H 绝缘油介电强度测试仪 A5、绝缘油。

1. 设备简介

JYC-H 绝缘油介电强度测试仪 A5 的组成如图 4-18 所示。

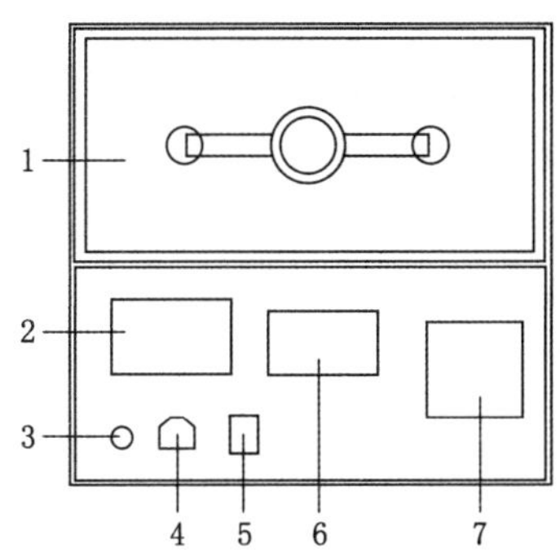

1—高压仓；2—打印机；3——接地端；4—电源插座；5—电源开关；6—显示屏；7—键盘。

图 4-18　JYC-H 绝缘油介电强度测试仪 A5 的组成

2. 性能参数

(1) 电源：AC220 V±10%，50 Hz；

(2) 输出电压：80 kV，100 kV(100 kV 需定制)；

(3) 容量：1.6 kV·A、2.0 kV·A；

(4) 升压速度：约 2 kV/s；

(5) 电压检测精度：3 %；

(6) 击穿灵敏度：<2 kV；

(7) 波形失真:≤3%;

(8) 击穿反应时间:≤10 ms;

(9) 工作环境:温度 0～40 ℃,最大相对湿度 85%;

(10) 储存环境:温度－20～60 ℃,最大相对湿度 75%;

(11) 工作海拔高度:<1 500 m(如超过 1 500 m,可特别设计)。

(四) 实验步骤

(1) 实验前的准备。

① 打开仪器的保护上盖,两手分别放在上盖的两边,向上轻轻取下有机玻璃绝缘罩的上盖;

② 将取好油样的试油杯轻搁在高压电极上,再轻轻合上有机玻璃绝缘罩(必须压住有机玻璃绝缘罩的下盖上的微动开关,否则仪器会提示"仓门未关闭!"的错误信息);

③ 将仪器的电源开关置于关的位置,可靠接好地线;

④ 用专用的电源线将交流 220 V 电压接到本仪器;

(2) 开机,按测试键,仪器按照设定模式的参数开始运行。以国标为例,仪器显示静置界面(静置时间为 300 s 倒计时),如图 4-19 所示。

① 静置时间 300 s 倒计时完毕,仪器接通主回路并开始升压,如图 4-20 所示。

编号: 10	次数: 01
静置中。。。	300秒

图 4-19 静置界面

编号: 10	次数: 01
升压中。。。	12.3 kV

图 4-20 接通主回路并开始升压

② 油样击穿或到电压升到最高设定值,仪器立即切断主回路电源,LCD 关闭显示。大约 3 s 后,LCD 显示降压界面,如图 4-21 所示。

③ 仪器降压到零电压位置后,LCD 显示等待界面,如图 4-22 所示。

编号: 10	次数: 01
降压中。。。	58%

图 4-21 降压界面

编号: 10	次数: 02
等待中。。。	300秒

图 4-22 等待界面

④ 等待时间 300 s 倒计时完毕,LCD 显示搅拌界面,仪器自动对油样进行搅拌,如图 4-23所示。

⑤ 搅拌时间 30 s 倒计时完毕,仪器接通主回路并开始升压,如图 4-24 所示。

编号: 10	次数: 02
搅拌中。。。	30秒

图 4-23 搅拌界面

编号: 10	次数: 02
升压中。。。	22.5 kV

图 4-24 接通主回路并开始升压

⑥ 仪器在 6 次实验完后显示并打印实验结果。按【↑】键和【↓】键可任意查询本次实验的第二页和第三页。

(3) 打印完毕，打印机停止打印，但打印机电源仍然处于接通状态，这时也可以换纸。LCD 显示实验结果，按【菜单】键断开打印机电源并返回到 LOGO；按【确认】键断开打印机电源并直接进入主菜单以方便设置。

(4) 实验过程中，按【菜单】键可取消本次实验。

(5) 如仪器正在升压，按【菜单】键后，仪器断开主回路，LCD 显示“实验取消，降压中…”，降到零电压后，仪器显示 LOGO，如图 4-25 所示。

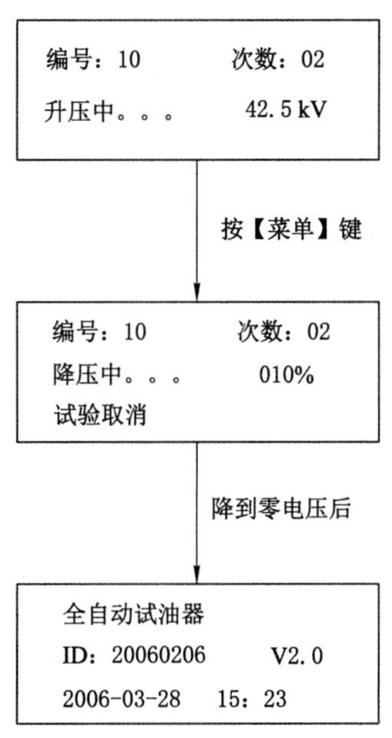

图 4-25　仪器正在升压时取消实验

(6) 如仪器正在降压，按【菜单】键后，LCD 显示 LOGO。

(7) 如仪器处于计时或搅拌状态，按【菜单】键后，仪器显示 LOGO。

(8) 取消实验后，仍然可以查询/打印本次实验已完成的数据。但是下次做实验时的编号仍然是本次编号，以覆盖此编号的数据，除非人为更改测试编号。

(五) 注意事项

(1) 开始实验前检查仪器应良好接地！

(2) 正在实验时禁止移动高压仓盖板，以免高压伤人。更换油样时，请先关闭电源！

(3) 取下或合上高压仓盖板时应轻拿轻放！

(4) 绝缘油击穿后若仪器工作不正常，关闭电源 10 s 后再开机继续测试！

(5) 仪器应注意防潮、防尘、防腐蚀，并尽量远离高温区！

二、变压器变比实验

(一) 实验说明

在电力变压器生产、用户交接和检修实验过程中，变压器变比实验是必做的项目，这样可有效监督变压器产品出厂及使用过程中的质量,防止出变压器出现匝间短路、开路,连接错误,调压开关内部故障或接触故障。

(二) 实验目的

(1) 检查各绕组的匝数、引线装配、分接开关指示位置是否符合要求。

(2) 提供变压器能否与其他变压器并联运行的依据。

(三) 实验设备

BBC-H 全自动变比组别测试仪面板如图 4-26 所示。

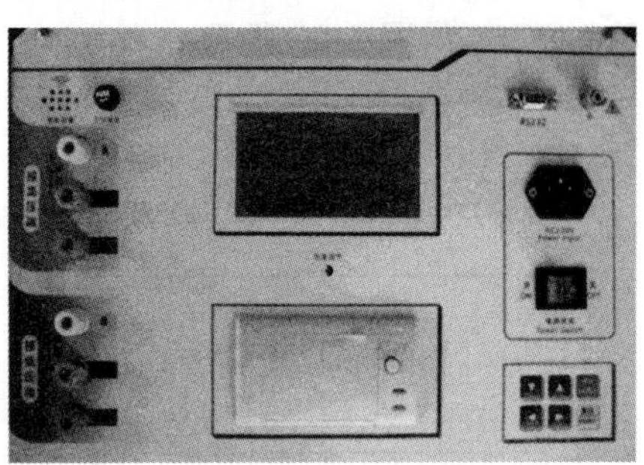

图 4-26 仪器面板

性能参数如下。

(1) 变比测量范围:1~10 000。

(2) 精度:测值 1~1 000 时 0.2%±2 个字,测值 1 000~10 000 时 0.5%±2 个字。

(3) 电源:220 V±10%,50 Hz。

(4) 组别:1~12。

(5) 工作温度:0~40 ℃。

(6) 环境湿度:小于 80%不结露。

(四) 实验步骤

(1) 连线:关掉仪器的电源开关,按下面的方法接线。

单相变压器

仪器	变压器
A	A
B	X
C	不接
a	a
b	x
c	不接

三相变压器

仪器	变压器
A	A
B	B
C	C
a	a
b	b
c	c

变压器的中性点不接仪器,不接大地。接好仪器地线。将电源线一端插进仪器面板上

的电源插座，另一端与交流 220 V 电源相连。

注意：切勿将变压器的高低压接反！

(2) 打开仪器的电源开关，稍后液晶屏上出现主菜单，如图 4-27 所示。

选中的菜单反向显示(黑底白字)，此时可按"↑"键选择功能菜单，按"确认"键执行相应功能。

注：按下按键再放开按键为一次按键输入。

(3) 接线方法设置。进入接线方法设置后，液晶屏显示如图 4-28 所示。

设置接线方法
设置标准变比
开始数据测量
查看历史数据
↑:选择　确认:执行

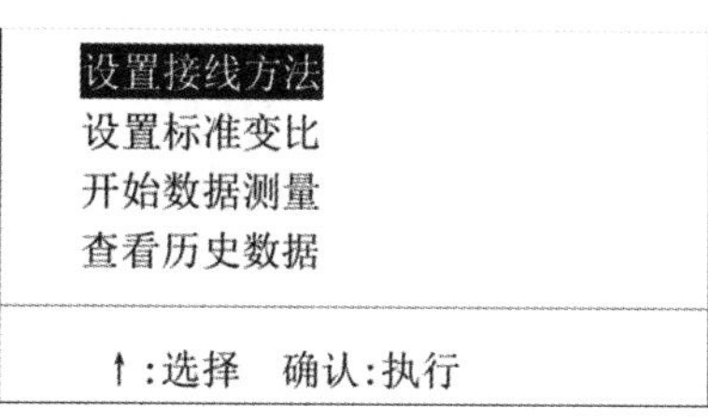

图 4-27　主菜单

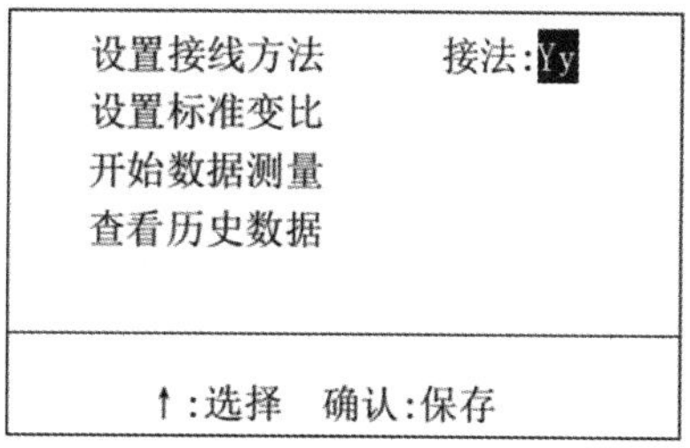

设置接线方法
接法:Yy
设置标准变比
开始数据测量
查看历史数据
↑:选择　确认:保存

图 4-28　接线方法设置

(4) 设置标准变比。进入标准变比设置后，液晶屏显示如图 4-29 所示。

此时按"→"键选择数据位，选中的数据反向显示。按"↑""↓"键修改数据。

选中数字后，按"↑""↓"键，数字由 0 到 9 循环变换，如果是第一位，数字只能由 1 到 9 循环变化，不会出现 0。

选中小数点后，按"↑""↓"键，小数点循环移动。

按"确认"键保存变比后，液晶屏显示如图 4-30 所示。

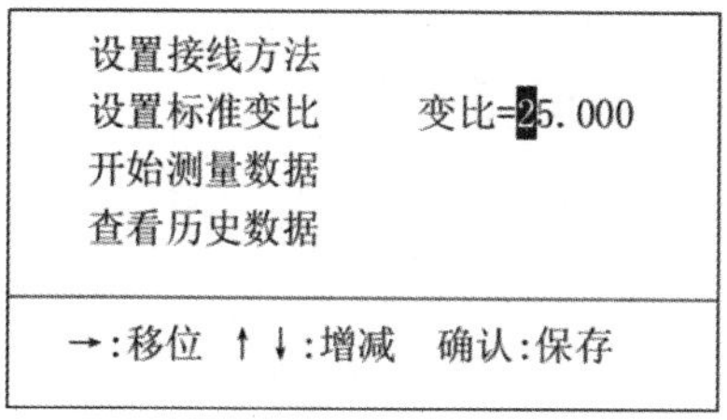

设置接线方法
设置标准变比
变比=25.000
开始测量数据
查看历史数据
→:移位　↑↓:增减　确认:保存

图 4-29　标准变比设置

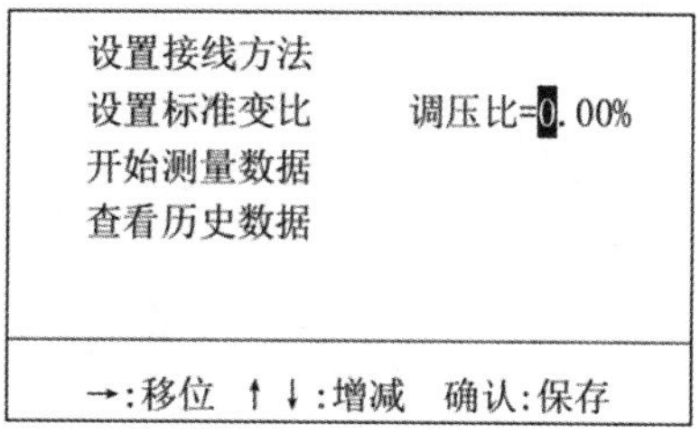

设置接线方法
设置标准变比
调压比=0.00%
开始测量数据
查看历史数据
→:移位　↑↓:增减　确认:保存

图 4-30　保存变比后

调压比的设置方法和标准变比的设置方法相同。

按"确认"键保存调压比后，返回主菜单。

注意：设置的标准变比为线电压之比，与 QJ35 电桥不同，不需要换算！

（五）注意事项

(1) 过流保险为 0.5 A。如果测试线短路，高低压接反，会熔断保险。保险熔断后，仪器内部的蜂鸣器会发出报警声。听到报警声后请关机，更换相同容量的保险，重测。

(2) 连线要保持接触良好。仪器应良好接地！

(3) 仪器的工作场所应远离强电场、强磁场、高频设备。供电电源干扰越小越好，宜选用照明线，如果电源干扰还是较大，可以由交流净化电源给仪器供电。交流净化电源的容量大于 200 V·A 即可。

(4) 仪器工作时,如果出现液晶屏显示紊乱,按所有按键均无响应,或者测量值与实际值相差很远,请按复位键,或者关掉电源,再重新操作。

(5) 显示器没有字符显示,或颜色很淡,请调节亮度电位器至合适位置。

三、CT/PT 特性实验

(一) 实验说明

本实验采用的 FA-H 伏安特性综合测试仪,是一种专门为测试互感器的伏安特性、变比、极性、退磁、误差曲线和一次通流检查、交流耐压等设计的多功能现场实验仪器。实验时仅需设定测试电压/电流值,设备便能够自动升压/升流,并将互感器的伏安特性曲线或变比、极性等实验结果快速显示出来而且可以进行编辑保存。操作简单方便,能提高工作效率。

(二) 实验目的

(1) 检查互感器的铁芯质量。

(2) 通过鉴别磁化曲线的饱和程度,计算 10%误差曲线,并用以判断互感器的二次绕组有无匝间短路。

(三) 实验器材及简介

本次实验所用设备为 FA-H+互感器伏安特性综合测试仪。

1. 面板布置

FA-H+互感器伏安特性综合测试仪的面板布置如图 4-31 所示。

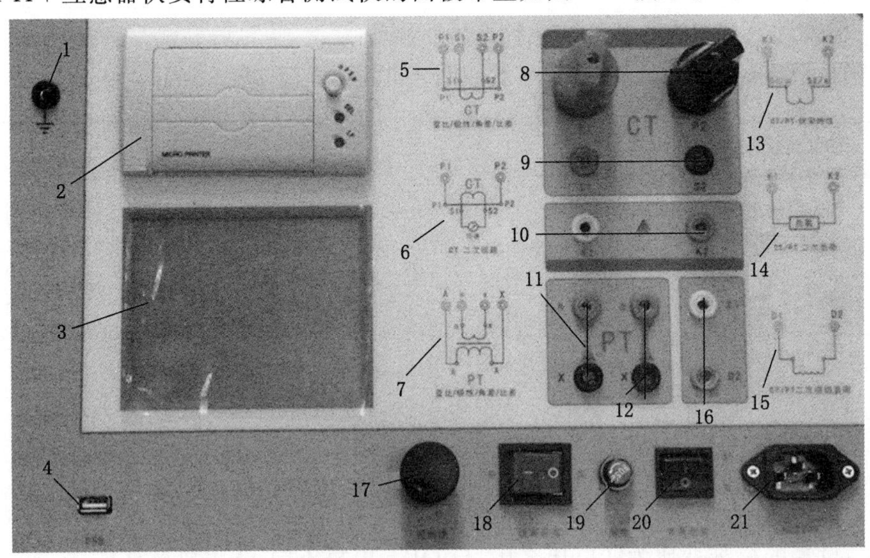

1—设备接地端子;2—打印机;3—液晶显示器;4—通信口;5、6、7、13、14、15—测试项目接线简图;
8—CT 变比/极性实验时,大电流输出端口控制器;9—CT 变比/极性(角差/比差)实验时,二次侧接入端口;
10—CT/PT 伏安特性实验时为电压输出端口,CT/PT 负荷实验端口;
11—PT 变比/极性(角差/比差)实验时,一次侧接入端口;12—PT 变比/极性(角差/比差)实验时,二次侧接入端口;
16—CT/PT 直阻测试端口;17—旋转控制器;18—功率开关;
19—功率电源保险;20—主机电源开关;21—主机电压插座(AC220 V)。

图 4-31 面板布置图

2. 操作方式

(1) 控制器使用方法

控制器有三种操作状态，即“左旋”“右旋”“按下”。使用控制器的这三种操作可以方便地用来移动光标、输入数据和选定项目等。

(2) 主菜单

主菜单共有励磁、负荷、直阻、变比极性、角差比差、交流耐压、一次通流、数据查询、退磁、返回 10 种选项，可以使用控制器进行选择和设置。CT 主界面如图 4-32 所示，PT 主界面如图 4-33 所示。

图 4-32　CT 主界面

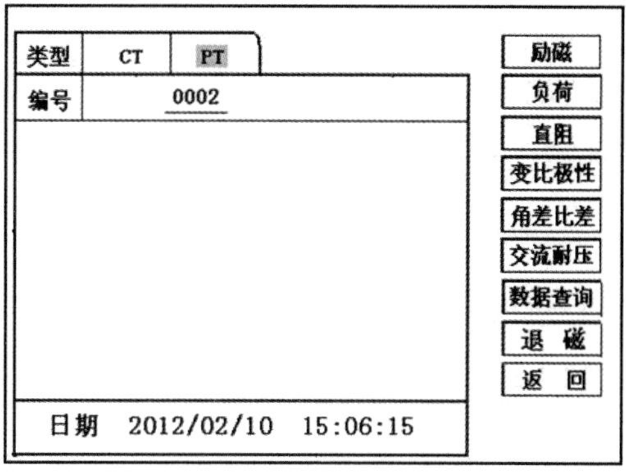

图 4-33　PT 主界面

3. 技术参数

(1) 测试仪主要测试功能如表 4-7 所示。

表 4-7　测试仪主要测试功能

CT(保护类、计量类)	PT
伏安特性(励磁特性)曲线	伏安特性(励磁特性)曲线
自动给出拐点值	自动给出拐点值
自动给出 5%和 10%的误差曲线	变比测量
变比测量	极性判断
比差测量	比差测量
相位(角差)测量	相位(角差)测量
极性判断	交流耐压测试
一次通流测试	二次负荷测试
交流耐压测试	二次绕组测试
二次负荷测试	铁芯退磁
二次绕组测试	
铁芯退磁	

(2) 测试仪主要技术参数如表 4-8 所示。

表 4-8　测试仪主要技术参数

项目		参数
工作电源		AC220 V±10%,50 Hz
设备输出		0～2 500 V,5 A(20 A 峰值)。注:0～5 A 为真实值,大于 5A 为计算值
大电流输出		0～600 A
励磁精度		≤0.5%(0.2% * 读数+0.3% * 量程)
二次绕组电阻测量	范围	0.1～300 Ω
	精度	≤0.5%(0.2% * 读数+0.3% * 量程)
二次实际负荷测量	范围	5～1 000 V・A
	精度	≤0.5%(0.2% * 读数+0.3% * 量程)±0.1 V・A
相位测量(角差)	精度	±4 min
	分辨率	0.1 min
比差	精度	0.05%
CT 变比测量	范围	≤25 000 A/5 A(5 000 A/1 A)
	精度	≤0.5%
PT 变比测量	范围	≤500 kV
	精度	≤0.5%
工作环境		温度:－10～40 ℃,湿度:≤90%,海拔高度:≤1 000 m
尺寸、质量		尺寸:410 mm×260 mm×340 mm,质量:≤22 kg

(四) 实验步骤

1. CT 测试

进行电流互感器测试时,请移动光标至 CT,并选择相应测试选项。

(1) CT 励磁(伏安)特性测试

在 CT 主界面中,选择“励磁”选项后,即进入测试界面,如图 4-34 所示。

① 参数设置。

励磁电流:设置范围(0～20 A)为仪器输出的最高设置电流,如果实验中电流达到设定值,将会自动停止升流,以免损坏设备。通常电流设置值大于等于 1 A,就可以测试到拐点值。

励磁电压:设置范围(0～2 500 V)为仪器输出的最高设置电压,通常电压设置值稍大于拐点电压,这样可以使曲线显示的比例更加协调。电压设置过高,曲线贴近 Y 轴;电压设置过低,曲线贴近 X 轴。如果实验中电压达到设定值,将会自动停止升压,以免损坏设备。

② 实验。接线图如图 4-35 所示,测试仪的 K_1、K_2 为电压输出端,实验时将 K_1、K_2 分别接互感器的 S_1、S_2(互感器的所有端子的连线都应断开)。检查接线无误后,合上功率开关,选择“开始”选项,即开始测试。

实验时,光标在“停止”选项上,并不停闪烁,测试仪开始自动升压、升流。当测试仪检测完毕后,实验结束并描绘出伏安特性曲线图,如图 4-36 所示。

注意:图 4-34 中“校准”功能主要用于查看设备输出电压电流值,不用于互感器功能测试。

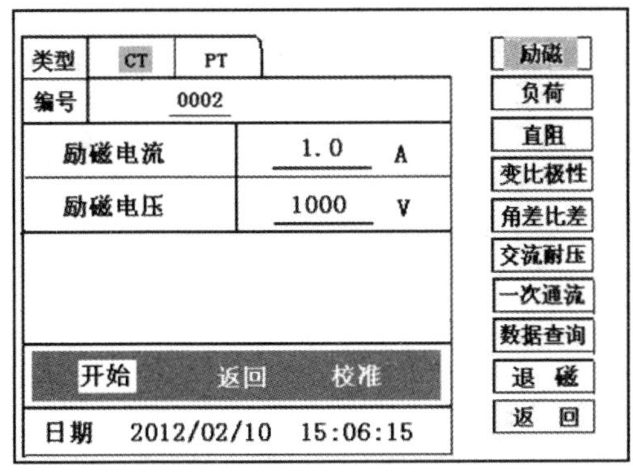

图 4-34　CT 励磁特性测试界面

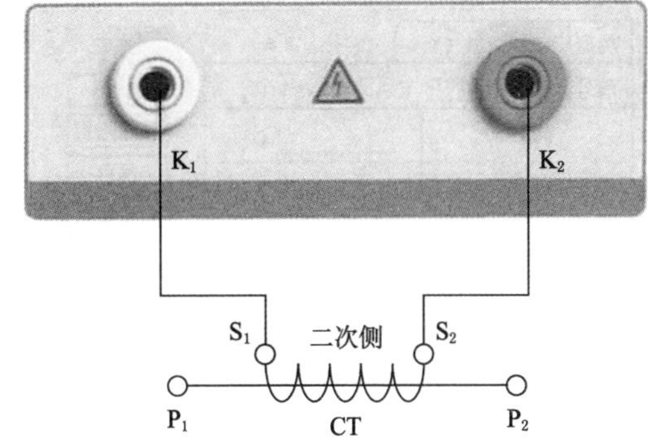

图 4-35　CT 励磁特性接线图

③ 伏安特性(励磁)测试结果操作说明。实验结束后，屏幕显示出伏安特性测试曲线(见图 4-36)。该界面上各操作功能如下：

a. 打印：控制器选择“打印”后，先后打印伏安特性(励磁)曲线、数据，方便用户做报告用。同时减少更换打印纸的频率，节省时间，提高效率。

b. 励磁数据：将光标移动至“励磁数据”选项选定，屏幕上将显示伏安特性实验的测试数据列表(图 4-37)。按下“返回”键即退回到伏安特性实验曲线界面，控制器即可实现数据的上下翻页。当页面翻转不动时，则已到达最后一页。

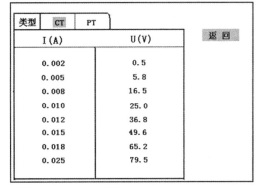

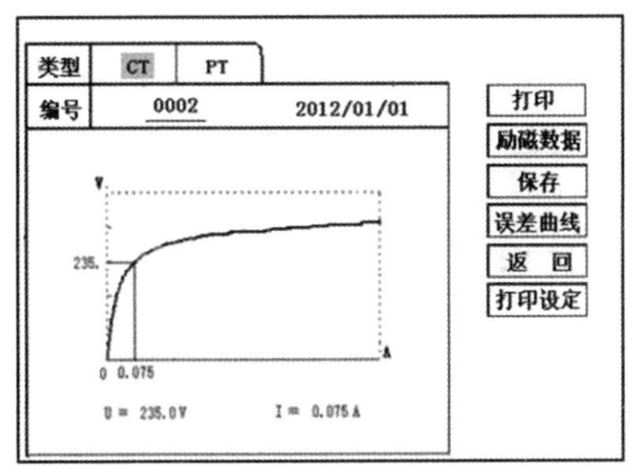

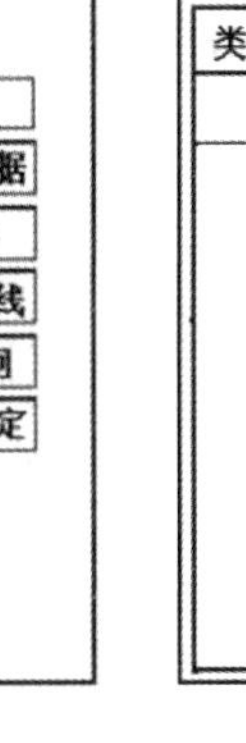

图 4-36　CT 励磁曲线图

类型　CT　PT　　返 回

I(A)	U(V)
0.002	0.5
0.005	5.8
0.008	16.5
0.010	25.0
0.012	36.8
0.015	49.6
0.018	65.2
0.025	79.5

图 4-37　励磁数据图

c. 保存：控制器移动至“保存”选项，按下即可将当前所测数据保存，保存成功后，屏幕上显示“保存完毕”。成功保存后，用户如果再按下“保存”键，程序会自动分辨，不保存相同的测试记录，并且可在数据查询菜单中进行查看。

d. 误差曲线：在图 4-36 所示的界面中，将光标移至“误差曲线”选定后，屏上将显示伏安特性实验的误差曲线参数的设置(图 4-38)。选定后计算出的误差曲线如图 4-39 所示。

e. 打印设定：光标移动至此选项，按下即进入打印设置界面(图 4-40)，可根据要求选择“默认”设定需打印的电流值，或选择“自定义”。

以下为误差曲线计算时的设置项及误差曲线面部分选项说明：

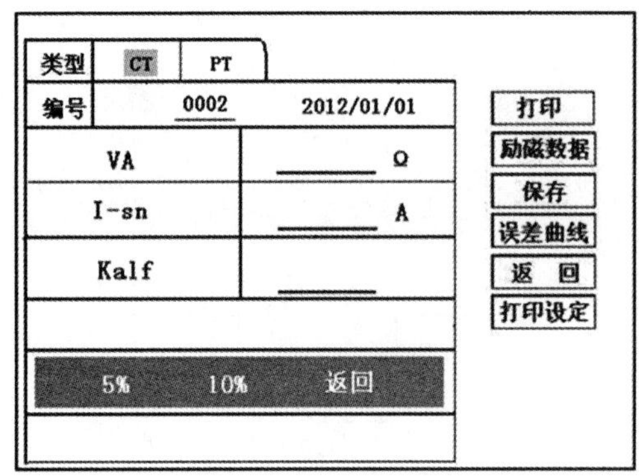

图 4-38　误差曲线参数设置界面

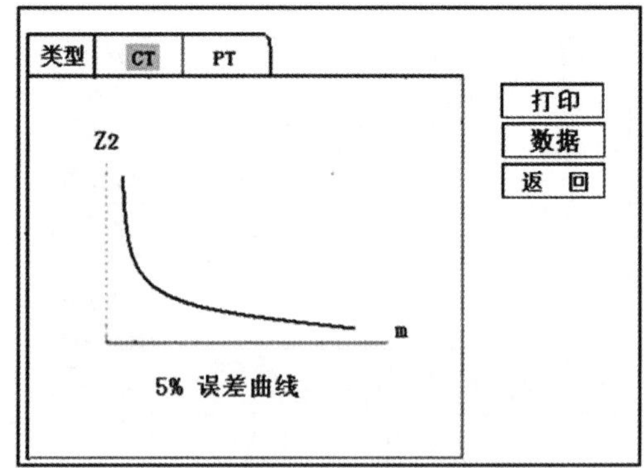

图 4-39　误差曲线

VA：CT 二次侧阻抗值。

I-sn：CT 的二次侧额定电流。

Kalf：限值系数，如：被测 CT 铭牌为“5P10”，“10”即为限制系数。

5%：自动计算出 5%误差曲线数据并显示误差曲线。

10%：自动计算出 10%误差曲线数据并显示误差曲线。

打印：可打印出误差曲线图及数据；

数据：可显示出误差曲线相关数据，查看方式同伏安特性数据。

返回：可返回上一层菜单。

(2) 退磁实验

① 参数设置。在 CT 主界面中，选择“退磁”后，进入测试界面(图 4-41)，设置二次侧额定电流：1 A 或 5 A。

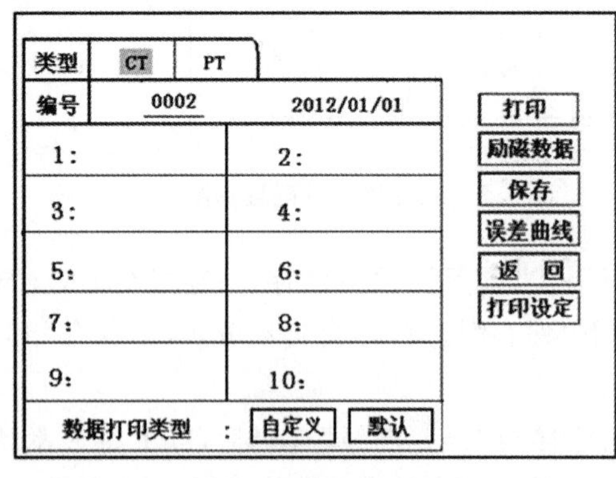

图 4-40　打印设置界面

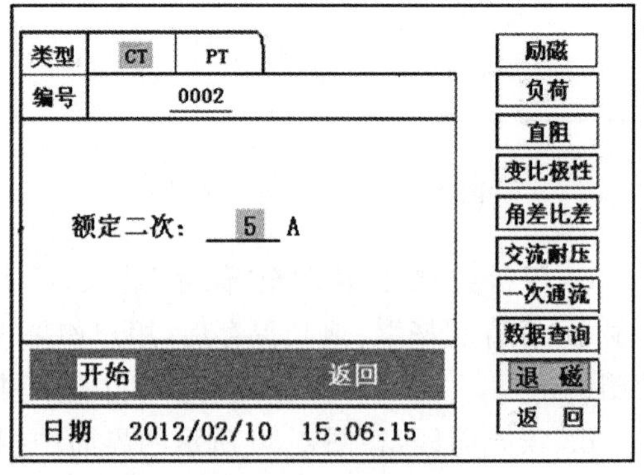

图 4-41　退磁测试界面

② 实验。接线图如图 4-42 所示，测试仪的 K_1、K_2 为电压输出端，实验时将 K_1、K_2 分别接互感器的 S_1、S_2(互感器的所有端子的连线都应断开)。检查接线无误后，合上功率开关，选择“开始”选项，即开始退磁。退磁过程中光标在“测试”选项上不停闪烁，直至实验完

毕，装置会自动停止，界面提示“退磁完毕”。

(3) CT 变比极性实验

① 参数设置。在 CT 主界面中，选择“变比极性”后，进入测试界面(图 4-43)，设置一次侧测试电流为 0～600 A，测试仪 P_1、P_2 端子输出的最大电流；二次侧额定电流为 1 A 或 5 A。

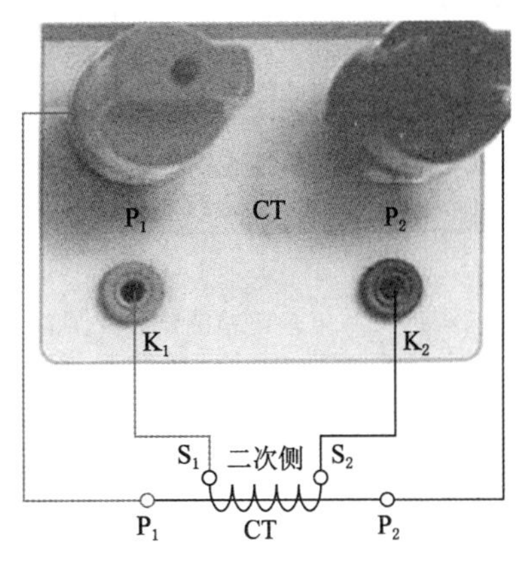

图 4-42　CT 变比极性(角差比差)接线图

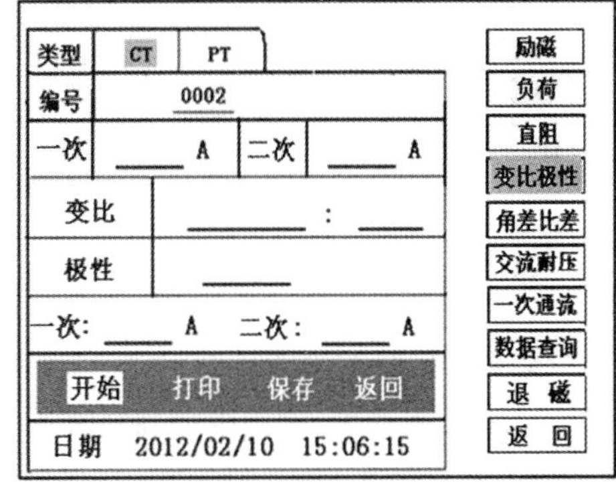

图 4-43　CT 变比极性测试界面

② 实验。接线图见图 4-42，CT 一次侧接 P_1、P_2，CT 二次侧接 S_1、S_2，不检测的二次绕组要短接，设置二次侧额定电流及编号后，合上功率开关，选择“开始”选项，按下控制器，实验即开始。

实验过程中光标在“测试”选项上不停闪烁，直至实验完毕退出自动测试界面，或按下控制器人为中止实验。装置测试完毕后会自动停止实验。实验完成后，即显示变比极性测试结果。可以选择“保存”“打印”或“返回”选项进行下一步操作。

仪器本身的同色端子为同相端，即 P_1 接 CT 的 P_1，S_1 接 CT 的 K_1 时，极性的测试结果为减极性。

(4) CT 角差比差实验

① 参数设置。在 CT 主界面中，选择“角差比差”后，进入测试界面(图 4-44)(注：界面中的参数应参照互感器铭牌上的实际额定变比值设定)。

额定一次：0～25 000 A；额定二次：5 A/1 A。

额定负荷：互感器容量。

实际负荷：根据额定负载的设定，可自动计算满载与轻载两种状态时的值(轻载为满载的 25%)。

② 实验。接线图见图 4-42，CT 一次侧接 P_1、P_2，CT 二次侧接 S_1、S_2。设置参数并检查接线无误后，合上功率开关，选择“开始”选项，按下控制器，实验即开始。

实验过程中通过按下控制器可终止实验，测试完毕后自动计算出一次侧与二次侧的相位角差(图 4-45)。可以选择“保存”“打印”或“返回”选项进行下一步操作。

(5) CT 一次通流实验

① 参数设置。在 CT 主界面中，选择“一次通流”后，进入测试界面(图 4-46)，设置好设定电流值：0～600 A。

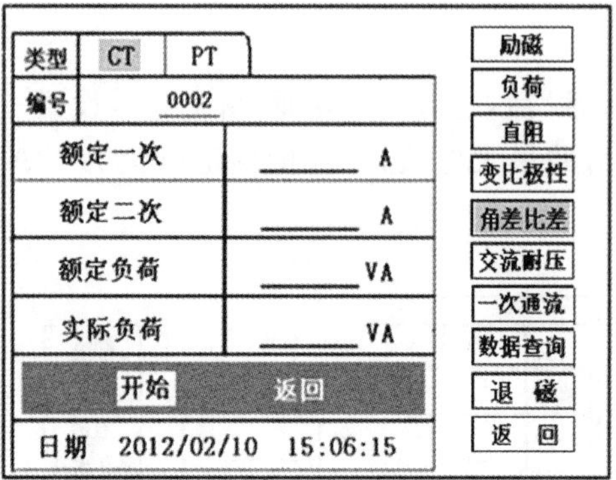

图 4-44 CT 角差比差测试界面

类型	CT	PT
编号	0002	
额定变比	1000 : 5	
负荷	100 VA / 100.00 VA	
	角差	比差
1%	9.7	0.155
5%	5.8	0.103
20%	3.2	0.078
100%	0.9	0.023
120%	0.8	0.023

打印 保存 返回

图 4-45 CT 角差比差测试结果界面

② 实验。接线图见图 4-47，CT 一次侧接 P_1、P_2，CT 二次侧接二次负载。设置好通流电流后，合上功率开关，旋转控制器将光标移动至“开始”选项，按下控制器，实验即开始，电流保持时间以进度条显示（0～200 A：保持 10 min；大于 200（不含）～300 A：保持 2 min；大于 300 A：保持 3 s）。

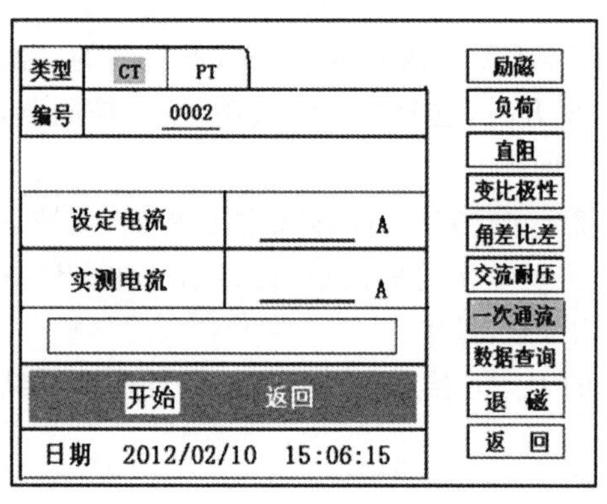

图 4-46 CT 一次通流测试界面

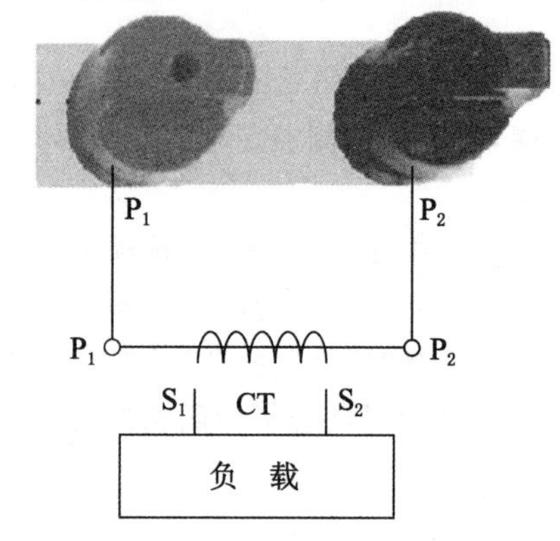

图 4-47 CT 一次通流接线图

(6) CT 交流耐压实验

① 参数设置。在 CT 主界面中，选择“交流耐压”后，进入测试界面（图 4-48），设置好设定电压值：0～2 500 V。

② 实验。接线图见图 4-49，被测 CT 二次侧短接与测试仪电压输出口 K_2 连接，电压输出口另一端 K_1 连接互感器外壳。检查接线完成后，合上功率开关，选择“开始”选项，按下即开始升压，电压保持时间默认为 1 min。测试过程中，仪器内部对互感器二次绕组与外壳之间的漏电流实时检测，如果发现电流迅速增加，将会自动回零，页面会显示“不合格”。

(7) CT 负荷实验

① 参数设置。在 CT 测试主界面中，选择“负荷”进入实验界面（图 4-50），设置二次侧额定电流：1 A 或 5 A。线电阻：只在测试负载箱时使用（按照负载箱铭牌设定）。

② 实验。测试仪的 K_1、K_2 为电压输出端，参照图 4-51 进行接线，将被测负荷（负载）接

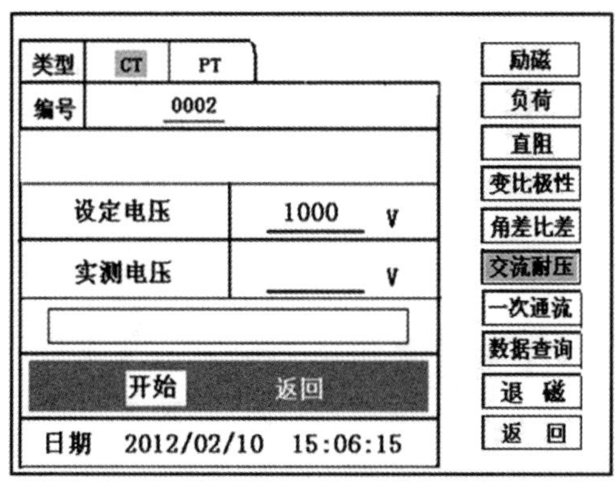

图 4-48　CT 交流耐压测试界面

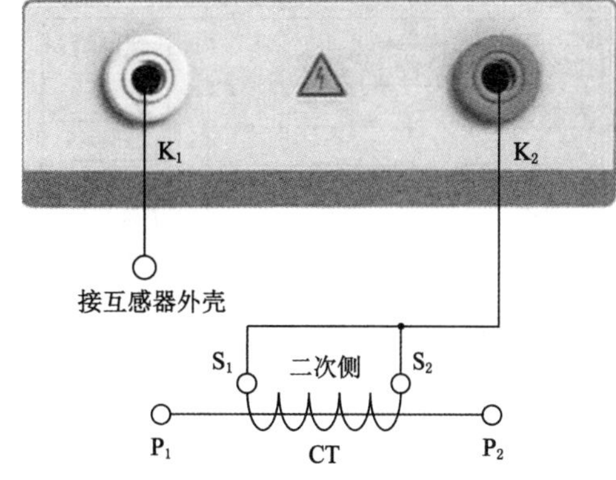

图 4-49　CT 交流耐压接线图

测试仪的 K_1、K_2 端，检查接线无误后，选择“开始”即开始实验，实验完成后，即显示负荷测试结果，可以选择“保存”“打印”或“返回”选项进行下一步操作。

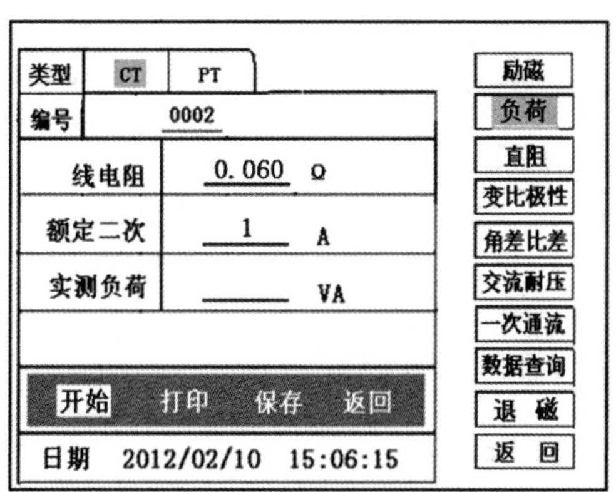

图 4-50　二次负荷测试界面

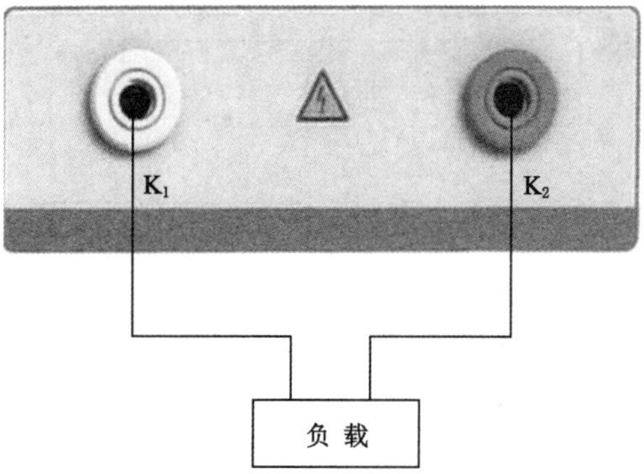

图 4-51　CT 二次负荷接线图

(8) 直阻测试

① 校零。在 CT 测试主界面中，选择“直阻”进入测试界面(图 4-52)，实验前应先对测试用导线进行校零，在 CT 主界面显示菜单上通过控制器选中直阻测试项，进入直阻测试界面并选择“校零”，校零前将测试导线的线夹对接(测试线短接)(图 4-53)，然后进行校零，校零完成后，界面提示“校零完毕”。

② 实验。校零结束后，参照图 4-54 接好测试线，测试仪的 D_1、D_2 接被测绕组，选中“开始”键即开始测试，实验完成后，即显示直阻测试结果，可以选择“保存”“打印”或“返回”选项进行下一步操作。

2. PT 测试

进行电压互感器功能测试时，须移动光标至 PT，并选择相应测试选项。

(1) PT 励磁特性测试

① 参数设置。参数设置界面如图 4-55 所示。

励磁电流(0～20 A)：输出电流为仪器输出的最高设置电流，如果实验中电流达到设定

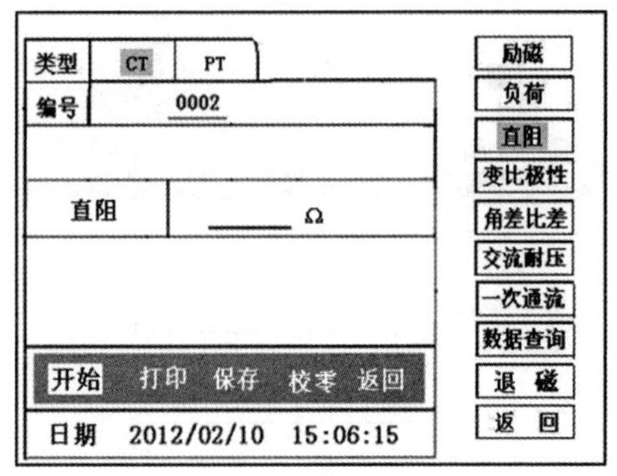

图 4-52 直阻测试界面

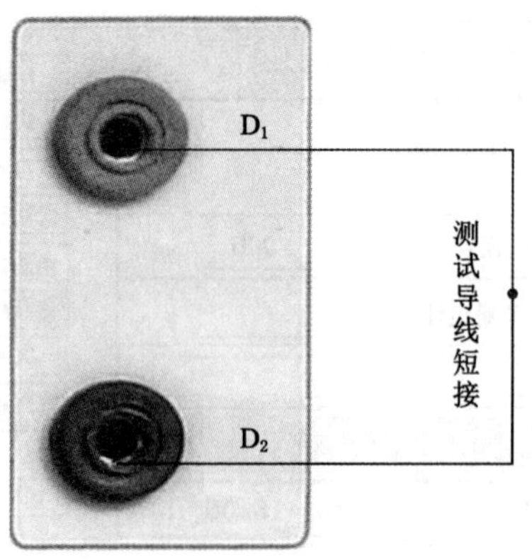

图 4-53 导线阻值清零接线图

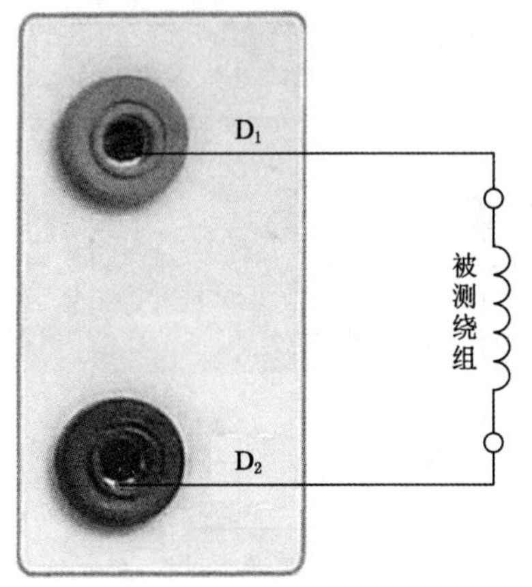

图 4-54 直阻测试接线图

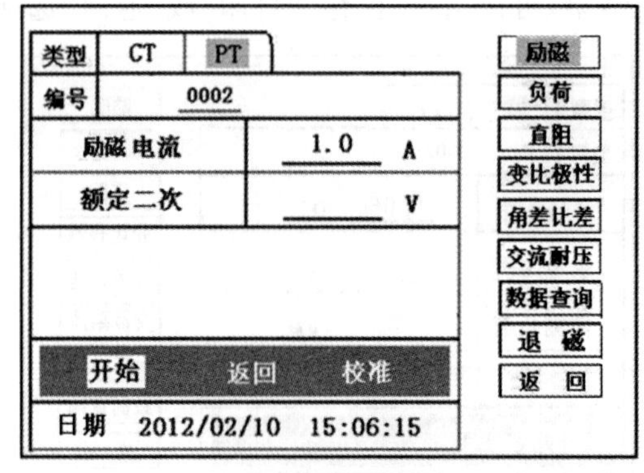

图 4-55 PT 励磁特性测试参数设置界面

值，将会自动停止升流。通常 1 A 即可测试出拐点值。

励磁电压：100 V、$100/\sqrt{3}$ V、100/3 V、150 V、220 V、350 V。

② 实验。参照图 4-56 接线，测试仪的 K_1、K_2 为电压输出端，实验时将 K_1、K_2 分别接互感器的 a、x，电压互感器一次绕组的零位端接地。检查接线无误后，合上功率开关，选择“开始”选项后，即开始测试。

实验时，光标在“停止”选项上，并不停闪烁，测试仪开始自动升压、升流，当测试仪检测完毕后，实验结束并描绘出伏安特性曲线。

(2) PT 退磁实验

① 参数设置。在 PT 测试主界面中，选择“退磁”进入实验界面（图 4-57），设置额定二次电压值：100 V、$100/\sqrt{3}$ V、100/3 V、150 V、220 V、350 V。

② 实验。参照图 4-56 接线，测试仪的 K_1、K_2 为电压输出端，实验时将 K_1、K_2 分别接互感器的 a、x，电压互感器一次绕组的零位端接地。检查接线无误后，合上功率开关，选择“开始”选项后，即开始退磁。

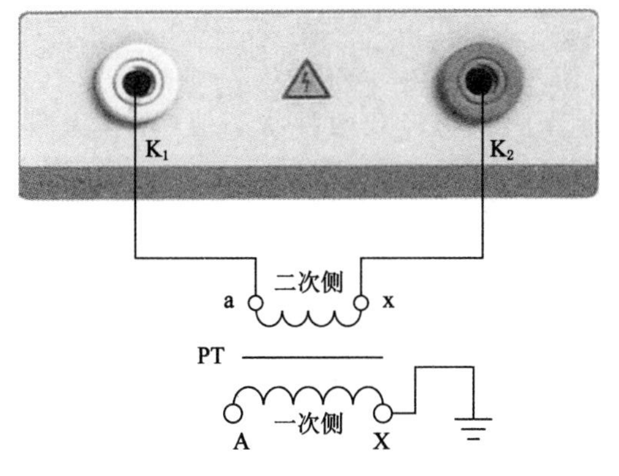

图 4-56　PT 励磁特性测试接线图

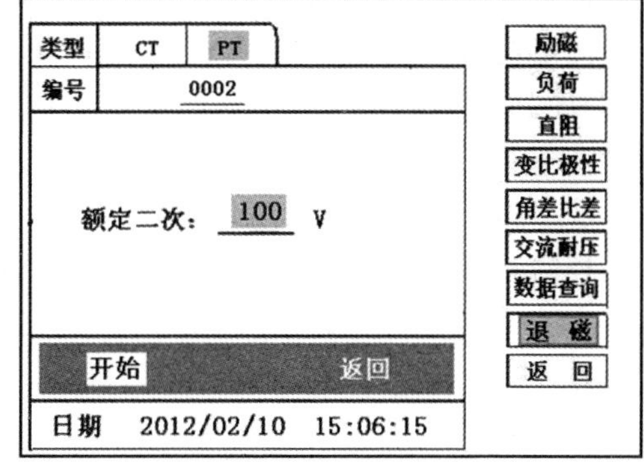

图 4-57　PT 退磁界面

退磁过程中时，光标在“停止”选项上，并不停闪烁，当测试仪检测完毕后，装置退磁会自动停止，界面提示“退磁完毕”。

(3) PT 变比极性实验

① 参数设置：测试界面见图 4-58。

一次：0～2 500 V。

二次：100 V、$100/\sqrt{3}$ V、100/3 V、150 V、220 V。

② 实验。参照图 4-59 进行接线，PT 一次侧接 A、X，PT 二次侧接 a、x。设置二次侧额定电压及编号后，合上功率开关，选择“开始”选项，按下控制器，实验即开始。

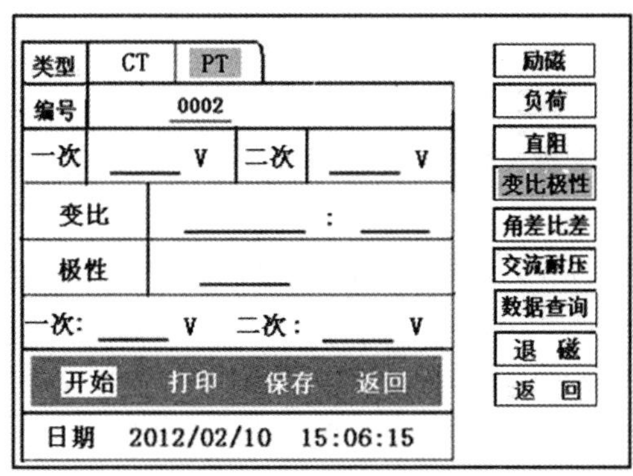

图 4-58　PT 变比极性测试界面

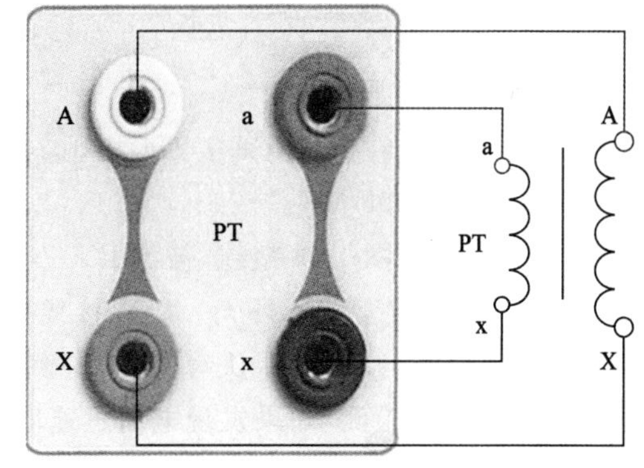

图 4-59　PT 变比极性测试(角差比差)接线图

实验过程中光标在“测试”选项上不停闪烁，直至实验完毕退出测试界面，或按下控制器人为中止实验，实验完成后，即显示变比极性测试结果。可以选择“保存”、“打印”或“返回”选项进行下一步操作。

仪器本身的同色端子为同相端，即 A 接 PT 的 A，X 接 PT 的 X 时，极性的测试结果为减极性。

(4) PT 角差比差实验

① 参数设置。在 PT 测试主界面中，选择“角差比差”进入实验界面(图 4-60)(注：界面中的参数应参照互感器铭牌上的实际额定变比值设定)。

额定一次：3～500 kV；额定二次：100 V、$100/\sqrt{3}$ V、100/3 V、150 V、220 V。

额定负荷：互感器容量。

实际负荷：根据额定负载的设定，可自动计算满载与轻载两种状态值（轻载为满载的 25%）。

② 实验。参照图 4-59 进行接线，PT 一次侧接 A、X，CT 二次侧接 a、x。设置参数后，旋转控制器将光标移动至“开始”选项，按下控制器，实验即开始。

实验过程中通过按下控制器可终止实验，测试完毕后自动计算出一次侧与二次侧的相位角差（图 4-61）。按下“打印”即可打印出测试结果，按下“保存”即可保存测试结果，按下“返回”可返回至参数设置菜单。如果显示均为 9，则说明误差超出显示范围，请检查设定值。

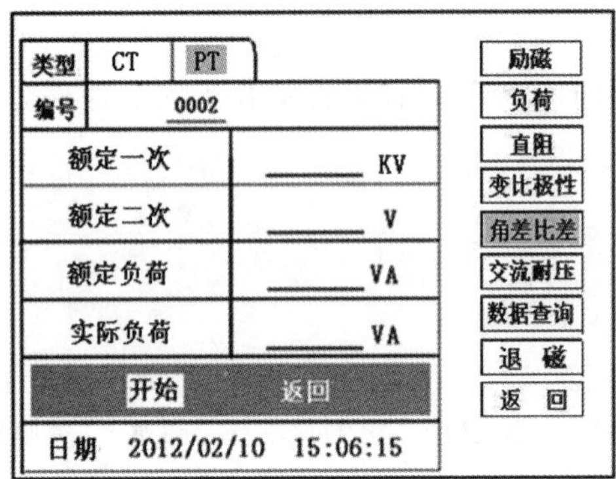

图 4-60 PT 角差比差测试界面

类型	CT	PT
编号	0002	
额定变比	KV : V	
负荷	100 VA / 100.00 VA	
	角差	比差
80%	3.2	0.078
100%	0.9	0.023
120%	0.8	0.023

打印 保存 返回

图 4-61 PT 角差比差测试结果界面

（5）PT 交流耐压实验

① 参数设置。在 PT 测试主界面中，选择“交流耐压”进入实验界面（图 4-62），设置好设定电压值：0～2 500 V。

② 实验。参照图 4-63 接线，被测 PT 二次侧短接与测试仪电压输出口 K_2 连接，电压输出口另一端 K_1 连接互感器外壳。检查接线完成后，合上功率开关，选择“开始”选项，按下即开始升压，电压保持时间默认为 1 min。测试过程中，仪器内部对互感器二次绕组与外壳之间的漏电流实时检测，如果发现电流迅速增加，将会自动回零，页面会显示测试异常。

（6）PT 负荷实验

① 参数设置。在 PT 测试主界面中，选择“负荷”进入实验界面（图 4-64），设置额定二次电压值：100 V、$100/\sqrt{3}$ V、100/3 V、150 V、220 V。

② 实验。测试仪的 K_1、K_2 为电压输出端，参照图 4-65 进行接线，将被测负荷（负载）接测试仪的 K_1、K_2 端，检查接线无误后，合上功率开关，选择“开始”即开始实验。实验完成后，即显示负荷测试结果，可以选择“保存”、“打印”或“返回”选项进行下一步操作。

（五）注意事项

（1）为了人身及设备安全，使用前请详细阅读说明书，并严格参照要求规范操作。

（2）实验前请将仪器可靠接地。

（3）本测试仪为互感器离线测试装置，在对互感器进行各项实验时，请务必将互感器各

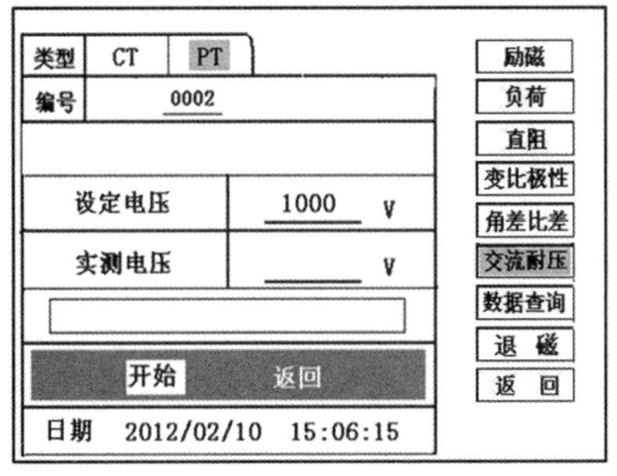

图 4-62　PT 交流耐压测试界面

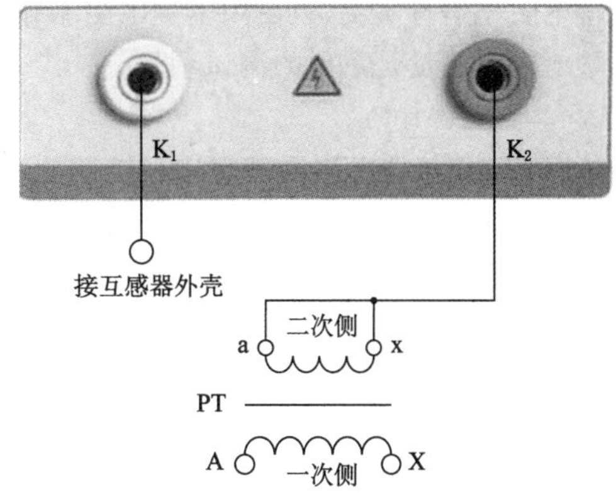

图 4-63　PT 交流耐压测试接线图

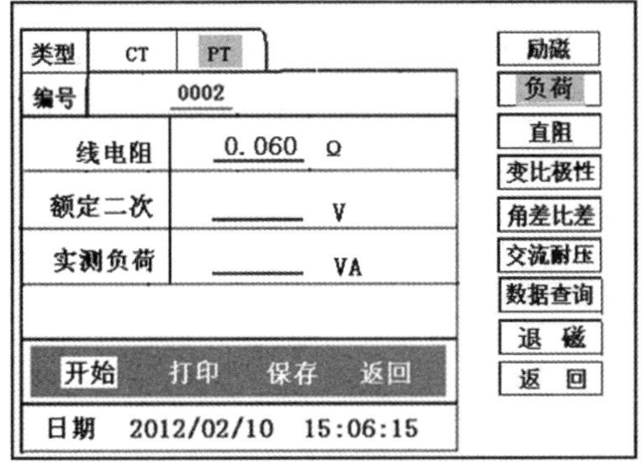

图 4-64　CT 二次负荷测试界面

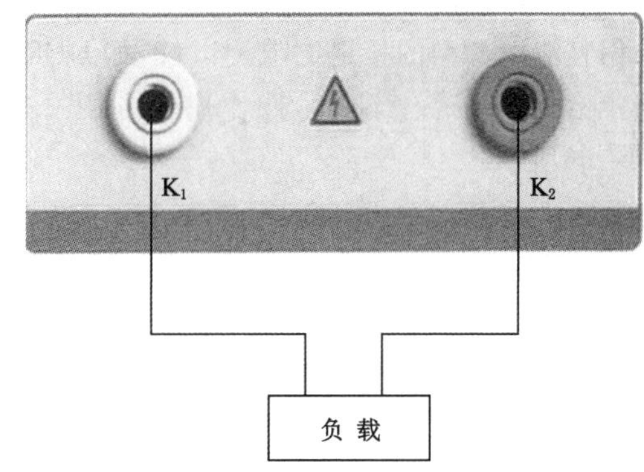

图 4-65　CT 二次负荷测试接线图

端子上的连接线断开，保证互感器完全处于离线状态。

(4) CT 变比极性实验时，应将不检测的二次绕组短接。

(5) 做 PT 伏安特性测试实验时，一次绕组的零位端接地。

(6) 实验中严禁触碰所有测试端子。

第三节　电阻测试实验

一、接地电阻、土壤电阻率测试实验

(一) 实验说明

电气装置的接地关系到人身和设备的安全运行。接地通过由接地引下线、直接埋入地中的接地体两部分组成的接地装置实现。通过测量接地装置的接地电阻，可以发现接地引下线及接地体是否存在腐蚀、断裂，接地电阻值是否满足规程要求等。土壤电阻率是接地工程计算中一个常用的参数，直接影响接地装置接地电阻的大小、地网地面电位分布、接触电压和跨步电压。土壤电阻率是决定接地体电阻的重要因素，为了合理设计接地装置，必须对土壤电阻率进行实测，以便用实测电阻率作为接地电阻的计算参数。因此，接地电阻测量和土壤电阻率测量是重要的测试项目。

（二）实验目的

（1）掌握接地电阻测试方法和接地电阻测试仪的使用方法。

（2）掌握土壤电阻率的计算方法。

（3）了解接地电阻的合格标准并能正确判断接地装置是否接地良好。

（三）实验内容

（1）测量 17 号教学楼或邻近教学楼接地网的接地电阻。

（2）测量 17 号教学楼周围的土壤电阻率。

（3）判断所测量建筑物的接地电阻是否符合标准要求。

（四）实验设备

测量接地装置接地电阻的常用仪表有电桥型 ZC-8 型、ZC-29 型等接地电阻表，以及采用比率计原理的 MC-07 型、MC-08 型和 L-8 型接地电阻表。除此之外，目前现场也有很多采用整流电源型的接地电阻测试仪，如 DER2571 型接地电阻测试仪，该仪器采用电池供电，同步检测，带有数字显示，操作比较方便。本次实验采用 DER2571 型接地电阻测试仪，如图 4-66所示。

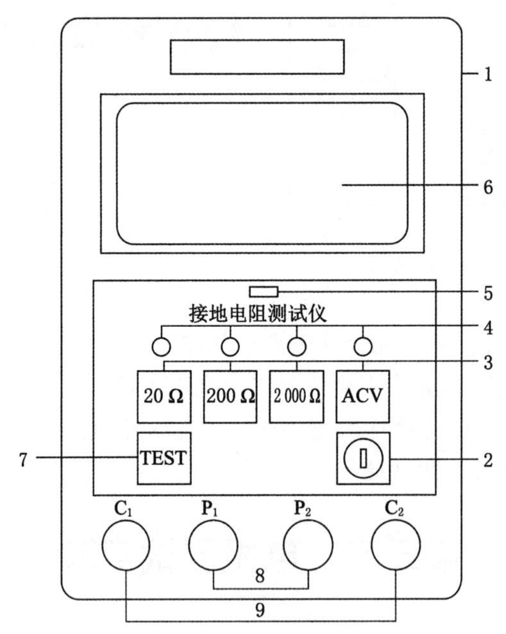

1—电池盒(背面)；2—电源开关；3—挡位选择开关；4—挡位指示灯；5—电源、测试指示灯；
6—显示屏；7—测试按钮；8—电压极测试孔；9—电流极测试孔。

图 4-66　DER2571 型接地电阻测试仪面板示意图

（五）实验步骤

1. 接地电阻的测量

接地电阻测量实验接线如图 4-67 所示。

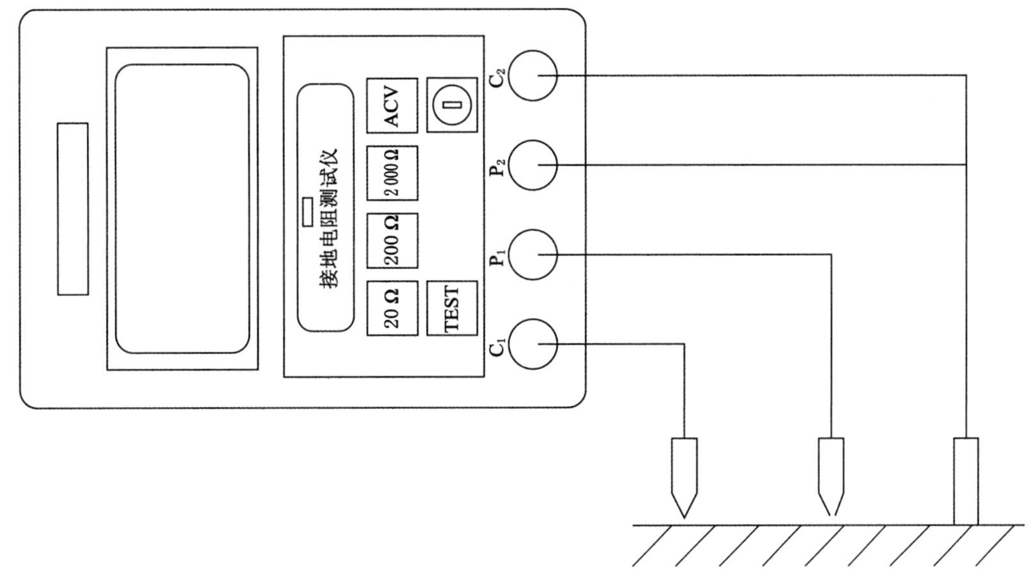

图 4-67　接地电阻测量实验接线图

(1) 以被测接地极为起点，使电位探针和电流探针三者在一直线上，间距 20 m。

(2) 用测试线将被测接地极连到仪表的 C_2、P_2 测试孔（三极法测量将 C_2、P_2 短接即可）。

(3) 电压探针连到仪表 P_1 测试孔，电流探针连到仪表 C_1 测试孔。

(4) 经仪表挡位选择开关选定所需的测试量程。

(5) 按一下测试开关 TEST，电流指示灯由绿色变为红色，显示屏显示接地电阻的值。

2. 土壤电阻率的测量

土壤电阻率测量实验接线如图 4-68 所示。

(1) 在被测区沿直线插入地下 4 根金属棒，彼此相距为 a cm，棒的埋入深度不宜超过距离 a 的 1/20。

(2) 按图 4-68 所示连接方式用 4 根测试线将 4 根探棒与 C_1、P_1、P_2、C_2 四个测试孔相连。

(3) 选择适当量程。

(4) 按一下测试按钮 TEST，电流指示灯由绿色变为红色，显示屏上显示电阻欧姆值。

(5) 被测区的土壤电阻率用下式计算：

$$\rho = 2\pi aR$$

式中　R——测得的电阻数值，Ω；

a——棒与棒间的距离，cm；

ρ——被测区的土壤电阻率，Ω · cm。

(六) 注意事项

(1) 当被测接地极开路或电流极辅助接地电阻大于各挡允许的 R_c 值时，表头将给出“OPENCIRCUIT”指示，此时应检查 C_2 至 C_1 的测试线是否接通或接触不良，或降低 R_c 值。

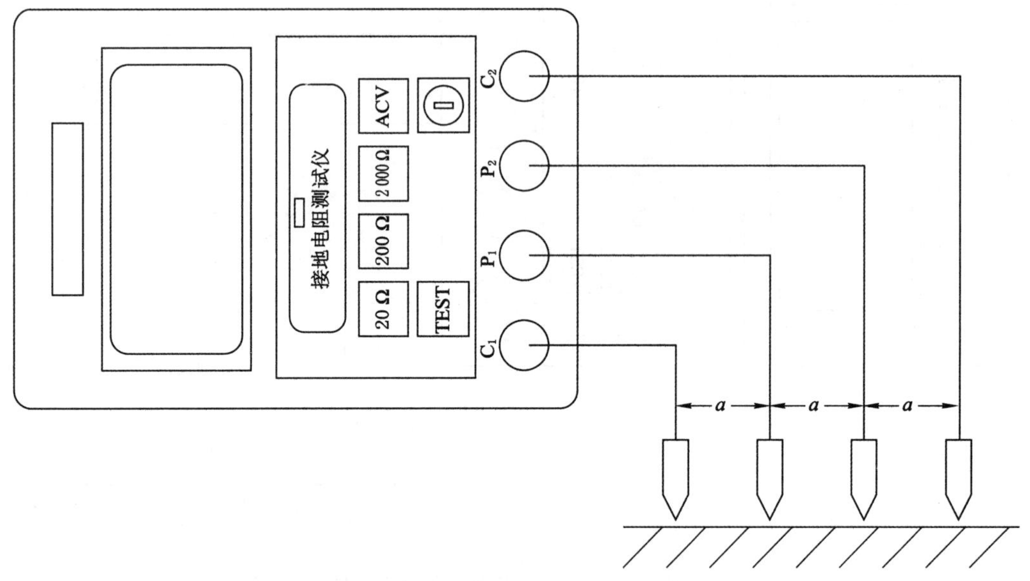

图 4-68　土壤电阻率测量实验接线图

(2) 在测量接地电阻时,附近不要有人员走动,以免地中杂散电流引起的电位差造成伤害。

(3) 测量接地电阻应选择晴天、土壤水分较少的季节进行,在雨天和雨后不宜测量接地电阻。

(4) 测量时应重复测量三至四次,取其算术平均值为实测的接地电阻。

二、直流电阻测试实验

(一) 实验说明

本实验采用的测试仪器为 HZC-20A 直流电阻快速测试仪,该仪器采用全新电源技术,具有体积小、重量轻、输出电流大、重复性好、抗干扰能力强、保护功能完善等特点。整机由高速单片机控制,自动化程度高,具有自动放电和放电报警功能。仪器测试精度高,操作简便,可实现变压器直阻的快速测量。

(二) 实验目的

(1) 检查绕组接头的焊接质量和绕组有无匝间短路。

(2) 检测电压分接开关的各个位置接触是否良好以及分接开关实际位置与指示位置是否相符。

(3) 检查引出线是否有断裂。

(4) 检查多股导线并绕是否有断股等情况。

(三) 实验设备

1. 设备组成

本实验所需主要设备如表 4-9 所示。

表 4-9　主要设备组成清单

直流电阻测试仪主机	一台
20 A 型测试线	一套
三芯电源线	一根
保险管 10 A	两支
接地线	一根
标准电阻	一个
打印纸	两卷

2. 性能特点

(1) 整机由高速单片机控制,自动化程度高,操作简便。

(2) 采用高频开关电源技术,输出电流大,适合大中型变压器直流电阻测量。

(3) 保护功能完善,能可靠保护反电势对仪器的冲击,性能更可靠。

(4) 具有声响放电报警,放电指示清晰,减少误操作。

(5) 响应速度快,可在测量状态直接转换有载分接开关,仪器自动刷新数据。

(6) 采用立式机箱结构,便于现场使用。

(7) 智能化功率管理技术,仪器总是工作在最小功率状态,有效减轻仪器内部发热,节约能源。

(8) 点阵式液晶显示,中文菜单,可打印输出。

3. 技术指标

(1) 输出电流:2.5 A、5 A、10 A、20 A。

(2) 量程:100 μΩ~1 Ω(20 A);200 μΩ~2 Ω(10 A);1 mΩ~4 Ω(5 A);2 mΩ~8 Ω(2.5 A)。

(3) 准确度:0.2%。

(4) 分辨率:0.1 μΩ。

(5) 工作温度:0~40 ℃。

(6) 环境湿度:≤90%RH,无结露。

(7) 工作电源:AC220 V±10%,50 Hz±1 Hz。

(8) 质量:12 kg。

(9) 外形尺寸:440 mm×240 mm×390 mm。

4. 系统介绍

仪器面板简图如图 4-69 所示。

(1) ~220 V:整机电源输入口,带有交流插座、保险和开关。

(2) 电流表头:指示输出电流。

(3) 接地柱:为整机外壳接地用,属保护地。

(4) I+、I-输出电流接线柱:I+为输出电流正,I-为输出电流负。

(5) V+、V-:V+为电源线正端,V-为电源线负端。

(6) 显示器:128×32 点阵液晶显示器,中文操作。

(7) 辉度调整:可调整显示字符的对比度。

(8) 打印机:打印电阻值测量结果。

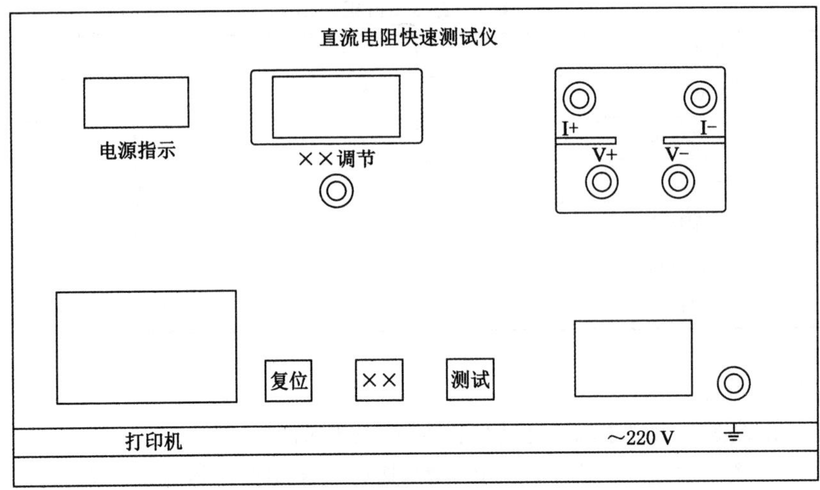

图 4-69　仪器面板简图

(9) 复位键:任何时刻按下复位键整机回到初始界面,切断输出电流。

(10) 选择键:选择输出电流,显示测量数据后,按此键 1～2 s 可打印电阻值。

(11) 确认键:选定电流后按此键,仪器进行测试;显示电阻值后,按此键 1～2 s 可重新测试,加快数据的稳定。

(四) 实验步骤

(1) 接线:把被测试品通过专用测试线与本机接线柱连接,连接牢固,同时把地线接好。

① 直接测量接线。接线图如图 4-70 所示。

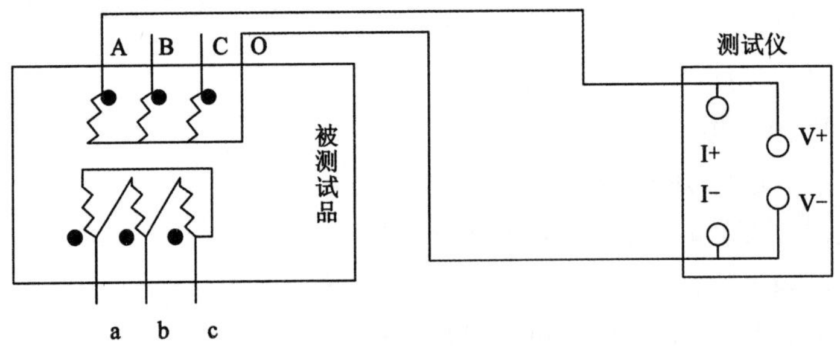

图 4-70　直接测量接线图

② 助磁法接线。接线图如图 4-71 所示。该接法适用于 Y(N)-d-11 连接组别。

对于大容量变压器的低压侧测量,如果在既有的情况下,直流电阻测试仪的最大电流比较小,或者为了加快测量速度,可选择助磁法测量。

(2) 电流选择:打开电源开关(开关上 I 为开,O 为关)同时显示屏上会显示全部电流值,这时可通过选择键对所测试品设置电流进行选择,每按一下选择键,光标会滚动在各电流值 2.5 A、5 A、10 A、20 A 之间。

(3) 测试:当选择好电流后,按下确认键,就开始测试,表头同时指示所选电流值。当按

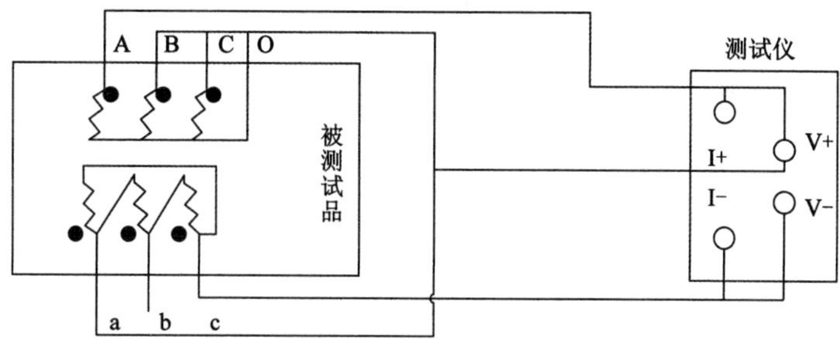

(a) 测量低压R_{ac}的接线

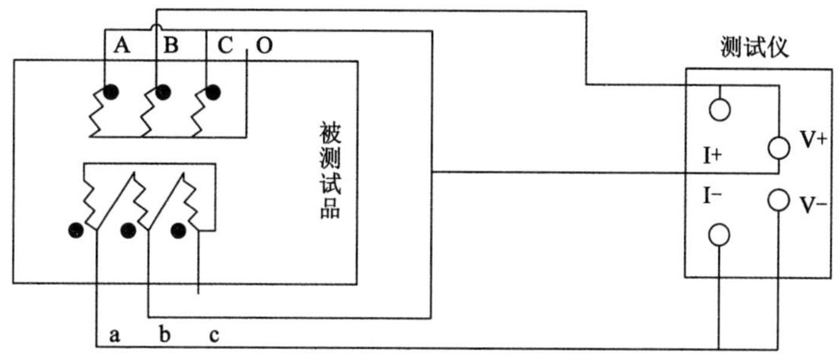

(b) 测量低压R_{ba}的接线

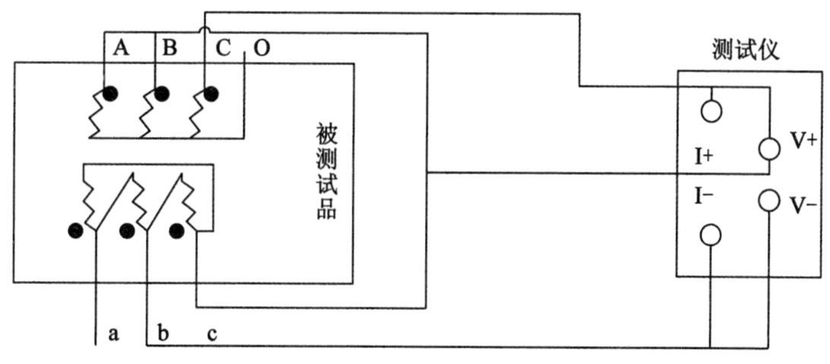

(c) 测量低压R_{cb}的接线

图 4-71　助磁法接线图

下确认键后，显示屏上显示"正在充电"，过几秒钟之后，显示"正在测试"，这时说明已充电完毕进入测试状态，几秒后，就会显示所测阻值。

(4) 测试完毕后，按"复位"键，仪器输出电源将与绕组断开，同时放电，音响报警，电流表回到零位。这时显示屏回到初始界面，放电音响结束后，可重新接线，进行下次测量或关断电源后拆下测试线与电源线结束测量。

（五）注意事项

(1) 在测无载调压变压器倒分接前一定要复位，放电结束后，报警声停止 10 s 以上，方可切换分接点。

(2) 在拆线前，一定要等放电结束后，报警声停止，最好等 10 s 以上再进行拆线，以保证电荷完全释放。

(3) 选择电流时要参考技术指标栏内量程,不要超量程和欠量程使用。超量程时,由于电流达不到预设值,仪器一直处在“正在充电”状态。欠量程时,显示“电流太小”,当出现此两种状态时要确认量程,选择适合的电流进行测试。

(4) 用助磁法时注意量程。因为高压线圈两个并联加上一个串联,在整个测试回路加入了 1.5 倍的高压线圈电阻,选择量程时要折算在内。如果超量程使用则输出电流无法达到设定值或输出电流不稳定。

(5) 助磁法三条线的短接点在放电完毕后拆线时,可能有剩余电流,拆除时可能会打火放电,此属正常现象。

(6) 测试夹与变压器绕组的引出端连接时,要注意引出端长期裸露在空气中,引出端的表面覆盖了一层氧化膜,该氧化膜可能造成测量结果不稳定或不准确,所以在接线时要注意清理氧化膜,或者在测试夹与引出端连接好后,用力地扭动几下测试夹以划破氧化膜保证连接良好。

三、绝缘电阻实验

(一) 实验说明

测量电气设备的绝缘电阻,是检查电气设备绝缘状态最简单和最基本的方法。通过测量设备绝缘电阻值能灵敏地反映绝缘介质状况,能有效地发现设备局部或整体受潮及脏污情况,能及时发现绝缘击穿和严重过热老化等缺陷。通过绝缘电阻的现场测量发现问题、了解问题、解决问题并及时采取措施,保证设备的安全运行。

本实验采用的测试仪器为 ZC29B-2 型接地电阻测试仪,即兆欧表,俗称摇表。用于测量各种电力系统、电气设备、避雷针等接地装置的接地电阻值,亦可测量低电阻导体的电阻值,还可测量土壤电阻率。

(二) 实验目的

(1) 了解测量绝缘电阻的重要性和必要性。

(2) 测量指定设备的绝缘电阻。

(3) 学会使用兆欧表。

(三) 实验设备

1. 设备简介

兆欧表是用来测量被测设备的绝缘电阻和高值电阻的仪表,它由一个手摇发电机、表头和三个接线柱(L:线路端;E:接地端;G:屏蔽端)组成。其原理接线图如图 4-72 所示。

图 4-72 中示出的绝缘电阻表有三个端钮 L、E、TE,一般在测量绝缘电阻时,被测绝缘体接在线端 L 和接地端 E 之间,当被测绝缘物表现泄漏电流严重时使用屏蔽端钮 TE,即将 TE 端与被测物上的保护环(屏蔽)或其他不需要测量的部分相连接。具体接线如图 4-73 所示。

ZC29B-2 型接地电阻测试仪实物如图 4-74 所示。

2. 性能参数

ZC29B-2 型接地电阻测试仪的参数如表 4-10 所示。

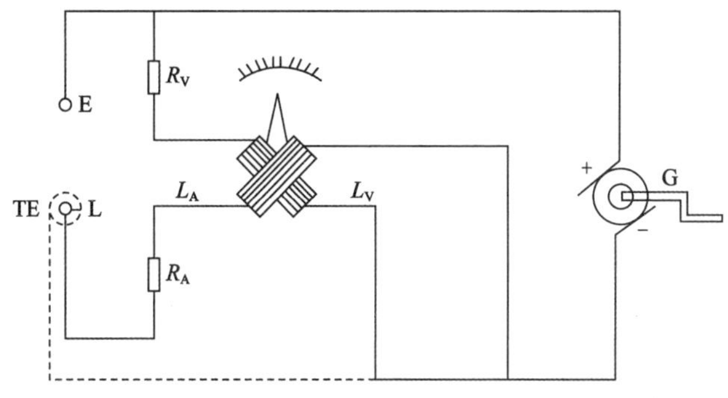

图 4-72　兆欧表的原理接线图

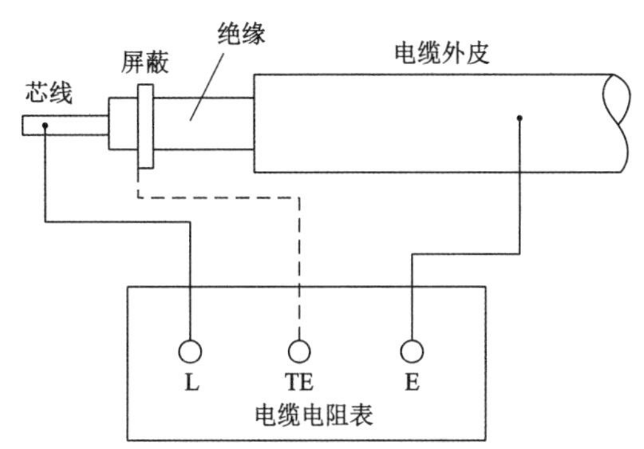

图 4-73　兆欧表屏蔽端子的接法

图 4-74　ZC29B-2 型接地电阻测试仪实物

表 4-10　ZC29B-2 型接地电阻测试仪的参数

	测量范围	最小分度值	辅助探棒接地电阻值
ZC29B-1	0～10 Ω	0.1 Ω	≤1 000 Ω
	0～100 Ω	1 Ω	≤2 000 Ω
	0～1 000 Ω	10 Ω	≤5 000 Ω
ZC29B-2	0～1 Ω	0.01 Ω	≤500 Ω
	0～10 Ω	0.1 Ω	≤1 000 Ω
	0～100 Ω	1 Ω	≤2 000 Ω

(1) 使用温度：－20～40 ℃。

(2) 相对湿度：≤80％。

(3) 准确度：3 级。

(4) 摇把转速：120 r/min。

(5) 倾斜影响：向任一方向倾斜 5°，指示值的改变不超过准确度的 50％。

(6) 外磁场影响：对外界磁场强度为 0.4 kA/m 时，仪表指示值的改变不超过准确度的 100％。

(7) 绝缘电阻：在温度为室温、相对湿度不大于 80％情况下，不小于 20 MΩ。

(8) 绝缘强度:线路与外壳间的绝缘能承受 50 Hz 的正弦波交流电压 0.5 kV 历时 1 min。

(9) 外形尺寸:172 mm×116 mm×135 mm。

(10) 质量:约 2.4 kg。

3. 兆欧表的选用原则

(1) 额定电压等级的选择。一般情况下,额定电压在 500 V 以下的设备,应选用 500 V 或 1 000 V 的兆欧表;额定电压在 500 V 以上的设备,选用 1 000 V~2 500 V 的兆欧表。

(2) 电阻量程范围的选择。兆欧表的表盘刻度线上有两个小黑点,小黑点之间的区域为准确测量区域。所以在选表时应使被测设备的绝缘电阻值在准确测量区域内。

(四) 实验步骤

(1) 实验前用干燥清洁的软布擦去被试物的表面污垢,必要时可先用丙酮擦净套管的表面积垢,以消除表面影响。

(2) 实验前应将被试物短接后接地充分放电,特别是大的容性设备。

(3) 兆欧表完成接线后,应分别进行对零及对无穷。对零时,应启动兆欧表,将测量的高压线(接“L”端子的线)与地线搭接,调节零位,然后拿开高压线与地线的搭接,调校无穷点。

(4) 根据被试品接线要求,完成被试品本身的接线。

(5) 将兆欧表高压侧接在被试品上,驱动兆欧表达到额定转速,开始计时测量,根据被试品关于绝缘电阻方面的要求,记录各时间点的数值。

(6) 实验完毕或进行重复实验时,必须将被试物短接后对地充分放电,这样除了可以保证安全外,还可提高测试的准确性。

(7) 记录被试品设备铭牌、规范、所在位置及气象条件(温度、湿度)等。

(8) 在外界环境不良的条件下(如湿度较大等)应采用屏蔽环法进行测量。

(五) 注意事项

(1) 测量前必须将被测设备电源切断,并对地短路放电,决不允许设备带电进行测量,以保证人身和设备的安全。

(2) 对可能感应出高压电的设备,必须消除这种可能性后,才能进行测量。

(3) 被测物表面要清洁,减少接触电阻,确保测量结果的正确性。

(4) 测量前要检查仪器是否处于正常工作状态,主要检查其“0”和“∞”两点。即摇动手柄,使电机达到额定转速,兆欧表在短路时应指在“0”位置,开路时应指在“∞”位置。

(5) 仪器应放在平稳、牢固的地方,且远离大的外电流导体和外磁场。做好上述准备工作后就可以进行测量了,在测量时,还要注意正确接线,否则将引起不必要的误差甚至错误。

(6) 应按设备的电压等级选择兆欧表,对于低压电气设备,应选用 500 V 兆欧表,若用额定电压过高的兆欧表去测量低压绝缘,可能把绝缘击穿。

(7) 兆欧表的连线应是绝缘良好的两条分开的单根线(最好是两色),两根连线不要缠绞在一起,最好不使连线与地面接触,以免因连线绝缘不良而引起误差。

(8) 在测量时,一手按着兆欧表外壳(以防兆欧表振动)。当表针指示为 0 时,应立即停止摇动,以免烧表。

(9) 测量时,应将兆欧表置于水平位置,以每分钟大约 120 转的速度转动发电机的摇把。

(10) 在兆欧表未停止转动或被测设备未进行放电之前,不要用手触及被测部分和仪表的接线柱或拆除连线,以免触电。

(11) 如遇天气潮湿或测电缆的绝缘电阻时,应接上屏蔽接线端子G(或叫保护环),以消除绝缘物表面泄漏电流的影响。

(12) 禁止在雷电或潮湿天气和在邻近有带高压电设备的情况下,用兆欧表测量设备绝缘。

(六) 问题与思考

(1) 测绝缘电阻和测泄漏电流有何异同点?

(2) 影响绝缘电阻的因素有哪些? 分别是如何影响的?

(3) 在测绝缘电阻的过程中,减小测量误差的方法有哪些?

参 考 文 献

[1] 陈宗涛.电力继电保护与供电技术实验教程[M].南京:东南大学出版社,2010.
[2] 黄宽,毛永明,王长涛.电力系统自动化与继电保护技术实验教程[M].北京:机械工业出版社,2014.
[3] 黄永龙,王晓雪,隋榕生.电机与电力拖动实验教程[M].厦门:厦门大学出版社,2008.
[4] 李华,李秀琴,张举,等.电力系统继电保护实验指导书[M].北京:中国电力出版社,2011.
[5] 李鹏,田建华.高电压技术实训指导书[M].北京:中国电力出版社,2010.
[6] 刘介才.工厂供电[M].北京:机械工业出版社,2009.
[7] 阙凤龙.电工技术实验教程[M].北京:人民邮电出版社,2012.
[8] 孙长海.高电压技术实验教程[M].大连:大连理工大学出版社,2016.
[9] 吴广宁.高电压技术[M].北京:机械工业出版社,2014.
[10] 肖如泉,王诗雪,王黎明.高压放电与演示系统[M].北京:中国水利水电出版社,2012.
[11] 袁贵军.变电站仿真操作与故障案例分析[M].北京:中国电力出版社,2021.
[12] 章玮,白亚男.电机学、电机与拖动实验教程[M].杭州:浙江大学出版社,2006.